高等职业教育教学改革系列精品教材

用微课学·Altium Designer 14 原理图与 PCB 设计

俞梁英　徐　进　主　编

陈玲玲　居敏花　吴俊辉　副主编

電子工業出版社

Publishing House of Electronics Industry

北京·BEIJING

内 容 简 介

本书以 Altium Designer 14 为基础，介绍了电路设计的各种基本操作方法与技巧。本书共 10 章，主要内容包括：Altium Designer 14 概述、原理图开发环境及设计、原理图的设计——集成功放电路、创建元件库及元件的封装、原理图的高级应用、层次化原理图的设计、PCB 设计基础、PCB 的设计、PCB 的规则设置、PCB 的后期处理。本书的介绍由浅入深，从易到难，把 Altium Designer 14 的各项功能与具体的应用实例紧密结合在一起，精心挑选一些例子进行实践操作，帮助读者快速掌握相关知识。

读者通过扫描书中的二维码，可在线观看教学视频，还可通过华信教育资源网（www.hxedu.com.cn）免费下载本书全部实例的源文件及多媒体电子教案。

本书可作为高职高专院校电类专业和各种培训机构的教学用书，也可作为电子设计爱好者的自学用书。

图书在版编目（CIP）数据

用微课学・Altium Designer 14 原理图与 PCB 设计/俞梁英，徐进主编. —北京：电子工业出版社，2021.1
ISBN 978-7-121-37699-3

Ⅰ.①用… Ⅱ.①俞… ②徐… Ⅲ.①印刷电路－计算机辅助设计－应用软件－高等学校－教材 Ⅳ.①TN410.2

中国版本图书馆 CIP 数据核字（2019）第 237832 号

责任编辑：王艳萍
印　　刷：三河市良远印务有限公司
装　　订：三河市良远印务有限公司
出版发行：电子工业出版社
北京市海淀区万寿路 173 信箱　邮编 100036
开　　本：787×1 092　1/16　印张：14.75　字数：377.6 千字
版　　次：2021 年 1 月第 1 版
印　　次：2023 年 6 月第 7 次印刷
定　　价：45.00 元

凡所购买电子工业出版社图书有缺损问题，请向购买书店调换。若书店售缺，请与本社发行部联系，联系及邮购电话：（010）88254888，88258888。

质量投诉请发邮件至 zlts@phei.com.cn，盗版侵权举报请发邮件至 dbqq@phei.com.cn。

本书咨询联系方式：wangyp@phei.com.cn，（010）88254574。

前　言

党的二十大报告指出，教育、科技、人才是全面建设社会主义现代化国家的基础性、战略性支撑。必须坚持科技是第一生产力、人才是第一资源、创新是第一动力，深入实施科教兴国战略、人才强国战略、创新驱动发展战略，开辟发展新领域新赛道，不断塑造发展新动能新优势。

本书编者坚持以全面贯彻党的教育方针，落实立德树人根本任务，培养德智体美劳全面发展的社会主义建设者和接班人为指导思想，深度挖掘“印制电路板设计与制作”课程的思政育人功效，在内容编写、案例选取、教学编排等方面全面落实“立德树人”的根本任务，在潜移默化中坚定学生理想信念，厚植爱国主义情怀，培养学生敢为人先的创新精神，精益求精的工匠精神。

Altium Designer 14 是一套完整的板卡级设计系统，真正实现了在单个应用程序中的集成。Altium Designer 14 PCB 线路图设计系统完全利用了 Windows 平台的优势，具有更好的稳定性、增强的图形功能和超强的用户界面，设计者可以选择最适当的设计途径以最优化的方式工作。

本书具有以下特点。

1．强调基础知识的重要性，也体现知识的结合和延续性

本书以 Altium Designer 14 为平台，介绍电路设计的方法和技巧。全书共 10 章，内容包括 Altium Designer 14 概述、原理图开发环境及设计、原理图的设计—集成功放电路、创建元件库及元件的封装、原理图的高级应用、层次化原理图的设计、PCB 设计基础、PCB 的设计、PCB 的规则设置、PCB 的后期处理。本书的介绍由浅入深，从易到难，把 Altium Designer 14 的各项功能与具体的应用实例紧密结合在一起，精心挑选一些例子进行实践操作，帮助学生快速掌握相关知识。

2．突出实践性、科学性和先进性，实现岗、课、赛、证的融通

本书根据课程标准，结合全国职业院校技能大赛“智能电子产品设计与开发”、CAD 绘图员（电子）技能等级证书的相关内容，以电路 PCB 设计基本技能为教学主线，对“印制电路板设计与制作”的课程内容进行重构设计，为学生提供有利于其知识建构、整合及迁移的教学内容，实现岗、课、赛、证的融通。

3．校企合作，强化对工程上实用方法的介绍

本书立足先进的职业教育理念，紧跟电路 PCB 设计新技术的发展步伐，结合电子信息类专业的职业面向、培养目标和与之对应的课程体系、教学体系进行内容设置，及时反映产业升级和行业发展需求，与苏州纽克斯电源技术股份有限公司、苏州超锐微电子有限公司、苏州市吴通电子有限公司等企业协同推进产教深度融合，及时更新教学标准，将新技术、新工艺、新规范、典型生产案例纳入教学内容。

4．提供立体化教学资源，便于教师教和读者学

本书配套立体化教学资源，读者通过扫描书中的二维码，可在线观看教学视频，还可通过华信教育资源网（www.hxedu.com.cn）免费下载本书全部实例的源文件及教学课件。

本书由苏州经贸职业技术学院俞梁英、徐进担任主编，苏州经贸职业技术学院陈玲玲、苏州工业职业技术学院居敏花、苏州超锐微电子有限公司吴俊辉博士担任副主编，全书的统稿工作由俞梁英完成。

在此，对参与本书编写及提出宝贵意见的老师、企业技术人员表示感谢！对苏州超锐微电子有限公司在校企合作开发教材过程中所给予的支持深表感谢！

由于作者水平有限，书中难免疏漏之处，望广大读者发送邮件到 yuliangying@126.com 给予批评指正，编者将不胜感激。

编　者

目 录

第一章 Altium Designer 14 概述 …… (1)
1.1 Altium Designer 14 的特点 …… (1)
1.2 Altium Designer 14 的运行环境 …… (2)
1.3 Altium Designer 14 软件的安装与中文环境设置 …… (3)
1.3.1 Altium Designer 14 的安装操作 …… (3)
1.3.2 Altium Designer 14 的中文环境设置 …… (6)
1.4 Altium 电路板总体设计流程图 …… (7)
第二章 原理图开发环境及设计 …… (8)
2.1 原理图编辑器启动方式 …… (8)
2.1.1 从“Files”（文件）面板启动原理图编辑器 …… (8)
2.1.2 从主菜单启动原理图编辑器 …… (9)
2.2 进入软件界面 …… (9)
2.3 原理图编辑器常用菜单及功能 …… (10)
2.4 原理图工作环境和图纸设置 …… (11)
2.4.1 原理图编辑器 …… (11)
2.4.2 工作面板 …… (12)
2.4.3 图纸设置 …… (13)
2.4.4 “察看”菜单的功能 …… (17)
2.5 原理图模板的设置 …… (18)
2.6 原理图编辑参数的设置 …… (21)
2.6.1 “General”标签 …… (21)
2.6.2 “Graphical Editing”标签 …… (23)
2.6.3 “Mouse Wheel Configuration”标签 …… (24)
2.6.4 “Compiler”标签 …… (25)
2.6.5 “AutoFocus”标签 …… (26)
2.6.6 “Library AutoZoon”标签 …… (27)
2.6.7 “Grids”标签 …… (27)
2.6.8 “Break Wire”标签 …… (28)
2.6.9 “Default Units”标签 …… (30)

2.6.10 “Default Primitives”标签……（30）

2.6.11 “Orcad(tm)”标签……（32）

第三章 原理图的设计——集成功放电路……（34）

3.1 原理图设计的一般流程……（34）

3.2 原理图的设计……（34）

3.2.1 创建新工作台“Workspace”……（35）

3.2.2 新建工程……（35）

3.2.3 创建原理图和 PCB 文件……（36）

3.2.4 添加元件库……（37）

3.2.5 查找元件……（40）

3.2.6 元件的放置及设置元件属性……（42）

3.2.7 选定与解除元件……（42）

3.2.8 删除元件……（43）

3.2.9 移动元件……（43）

3.2.10 旋转元件……（44）

3.2.11 排列元件……（44）

3.2.12 调整原理图布局，连接导线……（45）

3.3 检查原理图……（46）

3.3.1 设置编译参数……（46）

3.3.2 项目编译与定位错误元件……（49）

3.3.3 修正问题……（50）

3.4 原理图的报表……（51）

3.4.1 “报告”菜单……（51）

3.4.2 材料清单（BOM）报表……（51）

3.4.3 简易材料清单报表……（54）

3.5 原理图的打印输出……（55）

3.5.1 页面设置……（55）

3.5.2 打印预览和输出……（55）

第四章 创建元件库及元件的封装……（57）

4.1 元件符号库的创建与保存……（57）

4.1.1 元件符号库的创建……（57）

4.1.2 元件符号库的保存……（58）

4.2 元件库编辑器……（58）

4.2.1 元件库编辑器界面……（58）

4.2.2 元件库编辑器工作区域参数……（60）
4.3 原理图元件的创建……（61）
4.3.1 单部件元件的创建……（61）
4.3.2 多子件元件的创建……（69）
4.3.3 元件报告……（72）
4.3.4 库报告……（73）
4.3.5 元件规则检查器……（74）
4.3.6 元件库的自动生成……（74）
4.3.7 元件的复制……（75）
4.4 创建 PCB 元件库及封装……（76）
4.4.1 PCB 库编辑器……（76）
4.4.2 PCB 库编辑器环境设置……（77）
4.4.3 用 PCB 向导创建 PCB 元件规则封装……（79）
4.4.4 手动创建不规则的 PCB 元件封装……（82）
4.4.5 元件封装报表……（87）
4.4.6 元件封装信息报表……（87）
4.4.7 元件封装规则检查报表……（87）
4.4.8 元件封装库信息报表……（88）
4.4.9 PCB 库的自动生成……（89）
第五章 原理图的高级应用……（90）
5.1 电气连接的设置……（90）
5.1.1 绘制导线及设置导线属性……（90）
5.1.2 放置网络标号……（91）
5.1.3 放置电源及接地……（92）
5.1.4 放置节点……（93）
5.1.5 放置页连接符……（94）
5.1.6 总线的放置……（95）
5.1.7 放置差分标识……（97）
5.1.8 放置 No ERC 检查点……（97）
5.1.9 放置注释文字与其属性设置……（98）
5.2 元件的全局编辑……（99）
5.2.1 元件的重新编号……（99）
5.2.2 元件属性的更改……（100）
5.3 查找与替换操作……（102）
5.3.1 文本的查找与替换……（102）

5.3.2 相似对象的查找 ……（103）
5.4 操作实例——单片机流水灯电路 ……（104）
第六章 层次化原理图的设计 ……（109）
6.1 层次化原理图的基本概念 ……（109）
6.2 层次化原理图的设计方法 ……（109）
6.3 自上而下的层次化原理图设计 ……（110）
6.4 自下而上的层次化原理图设计 ……（116）
6.5 层次化原理图之间的切换 ……（118）
6.5.1 利用“Projects”面板切换 ……（119）
6.5.2 利用菜单命令进行切换 ……（119）
6.6 层次化原理图中的连通性 ……（121）
6.7 层次化设计报表 ……（122）
6.7.1 元件交叉引用报表 ……（122）
6.7.2 Excel 报表 ……（123）
6.7.3 层次报表 ……（123）
6.7.4 端口引用参考 ……（124）
第七章 PCB 设计基础 ……（125）
7.1 印制电路板的结构 ……（125）
7.1.1 单面板 ……（125）
7.1.2 双面板 ……（125）
7.1.3 多层板 ……（125）
7.2 PCB 的元件封装 ……（126）
7.2.1 元件封装类型 ……（126）
7.2.2 元件封装的编号 ……（127）
7.2.3 常用元件的封装 ……（127）
7.3 PCB 的设计流程 ……（128）
7.4 PCB 编辑器 ……（130）
7.4.1 PCB 编辑器界面 ……（130）
7.4.2 PCB 对象编辑窗口 ……（131）
7.4.3 PCB 设计常用面板 ……（131）
7.4.4 PCB 编辑器工具栏 ……（131）
7.5 PCB 图件的基本操作 ……（133）
7.5.1 放置图件对象 ……（133）
7.5.2 图件的选择/取消选择 ……（140）

7.5.3 删除图件 …… (142)
7.5.4 移动图件 …… (143)
7.5.5 跳转查找图件 …… (144)
第八章 PCB 的设计 …… (147)
8.1 新建 PCB …… (147)
8.1.1 利用 PCB 向导创建 PCB 板框 …… (147)
8.1.2 手工创建 PCB 文件 …… (151)
8.2 板层设置 …… (154)
8.2.1 信号层 …… (154)
8.2.2 内平面层 …… (154)
8.2.3 机械层 …… (154)
8.2.4 掩膜层 …… (155)
8.2.5 丝印层 …… (155)
8.2.6 其他层 …… (155)
8.2.7 设置板层颜色 …… (155)
8.3 在 PCB 文件中导入原理图网络表信息 …… (157)
8.3.1 装载元件封装库 …… (157)
8.3.2 设置同步比较规则 …… (157)
8.3.3 导入网络报表 …… (157)
8.3.4 原理图与 PCB 的同步更新 …… (160)
8.4 PCB 布局常用操作 …… (161)
8.4.1 全局操作 …… (161)
8.4.2 选择 …… (162)
8.4.3 布线规则设置 …… (163)
8.4.4 手动布局操作 …… (168)
8.5 PCB 自动布线 …… (169)
8.6 手工布线 …… (171)
8.7 操作实例——设计集成功放电路 …… (172)
第九章 PCB 的规则设置 …… (177)
9.1 常用布局规则设置 …… (177)
9.1.1 打开规则设置 …… (177)
9.1.2 “Room Definition”规则设置 …… (178)
9.1.3 “Component Clearance”规则设置 …… (179)

9.1.4 “Component Orientations”规则设置……(180)
9.1.5 “Permitted Layers”规则设置……(181)
9.1.6 “Nets to Ignore”规则设置……(181)
9.1.7 “Height”规则设置……(182)
9.2 常用 PCB 规则设置……(182)
9.2.1 电气规则设置……(183)
9.2.2 布线规则设置……(185)
9.2.3 导线宽度规则及优先级设置……(186)
9.2.4 布线拓扑规则设置……(188)
9.2.5 布线优先级规则设置……(189)
9.2.6 布线层规则设置……(190)
9.2.7 布线拐角规则设置……(190)
9.2.8 过孔规则设置……(191)
9.2.9 扇出布线规则设置……(192)
9.2.10 差分对布线规则设置……(193)
9.2.11 设计规则向导……(194)
第十章 PCB 的后期处理……(198)
10.1 添加安装孔……(198)
10.2 PCB 的测量……(199)
10.2.1 测量工具……(199)
10.2.2 测量距离……(199)
10.2.3 测量导线长度……(200)
10.3 补泪滴……(200)
10.4 敷铜……(201)
10.5 DRC 检查……(204)
10.5.1 在线 DRC 和批处理 DRC……(205)
10.5.2 对未布线的 PCB 文件运行批处理 DRC……(206)
10.5.3 对已布线完毕的 PCB 文件运行批处理 DRC……(207)
10.6 PCB 的报表输出……(208)
10.6.1 PCB 图的网络表文件……(208)
10.6.2 PCB 信息报表……(209)
10.6.3 元件报表……(210)
10.6.4 简单元件报表……(211)
10.6.5 网络表状态报表……(212)

10.7　PCB 的打印输出 ……………………………………………………………………… (212)
10.7.1　打印 PCB 文件 ……………………………………………………………………… (212)
10.7.2　打印报表文件 ……………………………………………………………………… (214)
10.7.3　生成 Gerber 文件……………………………………………………………………… (215)
10.8　操作实例——设计集成功放电路……………………………………………………… (217)

第一章　Altium Designer 14 概述

Altium Designer 14 是一个集成软件平台，主要运行在 Windows 操作系统上。Altium Designer 14 为电子设计师和电子工程师提供了一体化应用工具，囊括了所有在完整的电子产品开发中必需的技术和功能。

Altium Designer 14 拓宽了板级设计的内容，全面集成了 FPGA 设计功能，从而允许工程设计人员将系统设计中的 FPGA 与 PCB 设计及嵌入式设计集成在一起，如图 1-1 所示。

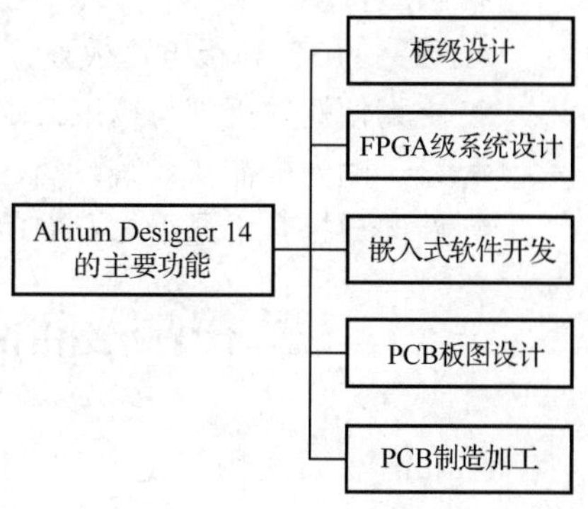

图 1-1　Altium Designer 14 的主要功能

1.1　Altium Designer 14 的特点

Altium Designer 14 是一套完整的板卡级设计系统，真正实现了在单个应用程序中的集成。该设计系统的功能就是支持整个设计过程。Altium Designer 14 PCB 线路图设计系统利用了 Windows 平台的优势，具有更好的稳定性、增强的图形功能和超强的用户界面，设计者可以选择最适当的设计途径以最优化的方式工作。

Altium Designer 14 着重关注 PCB 核心设计技术，提供以客户为中心的全新平台，进一步夯实了在原生 3D PCB 设计系统领域的领先地位。Altium Designer 现已支持软性和软硬结合设计，将原理图捕获、3D PCB 布线、分析及可编程设计等功能集成到单一的一体化解决方案中。

Altium Designer 14 构建于一整套板级设计及实现特性上，其中包括混合信号电路仿真、布局前/后信号完整性分析、规则驱动 PCB 布局与编辑、改进型拓扑自动布线及全部计算机辅助制造（CAM）输出能力等。Altium Designer 14 的功能得到了进一步的增强，可以支持 FPGA（现场可编程门阵列）和其他可编程器件设计及其在 PCB 上的集成，主要包括以下内容：

- 支持软性和软硬结合设计；
- 层堆栈的增强管理；
- VAULT 内容库；
- 板设计增强；
- 支持嵌入式元器件；
- 改进差分对布线能力；
- 在用户自定义区域定义过孔缝合；
- AutoCAD 导入/导出功能的提升；
- CAD 软件 Eagle 导入器；

- IBIS 模型实现编辑器；
- 新安装系统；
- Altium Designer 扩展；
- 参数控制原厂工具的应用；
- 支持 Xilinx Vivado 工具链；
- 基于浏览器的 F1 资源文档；
- 板级实现；
- 独特的 3D 高级电路板设计工具，面向主流设计人员；
- 更为便捷的规则与约束设定，实现全面高速的 PCB 设计；
- 统一的光标捕获系统；
- 新向导提升了通用 E-CAD 和 M-CAD 格式的互用性。

1.2 Altium Designer 14 的运行环境

Altium 公司为用户定义的 Altium Designer 14 软件的最低运行环境和最佳运行环境如下。

（1）安装 Altium Designer 14 软件的最低运行环境。

- Windows XP SP2 Professional1；
- 英特尔奔腾 1.8 GHz 处理器或同等处理器；
- 1 GB RAM；
- 3.5 GB 硬盘空间（系统安装+用户文件）；
- 主显示器的屏幕分辨率至少为 1280×1024，次显示器的屏幕分辨率不得低于 1024×768；
- NVIDIA Geforce 6000/7000 系列，128 MB 显卡或者同等显卡；
- 并口（连接 NanoBoard-NB1）；
- USB2.0 端口（连接 NanoBoard-NB2）；
- Adobe Reader 8 或更高版本；
- DVD 驱动器。

（2）安装 Altium Designer 14 软件的最佳运行环境。

- Windows XP SP2 Professional 或者更新版本；
- 英特尔酷睿双核/四核 2.66GHz 或同等或更快的处理器；
- 2 GB RAM；
- 10 GB 硬盘空间（系统安装+用户文件）；
- 双重显示器，屏幕分辨率至少为 1680×1050（宽屏）或者 1600×1200（4∶3）；
- NVIDIA Geforce 80003 系列，256 MB 显卡或者更高显卡或者同等显卡；
- 并口（连接 NanoBoard-NB1）；
- USB2.0 端口（连接 NanoBoard-NB2）；
- Adobe Reader 8 或更高版本；
- DVD 驱动器；
- 因特网连接，获取更新和在线技术支持。

1.3　Altium Designer 14 软件的安装与中文环境设置

1.3.1　Altium Designer 14 的安装操作

（1）找到 Altium Designer 14 的安装程序，双击运行，如图 1-2 所示。

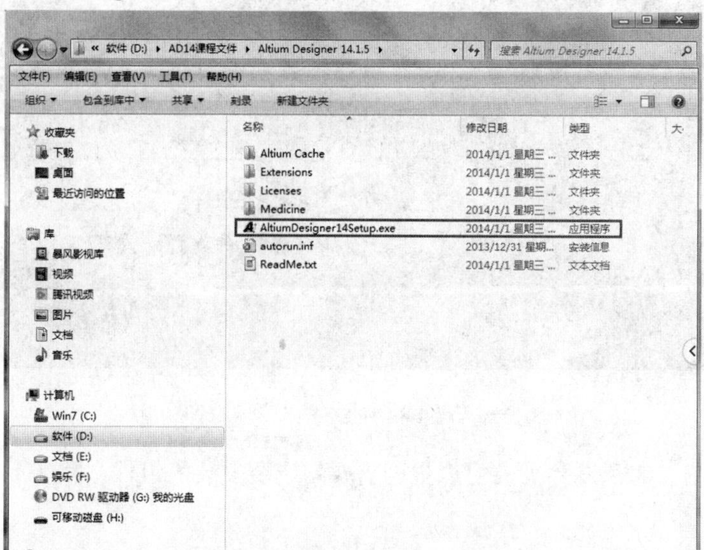

图 1-2　Altium Designer 14 安装程序

（2）出现如图 1-3 所示的安装界面，单击“Next”按钮进入下一步。

图 1-3　Altium Designer 14 安装界面 1

（3）根据提示单击“Next”按钮，出现如图 1-4 所示界面。在“Select Language”语言栏中选择“Chinese”选项，并勾选界面右下角的“I accept the agreement”复选框，单击“Next”按钮。

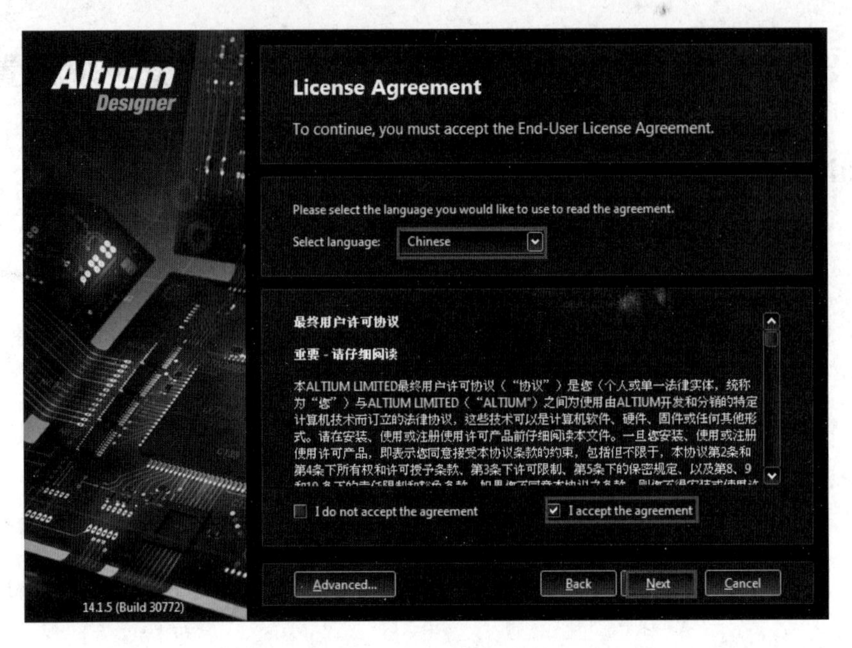

图 1-4　Altium Designer 14 安装界面 2

（4）出现如图 1-5 所示界面，可以根据需要勾选要安装的组件，默认不进行更改直接单击“Next”按钮。

图 1-5　Altium Designer 14 安装界面 3

（5）出现如图 1-6 所示界面，设置安装的路径，默认安装在 C 盘，也可修改盘符或路径，单击“Next”按钮。

（6）修改路径后，继续单击“Next”按钮，开始安装软件，如图 1-7 和图 1-8 所示。

（7）到此，软件基本安装完了，如图 1-9 所示。

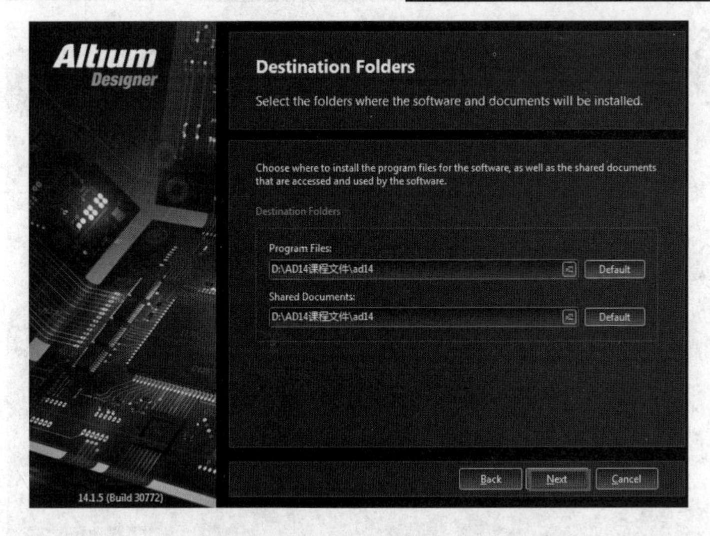

图 1-6　Altium Designer 14 安装路径设置

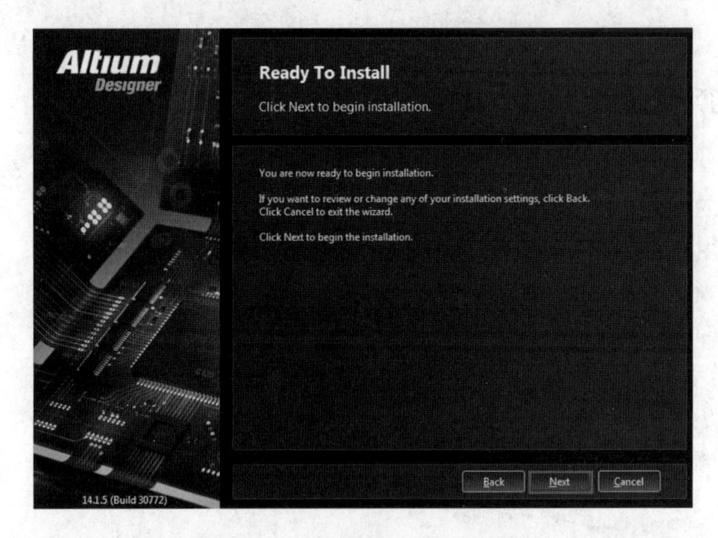

图 1-7　Altium Designer 14 安装提示

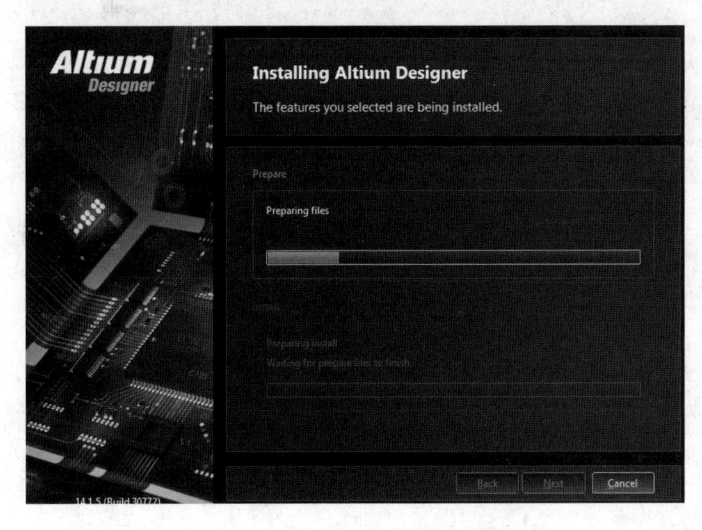

图 1-8　Altium Designer 14 安装进行中

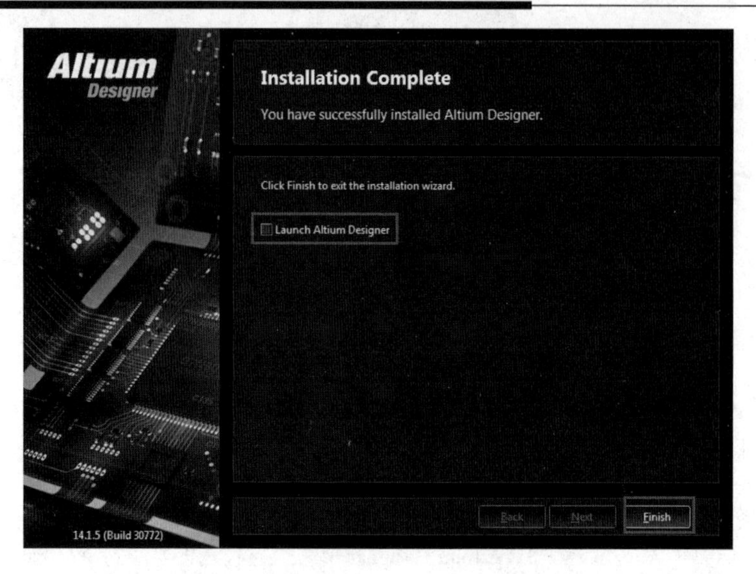

图 1-9　Altium Designer 14 安装结束

1.3.2　Altium Designer 14 的中文环境设置

（1）运行软件后，选择菜单命令“DXP”→“Preferences”进入参数设置。

（2）在弹出的如图 1-10 所示界面中，勾选“Use localized resources”复选框，使用本地语言，其他选项用默认值即可，然后单击“OK”按钮。

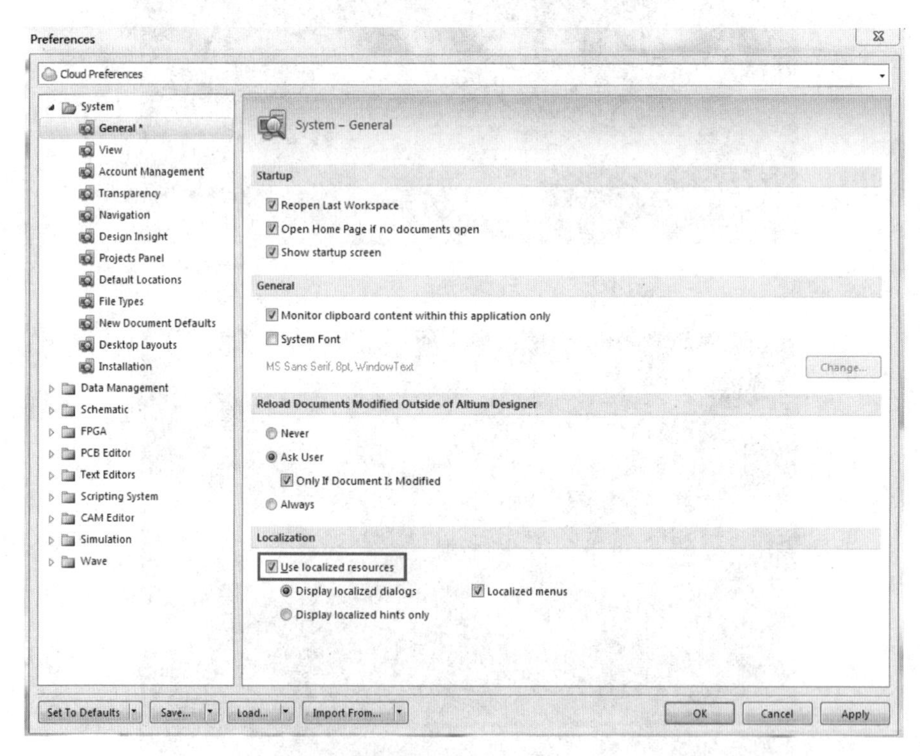

图 1-10　中文环境设置

至此，软件的安装与中文环境设置都已完成，可用于学习。

1.4　Altium 电路板总体设计流程图

通常情况下，从接到设计要求到最终制作出 PCB，需要经过以下步骤，如图 1-11 所示。

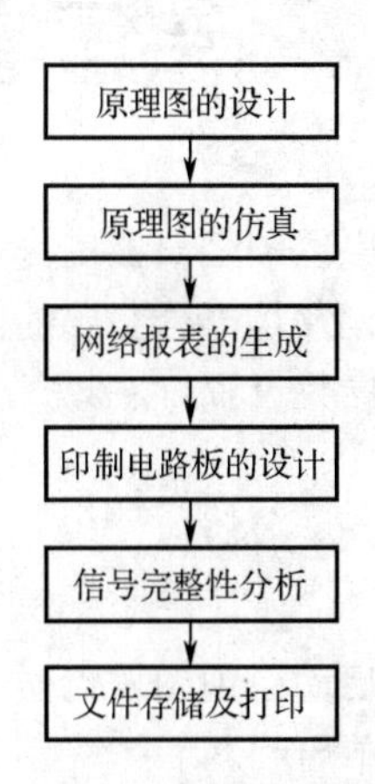

图 1-11　总体设计流程图

（1）原理图的设计：利用 EDA 开发工具提供的各种原理图设计工具、丰富的元件库资源、强大的编辑功能及便利的电气规则检查等，来达到设计原理图的目的。

（2）原理图的仿真：原理图的仿真主要是为设计人员提供一个完整的从设计到验证的仿真环境，原理图的仿真与原理图编辑器是协同工作的。其目的是对已设计的电路原理图可行性进行信号级分析，从而对印制电路板设计的前期错误和不太满意的地方进行修改。

（3）网络报表的生成：网络报表是原理图与印制电路板之间的联系纽带。对于大多数的 EDA 开发工具来说，原理图设计向印制电路板设计的转化过程是通过网络报表来进行连接的，因此网络报表可以称作印制电路板自动布线的灵魂。

（4）印制电路板的设计：在印制电路板的设计过程中可利用 EDA 开发工具提供的自动布局、布线，强大的编辑功能以及便利的设计规则检查等，来完成印制电路板的设计，同时在印制电路板的设计过程中也可以输出各种报表，用以记录设计过程中的各种信息。

（5）信号完整性分析：Altium Designer 14 包含一个高级信号完整性仿真器，能分析 PCB 板和检查设计参数，测试过冲、下冲、阻抗和信号斜率，以便及时修改设计参数。

（6）文件存储及打印：将印制电路板设计过程中的相应文件和报表文件进行存储或打印操作，目的是对相应的电路板设计进行存档操作，从而完成整个设计项目的保存工作。完成文件存储及打印操作后，印制电路板的总体设计流程也就完成了。

第二章　原理图开发环境及设计

原理图编辑器是完成原理图设计的主要工具，因此，熟悉原理图编辑器的使用和相关参数的设置是十分必要的。本章主要介绍原理图编辑器的启动方式、软件界面、部分菜单命令及其参数设置方法。

2.1　原理图编辑器启动方式

启动原理图编辑器的方式有多种，这里介绍两种方式：从“Files”（文件）面板启动、从主菜单启动。

2.1.1　从“Files”（文件）面板启动原理图编辑器

（1）启动 Altium Designer 软件。

（2）单击系统面板标签“System”，在弹出的菜单中选择“Files”（文件）命令，打开“Files”（文件）面板，如图 2-1 所示。

（3）在“Files”（文件）面板的“打开文档”栏中双击原理图文件，将启动原理图编辑器，打开一个已有的原理图文件。

（4）在“Files”（文件）面板的“打开工程”栏中双击文件“集成功放电路.PrjPcb”，弹出 “Projects”（工程）面板，如图 2-2 所示，双击原理图文件，也可以启动原理图编辑器，打开一个已有项目中的原理图文件。

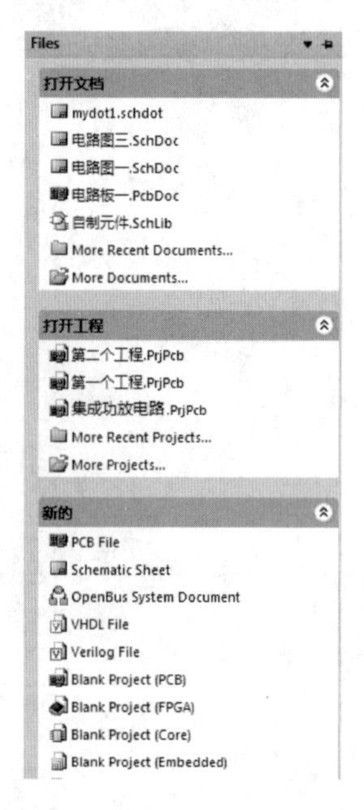

图 2-1　“Files”（文件）面板

图 2-2　“Projects”（工程）面板

（5）在“Files”（文件）面板的“新的”（New）栏中选择“Schematic Sheet”选项，将启动原理图编辑器，同时新建一个默认名称为“Sheet1.SchDoc”的原理图文件。

2.1.2　从主菜单启动原理图编辑器

从主菜单启动原理图编辑器有 3 种常用的方法：

（1）选择菜单命令“文件”→“新的”→“Schematic”，新建一个原理图设计文件，启动原理图编辑器。

（2）选择菜单命令“文件”→“打开”，在选择打开文件对话框中双击原理图设计文件，启动原理图编辑器，打开一个已有的原理图文件。

（3）选择菜单命令“文件”→“打开工程”，在选择打开文件对话框（见图 2-3）中双击项目文件，弹出“Projects”面板。在“Projects”面板中，双击原理图文件，启动原理图编辑器，打开已有项目中的原理图文件。

图 2-3　选择打开文件对话框

2.2　进入软件界面

（1）单击桌面的“开始”菜单，在弹出的快捷菜单中选择“Altium Designer”，打开软件，如图 2-4 所示。

（2）进入 Altium Designer 14 的主窗口，如图 2-5 所示。

图 2-4　打开软件

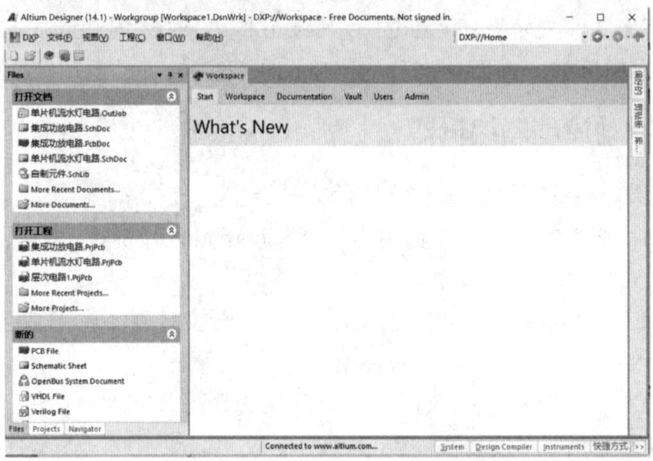

图 2-5　Altium Designer 14 主窗口

2.3　原理图编辑器常用菜单及功能

原理图编辑器菜单栏包括“文件”“编辑”“视图”“工程”“放置”“设计”“工具”“报告”“窗口”“帮助”等菜单。这些菜单就原理图编辑器来说是一级菜单，有的里面还有二级、三级菜单。下面介绍常用菜单。

1. “文件”菜单

“文件”菜单中命令的主要功能都是关于文件的相关操作的，如新建（New）、保存工程、打开、关闭等，如图 2-6 所示。

2. “视图”菜单

“视图”菜单中命令的主要功能是设置工具栏、状态栏和命令行是否在编辑器中显示，控制各种工作面板的打开和关闭，设置图纸显示区域等，如图 2-7 所示。

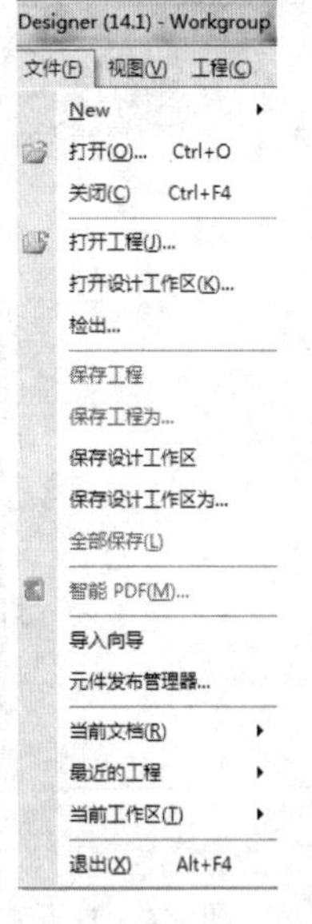

图 2-6　“文件”菜单

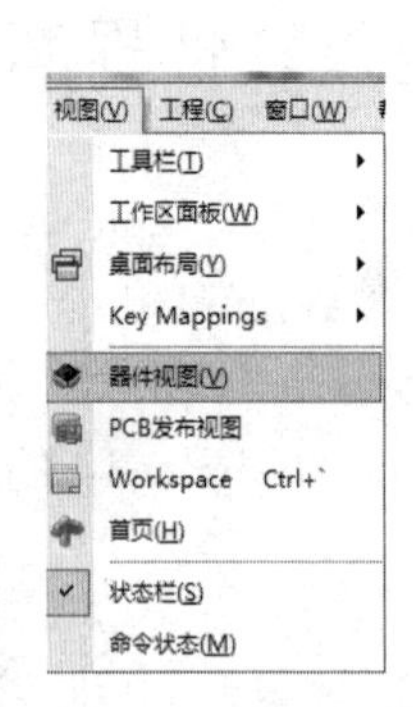

图 2-7　“视图”菜单

3. “工程”菜单

“工程”菜单主要涉及项目文件的使用，如添加新的工程、编译项目文件（Compile）等，如图 2-8 所示。

4. “窗口”菜单

“窗口”菜单如图 2-9 所示。

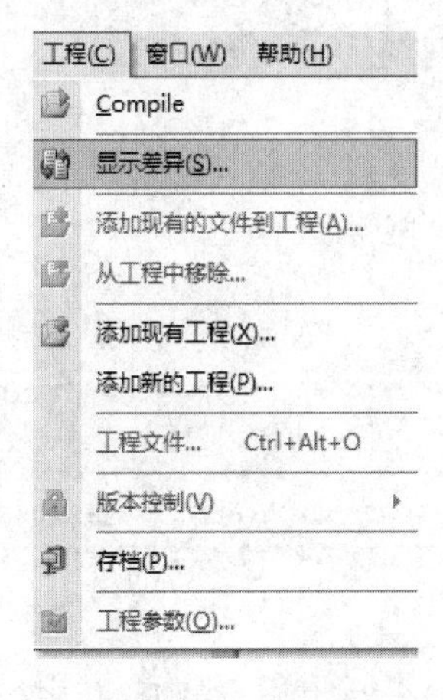

图 2-8　“工程”菜单

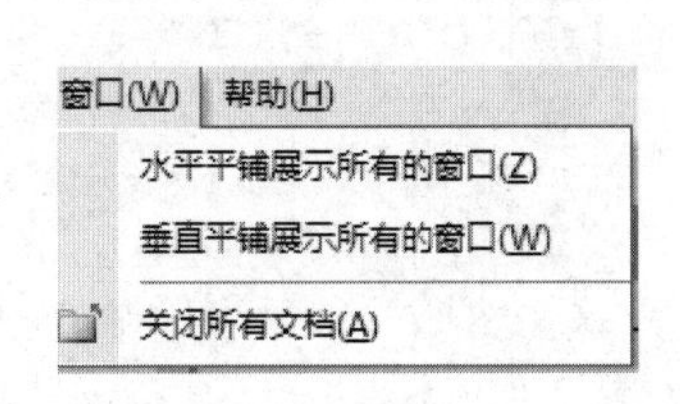

图 2-9　“窗口”菜单

5. “帮助”菜单

“帮助”菜单如图 2-10 所示。

6. 系统工具栏

系统工具栏如图 2-11 所示。

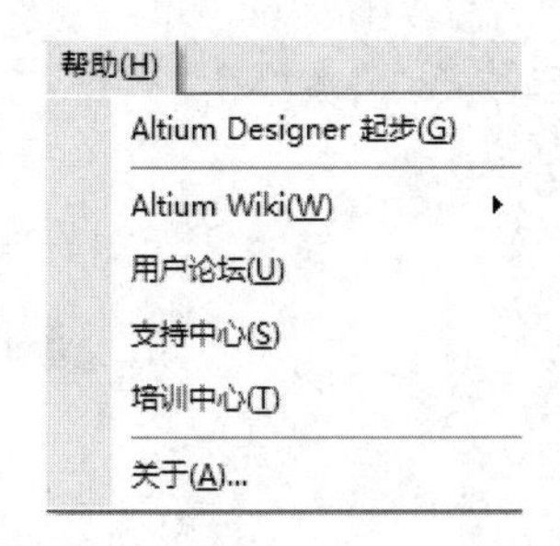

图 2-10　“帮助”菜单

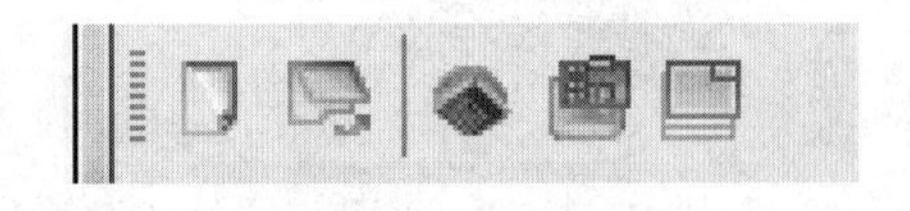

图 2-11　系统工具栏

2.4　原理图工作环境和图纸设置

2.4.1　原理图编辑器

（1）在如图 2-1 所示的“Files”（文件）面板中双击“电路图一.SchDoc”文件，进入原理图编辑器，如图 2-12 所示。原理图编辑器主要由菜单栏、工具栏、编辑窗口、文件标签、面板标签、状态栏和工作面板等组成。

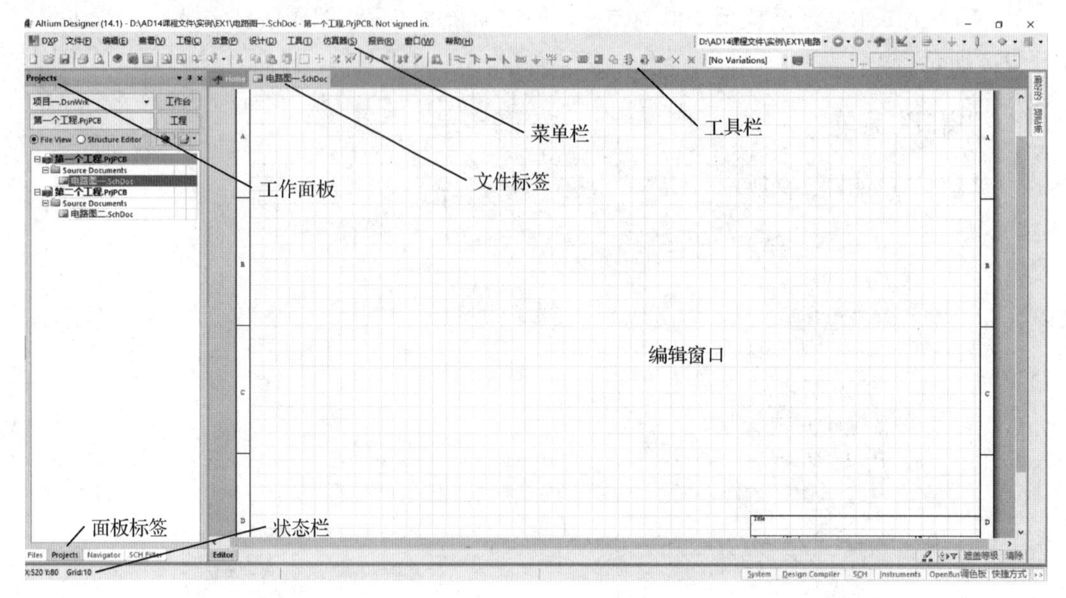

图 2-12　原理图编辑器

（2）菜单栏：打开不同类型文件时，菜单栏的内容会发生相应的变化。在设计过程中，对原理图的各种编辑处理都可以通过菜单栏中相应命令来完成。

（3）工具栏：在原理图设计界面中，Altium Designer 14 提供了丰富的工具栏命令，在使用时为了方便也可用鼠标将工具栏拖动到合适的位置或使其处于悬浮状态。常用的有“原理图标准”工具栏、“布线”工具栏、“实用”工具栏等，如图 2-13 所示。

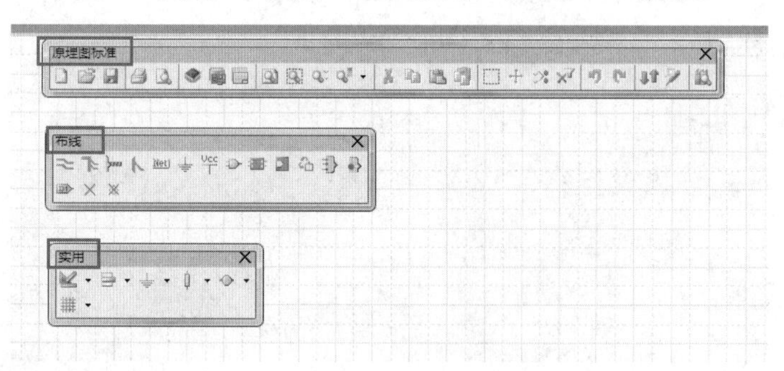

图 2-13　常用的悬浮状态的工具栏

2.4.2　工作面板

在原理图设计中经常用到的工作面板有以下三个：

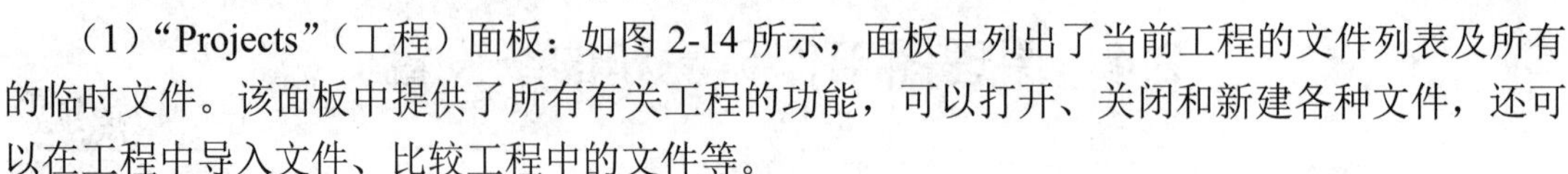

（1）“Projects”（工程）面板：如图 2-14 所示，面板中列出了当前工程的文件列表及所有的临时文件。该面板中提供了所有有关工程的功能，可以打开、关闭和新建各种文件，还可以在工程中导入文件、比较工程中的文件等。

（2）“库”面板：如图 2-15 所示，在该面板中可以浏览所有元件库。通过该面板可以在原理图中放置元件，此外还可以对元件的封装、SPICE 模型和 SI 模型进行浏览。

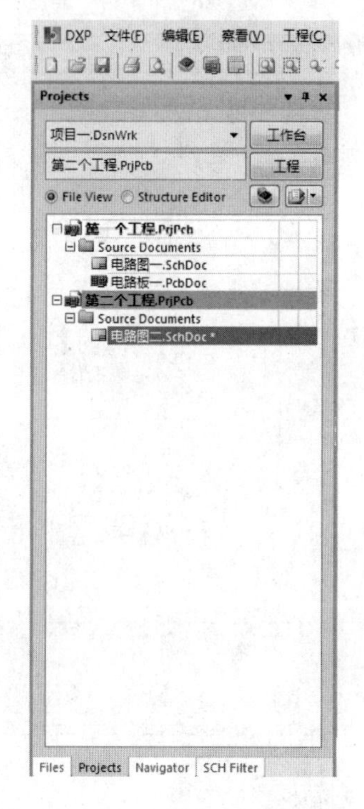

图 2-14 “Projects”（工程）面板

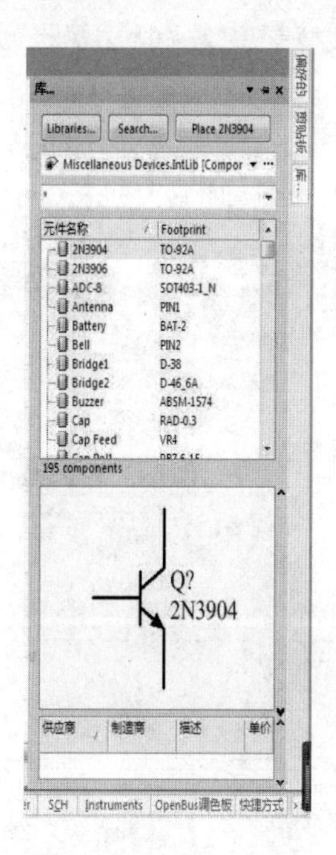

图 2-15 “库”面板

（3）“Navigator”（导航）面板：如图 2-16 所示，在分析和编译原理图后能够提供原理图的所有信息，通常用于检查原理图。

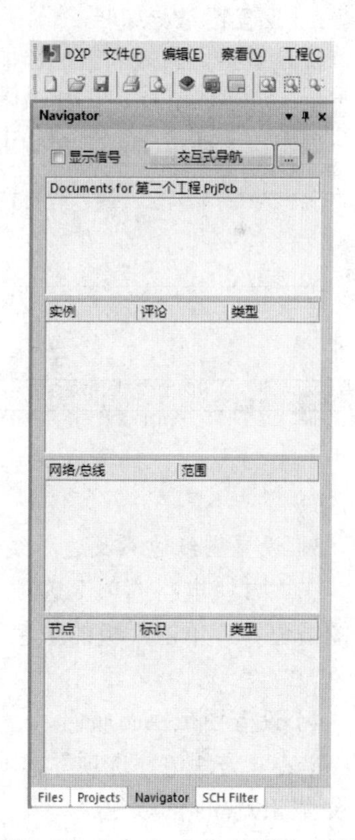

图 2-16 “Navigator”（导航）面板

2.4.3 图纸设置

用户可以通过不同的方法对原理图进行设置，具体的设计方法如下：

将鼠标指针放置在原理图区域中间，单击鼠标右键，在弹出的快捷菜单中选择“选项”→“文档选项”命令或选择菜单栏中的“设计”→“文档选项”命令，即可启动原理图的“文档选项”对话框，如图 2-17 所示。在该对话框中可以对图纸的各项参数进行设置。

“文档选项”对话框中包含了“选项”“栅格”“电栅格“标准风格”“自定义风格”五个选项区及“更改系统字体”按钮，通过选择不同的选项可更改各项常见图纸参数。

1）设置图纸方向

单击“方块电路选项”选项卡中的“定位”下拉列表进行设置，有“Landscape”（横向）、“Portrait”（纵向）两种选项。图纸方向一般默认为 Landscape（横向）。

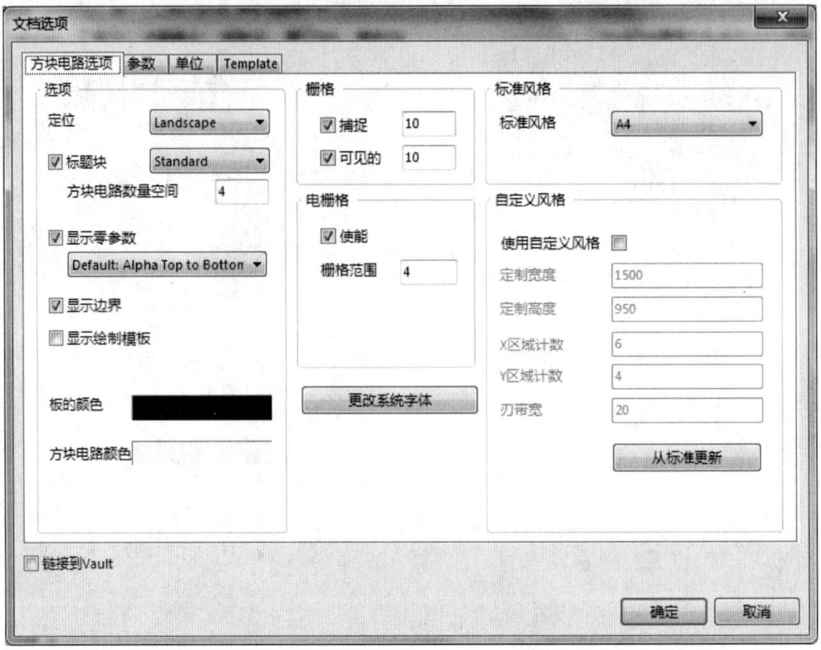

图 2-17 “文档选项”对话框

2）设置图纸标题栏

标题栏是对图纸的附加说明，软件提供了两种标准，即“Standard”格式和“ANSI”（美国国家标准学会）格式，其中“ANSI”格式所占区域较大。在“方块电路选项”选项卡中勾选“标题块”选项，单击右侧下拉列表进行选择，标题栏样例如图 2-18 所示。

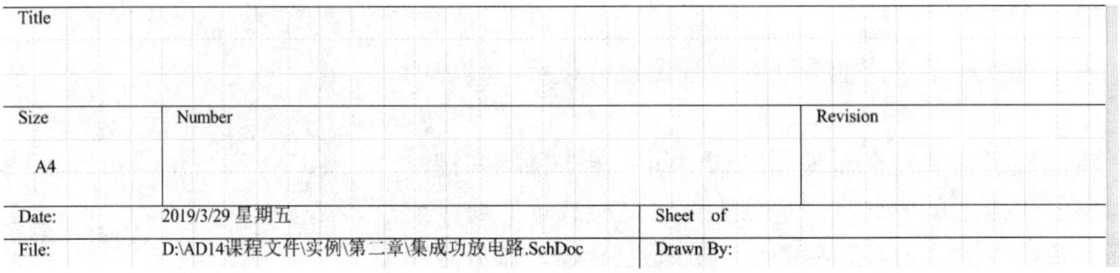

Title			
Size A4	Number		Revision
Date:	2019/3/29 星期五	Sheet of	
File:	D:\AD14课程文件\实例\第二章\集成功放电路.SchDoc	Drawn By:	

图 2-18 标题栏样例

3）设置图纸边界及边界线的颜色

在“方块电路选项”选项卡中勾选“显示边界”选项，可显示图纸边界，反之则不显示图纸边界。单击“板的颜色”色块区，弹出“选择颜色”对话框，可设置图纸边界线的颜色。

4）设置图纸幅面颜色

单击“方块电路选项”选项卡中的“方块电路颜色”色块区，弹出“选择颜色”对话框，可设置图纸幅面的颜色。

5）设置图纸网格点

勾选“方块电路选项”选项卡中的“栅格”区中的“捕捉”选项，可在图纸上移动鼠标选择连线或元件时定位距离（移动一格的距离），用于精确选定元件；勾选“可见的”选项，

可在打开的图纸中显示出辅助栅格线。

6）设置图纸尺寸

单击“方块电路选项”选项卡中的“标准风格”下拉按钮，在弹出的下拉列表中进行选择，即可设置图纸尺寸，默认图纸尺寸为A4。

除了可以直接使用标准图纸，用户还可以自定义图纸格式，如图2-19所示。其操作步骤如下：

（1）勾选“方块电路选项”选项卡中的“使用自定义风格”选项，表示使用自定义图纸。

（2）在各参数文本框中输入对应数值，完成图纸格式的自定义设置。

7）设置图纸上的字体

单击“方块电路选项”选项卡中的“更改系统字体”按钮，即可弹出“字体”对话框，如图2-20所示。在该对话框中设置字体会改变整个原理图中所有文字的字体，包括原理图中的元件引脚文字和原理图中的注释文字等，通常选择默认字体即可。

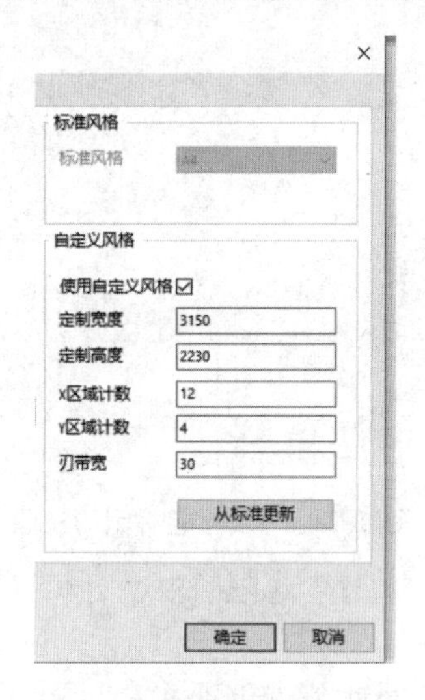

图2-19　自定义图纸格式

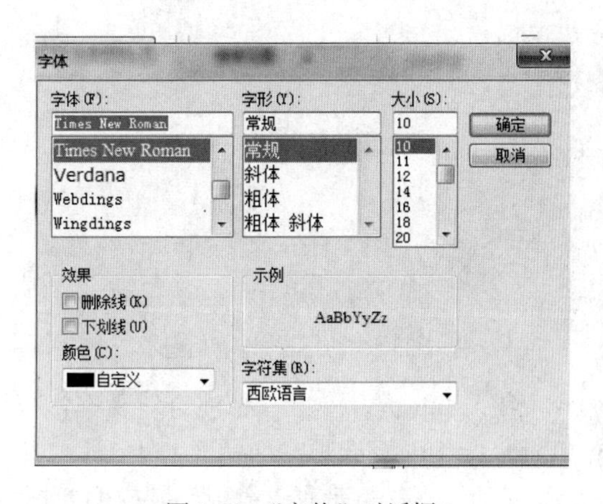

图2-20　“字体”对话框

8）图纸基本选项

（1）打开“文档选项”对话框，切换到“参数”选项卡，如图2-21所示。

（2）选择其中的某个选项，单击“编辑”按钮，即可弹出“参数属性”对话框，然后在该对话框中设置图纸参数。如图2-22所示为用户在选择“CurrentTime”选项并单击“编辑”按钮后所弹出的“参数属性”对话框，用户可以在“值”文本框中输入内容。

9）在图纸中显示设计信息

（1）在“参数”选项卡中输入作者名称、绘制日期、标题等设计信息，如图2-23所示。

（2）单击“确定”按钮，返回原理图窗口。

（3）在图纸右下角将显示相关的设计信息，选择菜单命令“放置”→“文本字符串”，即可出现如图2-24所示的带有字符标记的光标。

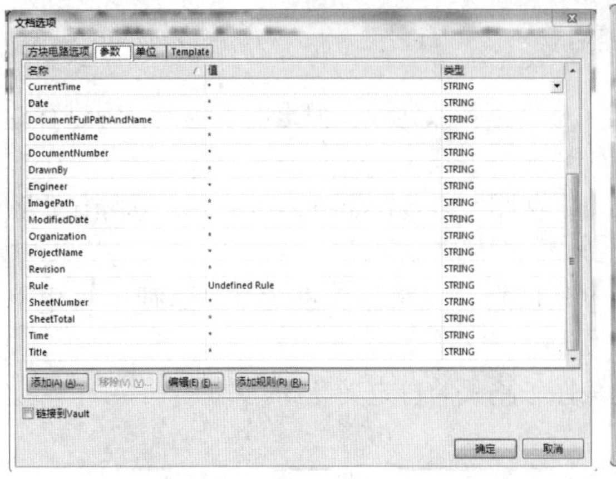

图 2-21 “文档选项”对话框

图 2-22 “参数属性”对话框

图 2-23 增加相关设计信息

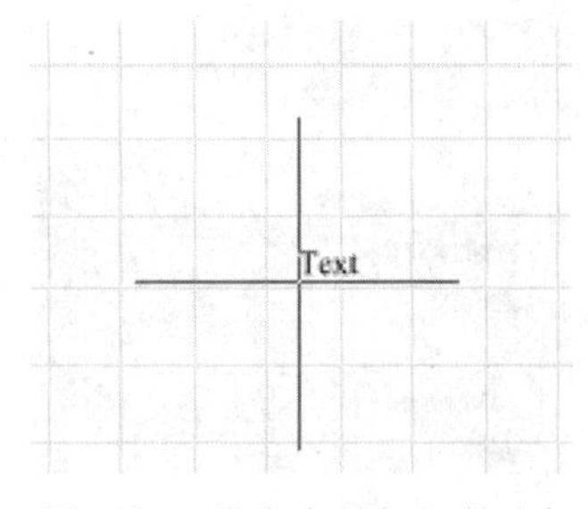

图 2-24 带有字符标记的光标

（4）按下 Tab 键，弹出“标注”对话框，在该对话框的“属性”选项区中“文本”下拉列表中选择“=Title”选项，如图 2-25 所示。

（5）移动鼠标，将带有“练习”字样的光标移动到如图 2-26 所示的位置并单击鼠标左键进入放置，单击鼠标右键结束放置。

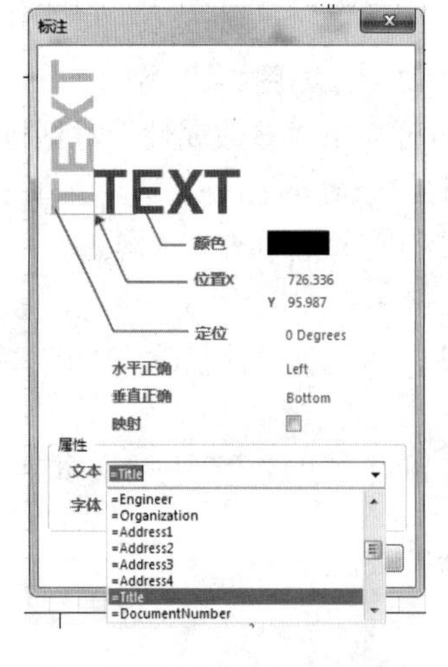

图 2-25 选择“=Title”选项

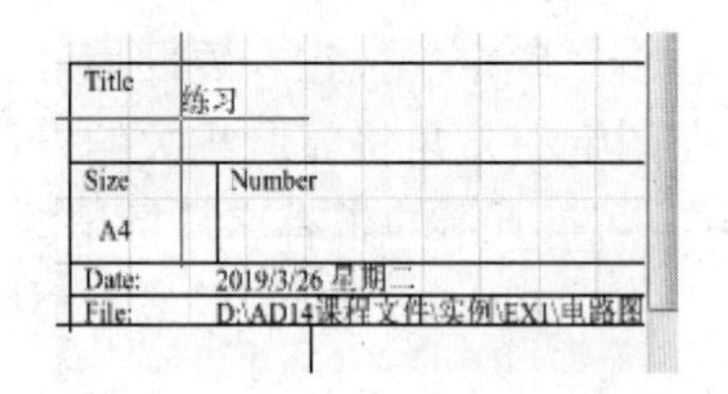

图 2-26 放置标题名称

（6）使用相同的方法，完成原理图版本、设计者名称、日期的放置。

通过以上设置，用户图纸中就出现了一些相关的设计信息，如设计者名称、标题、图纸的绘制日期等。

2.4.4 “察看”菜单的功能

1. 缩放工作窗口

选择“察看”菜单即可显示子菜单，如图 2-27 所示。

1）在工作窗口中显示选择的内容

（1）适合文件：在工作窗口中显示整个原理图。

（2）适合所有对象：在工作窗口中显示当前原理图中的所有元件。

（3）区域：在工作窗口中显示一个区域。其具体的操作方法是，选择该菜单命令，指针将变成“十”字形状显示在工作窗口中，在工作窗口单击鼠标左键，确定区域的一个顶点，移动鼠标确定区域的对角区域，再单击鼠标左键，在工作窗口中将显示刚才选择的区域。

（4）点周围：在工作窗口中显示一个坐标点附近的区域。具体操作方法是，选择该菜单命令，鼠标指针将变成“十”字形状显示在工作窗口中，移动鼠标到想要显示的点，单击鼠标左键后移动鼠标，在工作窗口中将显示一个以该点为中心的虚线框，确定虚线框后，再单击鼠标左键，在工作窗口中即可显示虚线框所包含的范围。

（5）被选中的对象：选中一个元件后，选择该菜单命令，即可在工作窗口中心显示该元件。

（6）全屏：将原理图在整个 Altium Designer 软件的设计窗口中显示。

2）显示比例的缩放

显示比例的缩放包括按照比例显示原理图、放大和缩小原理图以及不改变比例显示原理图坐标点附近的区域，它们一起构成了“察看”菜单的第二部分。其各项含义如下：

（1）50%：在工作窗口中显示 50%大小的实际图纸。

（2）100%：在工作窗口中显示正常大小的实际图纸。

（3）200%：在工作窗口中显示 200%大小的实际图纸

（4）400%：在工作窗口中显示 400%大小的实际图纸。

（5）缩小：缩小显示比例，工作窗口在更大范围内显示。

（6）放大：放大显示比例，工作窗口在较小范围内显示。

总之，Altium Designer 提供了强大的视图操作，通过视图操作，用户可以查看原理图的整体和细节，在整体和细节之间自由切换。通过对视图的控制，用户可以更加轻松地绘制和编辑原理图。

2. 视图的刷新

绘制原理图时，在完成滚动画面、移动元件等操作后，有时会出现画面残留的斑点、线段或图形变形等问题。虽然这些问题不会影响电路的正确性，但为了美观，选择菜单命令“察看”→“刷新”可以使显示恢复正常。

3. 图纸栅格的设置

在“察看”菜单中也可以设置图纸的栅格，如图 2-28 所示。

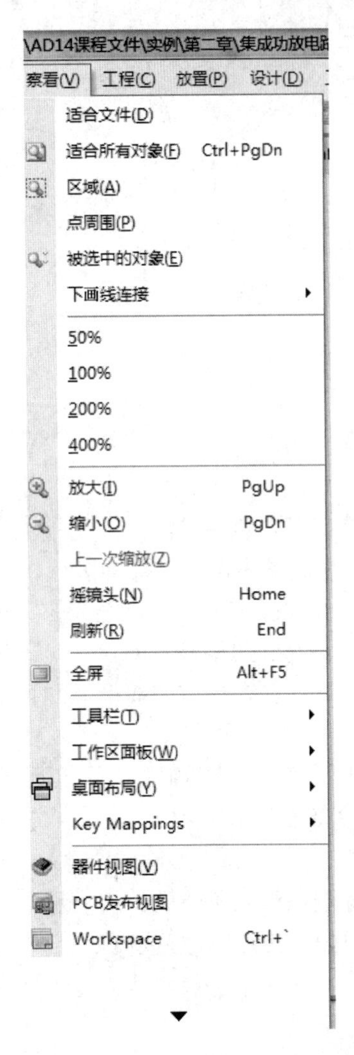

图 2-27 “察看”菜单

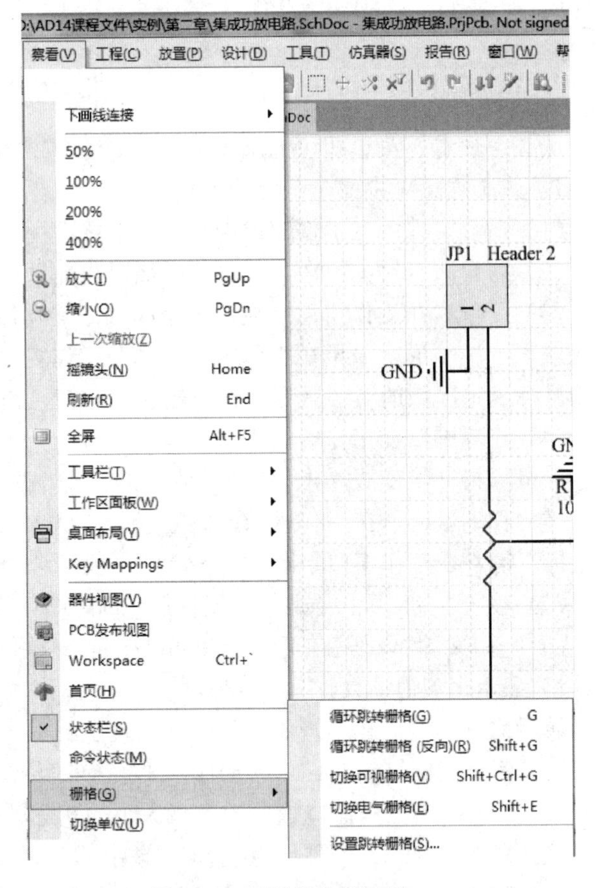

图 2-28 图纸栅格的设置

下面对常用的三项栅格设置命令进行介绍：

（1）切换可视栅格：是否显示/隐藏栅格。

（2）切换电气栅格：电气栅格设置是否有效。

（3）设置跳转栅格：选择“设置跳转栅格”命令将弹出如图 2-29 所示的对话框，在该对话框中可以设置栅格间距。

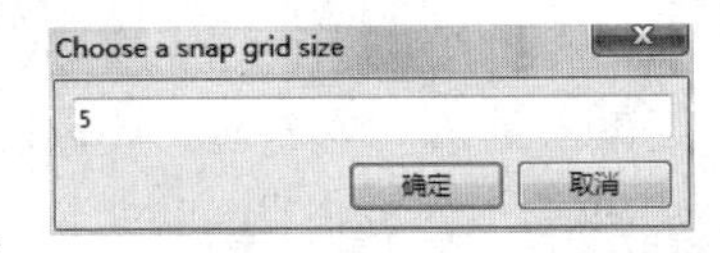

图 2-29 设置栅格间距

2.5 原理图模板的设置

Altium Designer 提供一种“半成”的原理图，称为模板，默认包含了设计当中的标题栏、外观属性的设置，方便开发人员直接调用，大大提高了效率。

1. 打开系统默认模板

Altium Designer 提供了丰富的模板，主要放置在安装目录下面的 Templates 文件夹下，

如图 2-30 所示，在原理图编辑器中打开就可以查看模板的效果，如图 2-31 所示。

图 2-30　模板文件

Title			Altium Limited L3, 12a Rodborough Rd Frenchs Forest NSW Australia 2086	Altiu
Size: A	Number:	Revision:		
Date: 2019/3/29 星期五	Time: 14:55:44	Sheet of		
File: D:\AD14课程文件\AD14\Templates\A.SchDot				

图 2-31　模板效果

2. 自定义模板

在实际项目中，经常需要用到符合自己需求的模板，这个时候需要自定义模板。

（1）选择菜单命令“文件”→“New”→“Schematic”，新建一个原理图文件，命名为“moban.Schdot”，保存到自己的文件目录下。

（2）按照自己的需求并根据 2.4 节中介绍的原理图图纸设置和栅格设置，设置好各项参数并保存。

（3）在原理图的右下角，可以利用菜单命令“放置”→“线”和“放置”→“文本字符串”绘制个性化的标题栏，包含自己所需要的信息，如图 2-32 所示，在不会绘制的情况下，可以根据系统的模板来进行修改、保存。

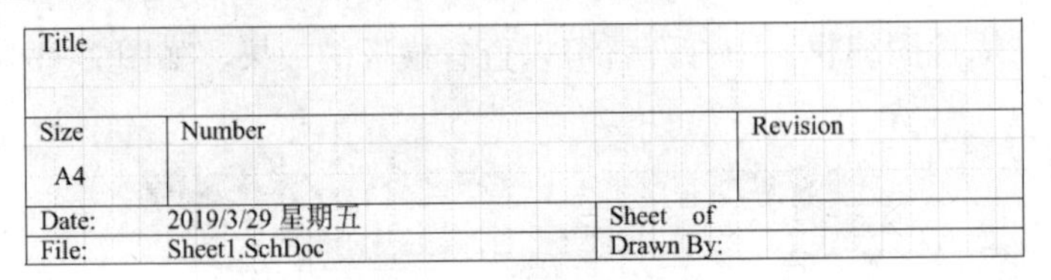

图 2-32　标题栏的绘制

3. 模板的调用

1）系统模板的调用

选择菜单命令“设计”→“通用模板”→“A”，会弹出一个模板更新提示框“更新模板”，选择适配的范围更新即可，如图 2-33 所示。

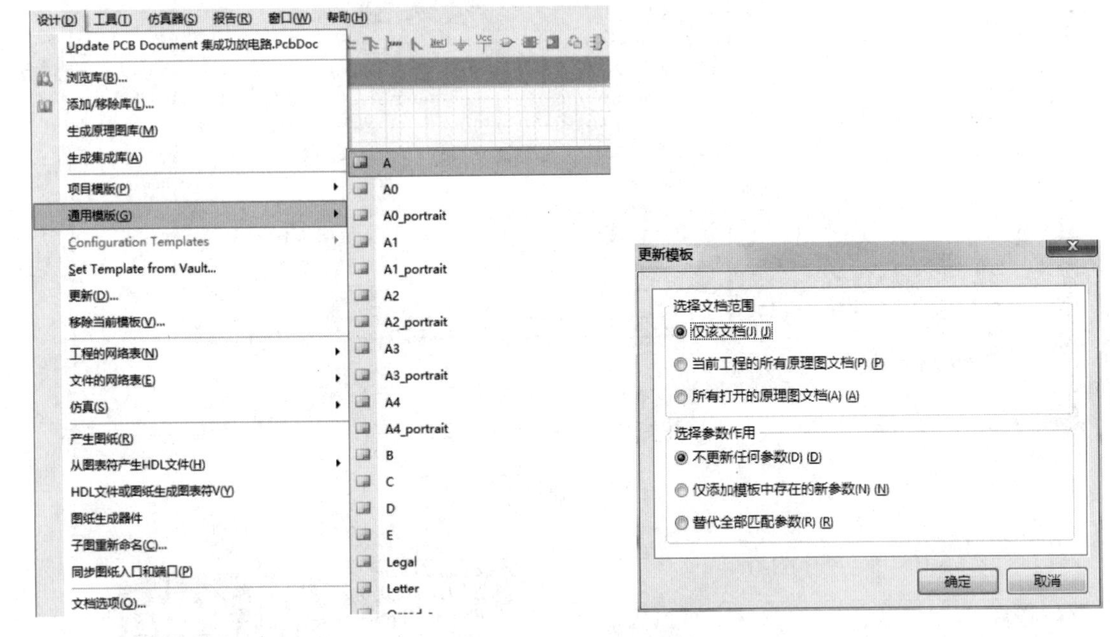

图 2-33　系统模板的调用

2）自定义模板的调用

如果要调用之前保存的“moban.Schdot”，可以选择菜单命令“设计”→“通用模板”→“Choose Another File”，如图 2-34 所示，选择保存目录下的“moban.Schdot”文件并按照系统模板的调用更新范围和参数选项进行更新即可。

4. 模板的删除

如果设计当中考虑保密要求或者有不需要的模板时，可以将模板删除。选择菜单命令“设计”→“移除当前模板”，可以删除当前使用的模板，如图 2-35 所示。

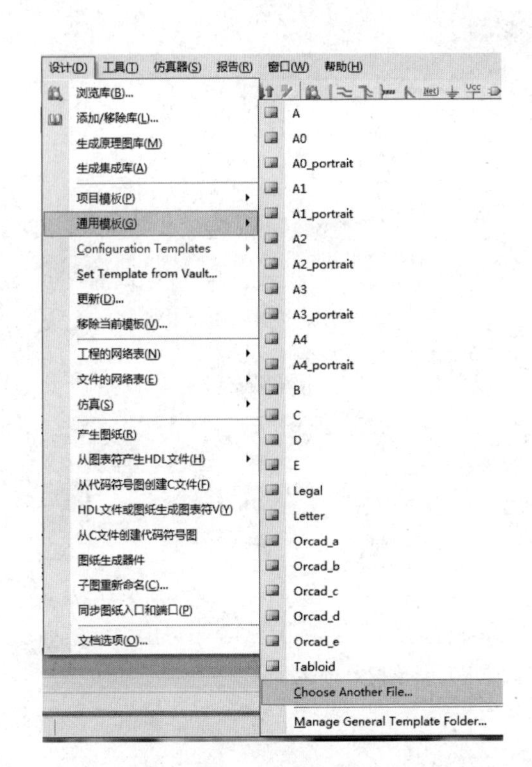

图 2-34 自定义模板的调用

图 2-35 模板的删除

2.6 原理图编辑参数的设置

在原理图绘制过程中，工作效率和正确性往往与原理图设计环境参数的设置有着密切的关系。原理图设计环境参数设置合理与否，将直接影响设计软件的功能能否充分发挥。

在 Altium Designer 14 系统中，原理图编辑器的工作环境设置是由原理图“参数选择”对话框来完成的。

选择菜单命令“工具”→“设置原理图参数”，或在编辑窗口中单击鼠标右键，在弹出的快捷菜单中选择“选项”→“设置原理图优选参数”命令，将会打开“参数选择”对话框。

“参数选择”对话框中主要有 11 个原理图参数设置标签，分别为“General”（常规）、“Graphical Editing”（图形编辑）、“Mouse Wheel Configuration”（鼠标滚轮配置）、“Compiler”（编译器）、“AutoFocus”（自动聚焦）、“Library AutoZoom”（元件自动缩放）、“Grids”（栅格）、“Break Wire”（切割导线）、“Default Units”（默认单位）、“Default Primitives（原始默认值）”、“Orcad(tm)”（Orcad 端口操作）。

2.6.1 “General”标签

在“参数选择”对话框中，单击“General”（常规）标签，弹出的“General”（常规）参数设置对话框如图 2-36 所示，可以用来设置电路原理图设计的常规环境参数。

图 2-36 “General”（常规）参数设置对话框

1. “选项”(Options) 选项区

该选项区中的参数用来设置绘制原理图时的一些自动保持的功能，下面介绍其中常用功能。

（1）“直角拖拽”的功能是在拖动一个元件时，与元件连接的导线将与该元件保持直角关系，若未选择该选项，将不保持直角关系（该功能仅对菜单拖动命令“Edit”“Move”“Drag”“Drag Selection”有效）。

（2）“Optimize Wires Buses”（优化导线和总线）的功能是防止导线、总线间的相互覆盖。

（3）“元件割线”的功能是将一个元件放置在一条导线上时，如果该元件有两个引脚在导线上，则该导线自动被元件的两个引脚分成两段，并分别在两个引脚上。

（4）“使能 In-Place 编辑”的功能是当光标指向已放置的元件标识、字符、网络标号等文本对象时，单击（或使用快捷键 F2）可以直接在原理图编辑窗口内修改文本内容，而不需要进入参数设置对话框。若未勾选该选项，则必须在参数设置对话框中编辑修改文本内容。

（5）“转换交叉点”的功能是在两条导线的 T 形节点处增加导线形成“十”字交叉点时，系统自动生成两个相邻的节点。

（6）“显示 Cross-Overs”的功能是在未连接的两条导线的“十”字交叉点处显示弧形跨越，如图 2-37 所示。不显示跨越的如图 2-38 所示。

（7）“Pin 方向”的功能是在元件的引脚上显示信号的方向。

2. 引脚边距选项区

在该选项区中设置元件符号上的引脚名称、引脚标号、与元件符号轮廓边缘的间距。

3. 剪贴板和打印选项区

该选项区中参数的功能如下：

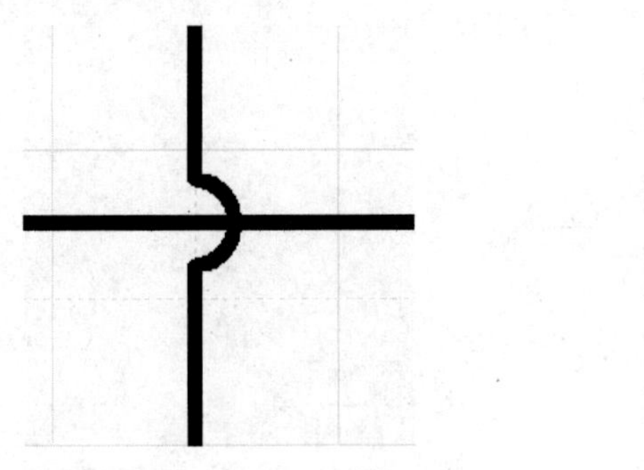

图 2-37 显示弧形跨越

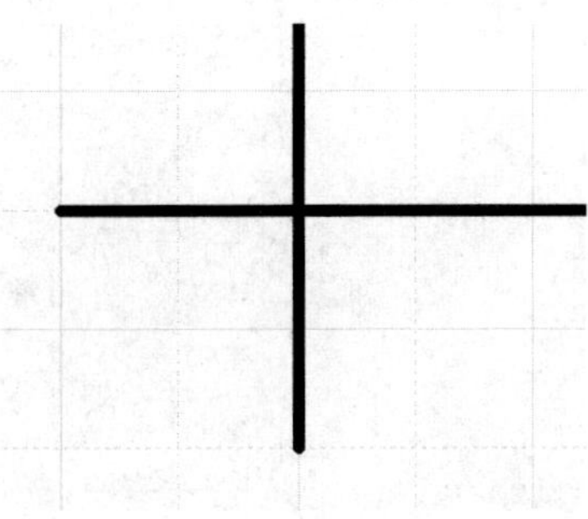

图 2-38 不显示跨越

（1）“No-ERC 标记”的功能是在使用剪贴板进行复制或打印操作时，对象的“No-ERC”标记将随图件被复制或打印。

（2）“参数集”的功能是使用剪贴板进行复制或打印操作时，对象的参数设置将随图件被复制或打印。

4. 字母数字下标选项区

该选项区中有两个下拉选项。当选中“Alpha”时，子件的后缀为字母；当选中“Numeric”时，子件的后缀为数字。

2.6.2 “Graphical Editing”标签

单击“参数选择”对话框中的“Graphical Editing”（图形编辑）标签，进入“Graphical Editing”（图形编辑）参数设置对话框，如图 2-39 所示。对以下 4 个选项进行设置，其他选项采取默认设置即可。

图 2-39 “Graphical Editing”（图形编辑）参数设置对话框

（1）“否定信号”：单一“\”符号代表负信号，选中该选项将使整个网络名的上方出现上画线。

（2）“单击清除选择”：单击空白处退出选择状态，有利于在多选环境下退出选择状态。

（3）“颜色选项”：选择状态的颜色显示，选中元件或文字时，会显示一个设定颜色的线框，以区别选择和未选择状态，如图 2-40 和图 2-41 所示。

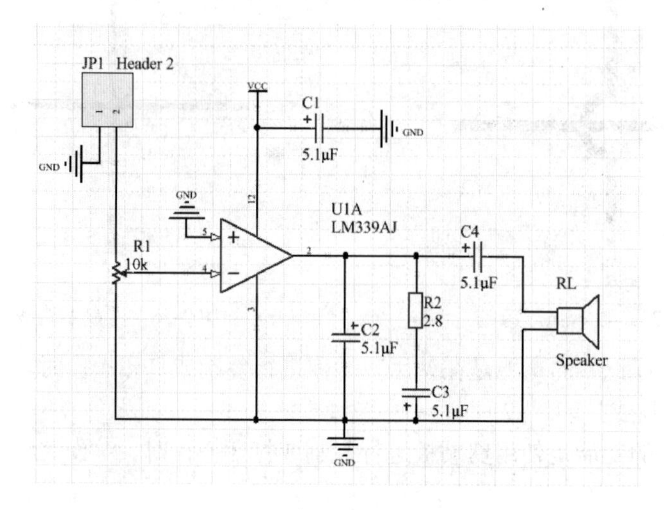

图 2-40　选择状态

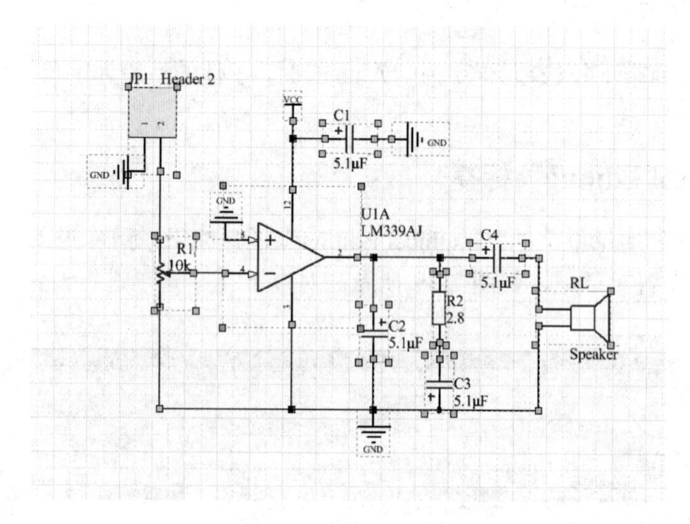

图 2-41　未选择状态

（4）“光标”：鼠标显示状态，系统提供 4 种鼠标指针选项，即“Large Cursor 90”（全屏 90° “十”字指针）、“Small Cursor 90”（小型 90° “十”字指针）、“Small Cursor 0”（小型 0° “十”字指针）、“Tiny Cursor 45”（极小的 45° 斜线指针）。在此一般建议设置为“Large Cursor 90”或者“Small Cursor 90”。

2.6.3 “Mouse Wheel Configuration”标签

在“参数选择”对话框中，单击“Mouse Wheel Configuration”（鼠标滚轮配置）标签，弹出“Mouse Wheel Configuration”（鼠标滚轮配置）对话框，如图 2-42 所示，主要用来设置鼠标滚轮的功能，具体包括以下 4 种。

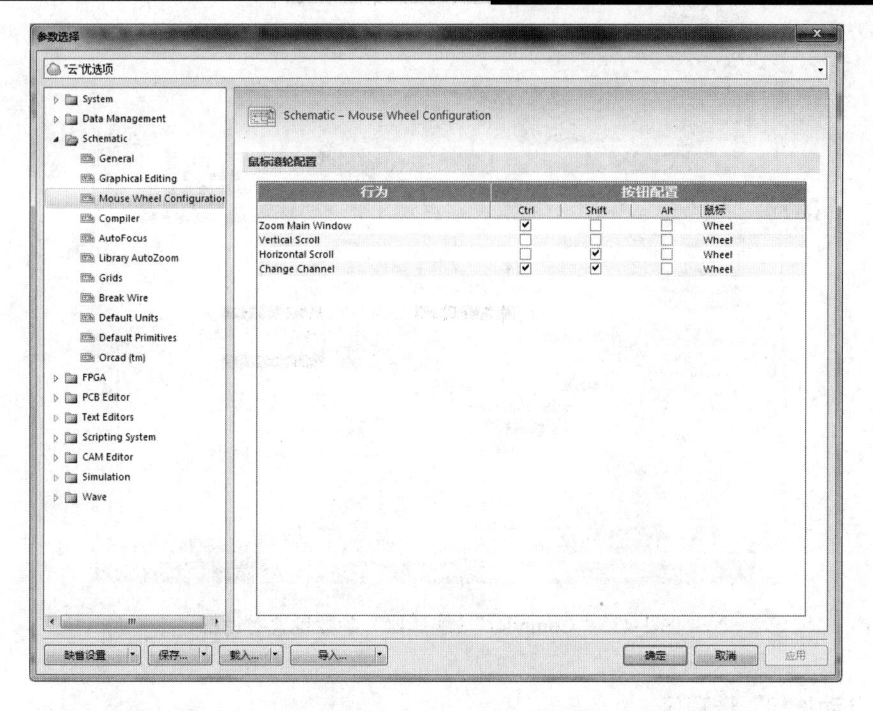

图 2-42 “Mouse Wheel Configuration”（鼠标滚轮配置）对话框

（1）“Zoom Main Window”（缩放主窗口）

“Zoom Main Window” 有 3 个选项可供选择，即 “Ctrl”“Shift”“Alt”。当选中某一个选项后，按下此键，滚动鼠标滚轮就可以缩放电路原理图了。系统默认选择 “Ctrl”。

（2）“Vertical Scroll”（垂直滚动）

“Vertical Scroll” 同样有 3 个选项。系统默认均不选择，因为在不做任何设置时，滚轮本身就可以实现垂直滚动。

（3）“Horizontal Scroll”（水平滚动）

“Horizontal Scroll” 系统默认选择 “Shift”。

（4）“Change Channel”（转换通道）

“Change Channel” 用来转换通道。

2.6.4 “Compiler” 标签

为了检查原理图设计中的一些错误或疏漏之处，Altium Designer 14 提供了 “Compiler”（编译器）工具。系统根据用户的设置，会对整个电路图进行电气检查，将检测出的错误生成各种报表和统计信息，帮助用户进一步修改和完善自己的设计工作。

在 “参数选择” 对话框中，单击 “Compiler”（编译器）标签，弹出 “Compiler”（编译器）参数设置对话框，如图 2-43 所示，主要用来设置编译器的环境参数。

1. “错误和警告” 选项区

“错误和警告” 选项区用来设置对于编译过程中出现的错误，是否显示出来，并可以选择颜色加以标记。系统错误有 3 种，分别是“Fatal Error”（致命错误）、“Error”（错误）、“Warning”（警告）。此选项区采用系统默认设置即可。

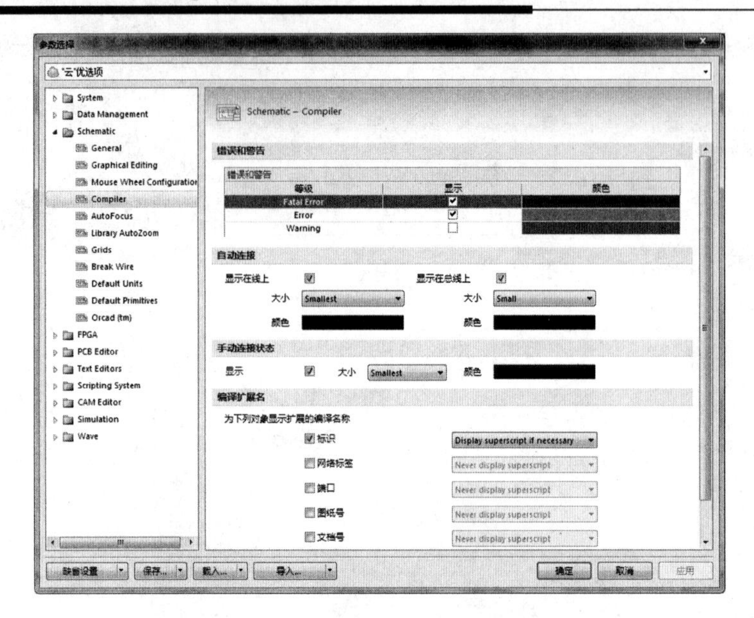

图 2-43 “Compiler”（编译器）参数设置对话框

2. “自动连接”选项区

“自动连接”选项区主要用来设置在绘制电路原理图连线时，在导线的 T 形连接处，系统自动添加电气节点的显示方式，有 2 个选项供选择。

（1）“显示在线上”：在导线上显示。若选中此选项，导线上的 T 形连接处会显示电气节点。电气节点的大小用“大小”设置，有“Smallest”（最小）、“Small”（小）、“Medium”（中）、“Large”（大）4 种选项。在“颜色”中可以设置电气节点的颜色。

（2）“显示在总线上”：在总线上显示。若选中此选项，总线上的 T 形连接处会显示电气节点。电气节点的大小和颜色设置操作与前面相同。

3. “编译扩展名”选项区

“编译扩展名”选项区主要用来设置要显示对象的扩展名。若选中“标识”选项后，在电路原理图上会显示标识的扩展名。

2.6.5 “AutoFocus”标签

Altum Designer 14 系统中提供了一种自动聚焦功能，能够根据原理图中的元件或对象所处的状态（连接或未连接），分别进行显示，便于用户直观、快捷地查询或修改。该功能的设置是通过“AutoFocus”（自动聚焦）参数设置对话框来完成的。

在“参数选择”对话框中，单击“AutoFocus”（自动聚焦）标签，弹出“AutoFocus”（自动聚焦）参数设置对话框，如图 2-44 所示。

1. “淡化未连接的目标”选项区

“淡化未连接的目标”选项区用来设置对未连接对象的淡化显示，有 4 个选项可供选择，分别是“放置时”“移动时”“图形编辑时”“编辑放置时”。单击“所有的打开”按钮，可以

全部选中，单击“所有的关闭”按钮，可以全部取消选择。淡化显示的程度，可以用右面的滑块来调节。

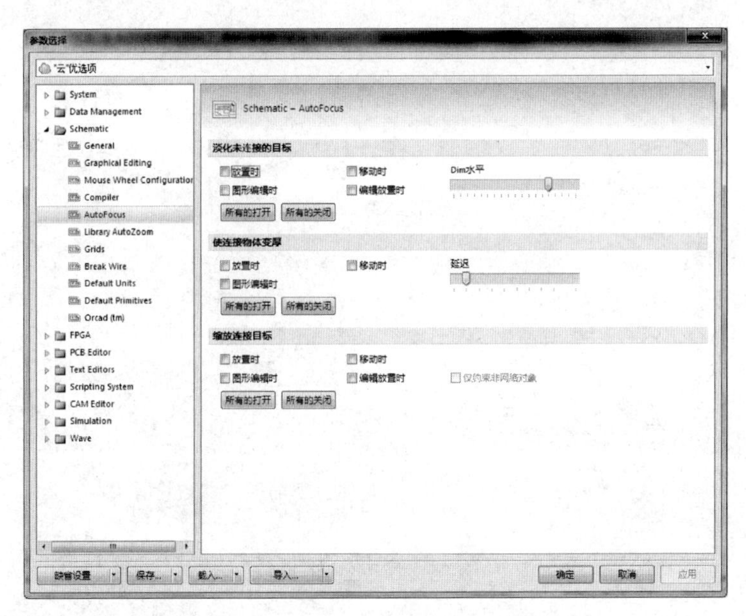

图 2-44　“AutoFocus”（自动聚焦）参数设置对话框

2. “使连接物体变厚”选项区

“使连接物体变厚”选项区用来设置对连接对象的加强显示。有 3 个选项可供选择，分别是“放置时”“移动时”“图形编辑时”。

3. “缩放连接目标”选项区

“缩放连接目标”选项区用来设置对连接对象的缩放。有 5 个选项供选择，分别是“放置时”“移动时”“图形编辑时”“编辑放置时”“仅约束非网络对象”。第 5 个选项在选择了“编辑放置时”选项后，才能进行选择。

2.6.6　“Library AutoZoon”标签

在原理图中可以设置元件的自动缩放形式，主要通过“Library AutoZoom”（元件自动缩放）参数对话框来设置。

在“参数选择”对话框中，单击“Library AutoZoom”（元件自动缩放）标签，弹出“Library AutoZoom”（元件自动缩放）参数设置对话框，如图 2-45 所示。有 3 个选项可供选择，即“在元件切换间不更改”“记忆最后的缩放值”“元件居中”，用户可根据自己的实际情况选择。系统默认选择“元件居中”选项。

2.6.7　“Grids”标签

在“参数选择”对话框中，单击“Grids”（栅格）标签，弹出“Grids”（栅格）参数设置对话框，如图 2-46 所示。在原理图中的各种网格，可以通过该对话框来设置其大小、形状、颜色等。

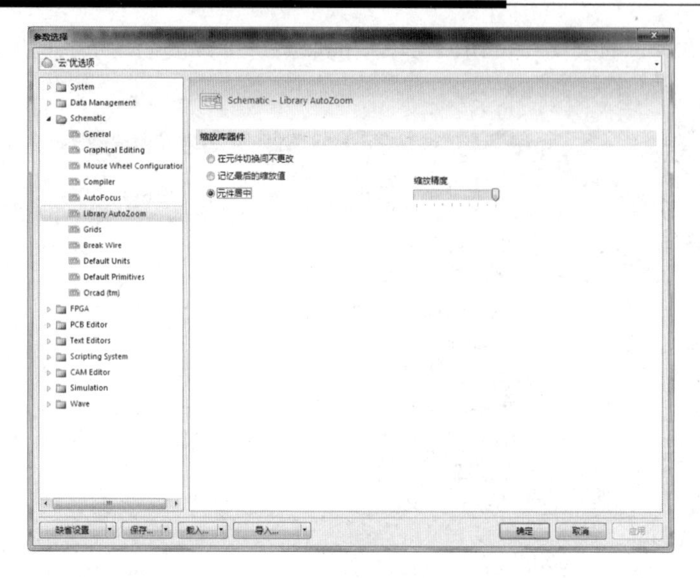

图 2-45 “Library AutoZoom”（元件自动缩放）参数设置对话框

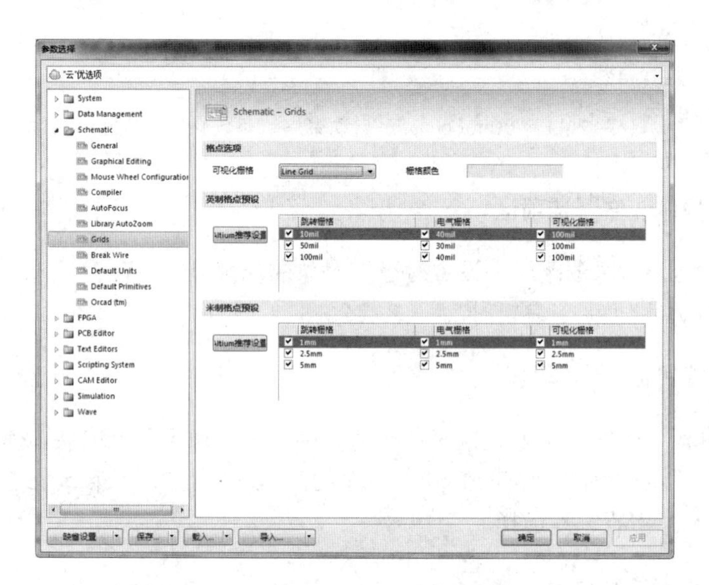

图 2-46 “Grids”（栅格）参数设置对话框

“Grids”（栅格）参数设置对话框包含“英制格点预设”选项区和“米制格点预设”选项区，可以设置栅格形式为英制或者公制。2 个选项区的设置方法类似。单击“Altium 推荐设置”按钮，弹出如图 2-47 所示的菜单。选择某个命令后，显示出系统对“跳转栅格”“电气栅格”“可视化栅格”的默认值。

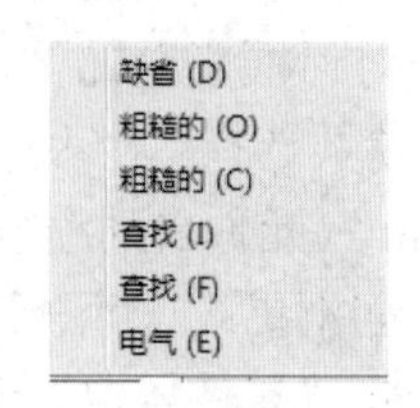

图 2-47 “Altium 推荐设置”菜单

2.6.8 “Break Wire”标签

在设计电路的过程中，往往需要擦除某些多余的线，如果连接线较长或连接在该线上的元件数目较多，且不希望删除整条线时，则可以利用“Break Wire”（切割导线）功能来实现。

在原理图编辑环境中，在“编辑”菜单中，或在编辑窗口中单击鼠标右键后在弹出的右键快捷菜单中，都可以选择“Break Wire”（切割导线）命令，用于对原理图中的连线进行切割、修改。

与“Break Wire”命令有关的一些参数，可以通过“Break Wire”（切割导线）参数设置对话框来设置。在“参数选择”对话框中，单击“Break Wire”（切割导线）标签，弹出“Break Wire”（切割导线）参数设置对话框，如图 2-48 所示。

图 2-48　“Break Wire”（切割导线）参数设置对话框

1. “切割长度”选项区

用来设置当选择“Break Wire”命令时切割导线的长度，有 3 个选项。

（1）折断片段：对准片段。选择该选项后，当选择“Break Wire”命令时光标所在的导线被整段切除。

（2）折断多重栅格尺寸：捕获栅格的倍数。选择该选项后，当选择“Break Wire”命令时，每次切割导线的长度都是栅格的整数倍。用户可以在右边的数字栏中设置倍数，倍数的大小为 2～10。

（3）固定长度：选择该选项后，当选择“Break Wire”命令时，每次切割导线的长度都是固定的。用户可以在右边的数字栏中设置每次切割导线的固定长度值。

2. “显示切割框”选项区

有“从不”“总是”“线上”3 个选项供选择，用来设置当选择“Break Wire”命令时，是否显示切割框。

3. “显示”选项区

有“从不”“总是”“线上”3 个选项供选择，用来设置当选择“Break Wire”命令时，是否显示导线的末端标记。

2.6.9 “Default Units”标签

在绘制原理图时，可以使用英制单位系统，也可以使用公制单位系统，具体设置通过“Default Units”（默认单位）参数设置对话框完成。在“参数选择”对话框中，单击“Default Units”（默认单位）标签，弹出“Default Units”（默认单位）参数设置对话框，如图 2-49 所示。

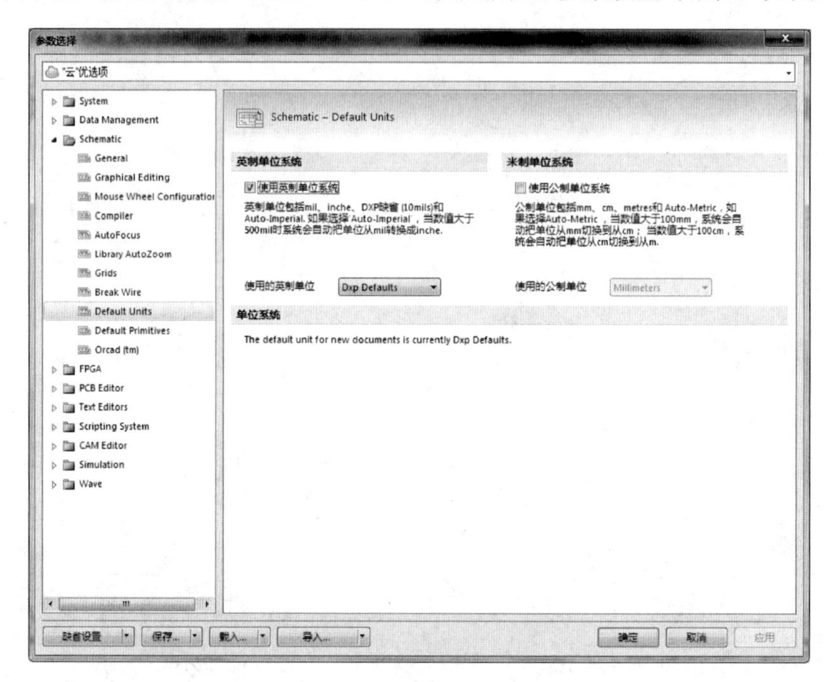

图 2-49 “Default Units”（默认单位）参数设置对话框

1. “英制单位系统”选项区

选中“使用英制单位系统”选项后，下面的“使用的英制单位”下拉列表框被激活，在下拉列表中有 4 种选择，如图 2-50 所示。

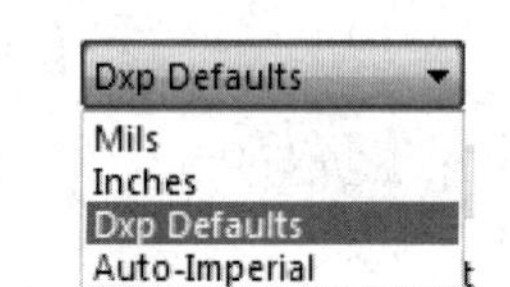

图 2-50 “使用的英制单位”下拉列表

2. “米制单位系统”选项区

选中“使用公制单位系统”选项后，下面的“使用的公制单位”下拉列表框被激活。其设置方法同“英制单位系统”的设置。

2.6.10 “Default Primitives”标签

在“参数选择”对话框中，单击“Default Primitives”（原始默认值）标签，弹出“Default Primitives”（原始默认值）参数设置对话框，如图 2-51 所示。“Default Primitives”（原始默认值）参数设置对话框用来设定编辑原理图时，常用图元的原始默认值。在选择各种操作时，如插入图形元件，就会以所设置的原始默认值为基准进行操作。

在“Default Primitives”（原始默认值）参数设置对话框中，包括如下两个部分和一个功能按钮。

1. “元件列表”下拉列表框

在“元件列表”下拉列表框中，选择某一选项，该类型所包含的对象将在“元器件”列表框中显示。

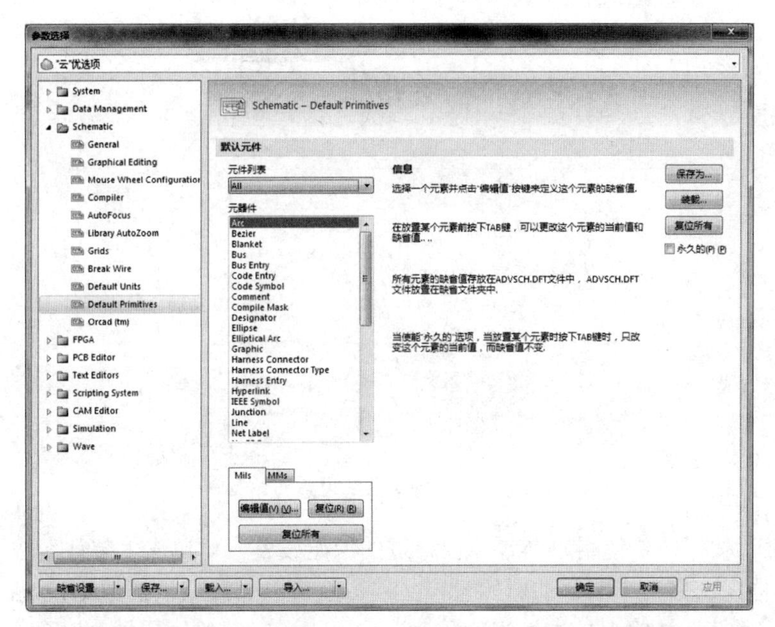

图 2-51　“Default Primitives”（原始默认值）参数设置对话框

（1）“All”：选择该选项后，在下面的“元器件”列表框中将列出所有的对象。

（2）“Wiring Objects”：指绘制电路原理图时工具栏所放置的全部对象。

（3）“Drawing Objects”：指绘制非电路原理图时工具栏所放置的全部对象。

（4）“Sheet Symbol Objects”：指绘制层次图时与子图有关的对象。

（5）“Library Objects”：指与元件库有关的对象。

（6）“Other”：指上述类别中没有包括的对象。

2. “元器件”列表框

可以选择“元器件”列表框中显示的对象，并对所选的对象进行属性设置或者将其复位到初始状态。

在“元器件”列表框中选中某个对象，如选中“Pin”，单击“编辑值”按钮或者双击该对象，弹出“管脚属性”设置对话框，如图 2-52 所示，修改相应的参数设置，单击“确定”按钮，即可返回。

如果在此处修改相关的参数，那么在原理图上绘制引脚时，默认的引脚属性就是修改过的属性。

在“元器件”列表框中选中某一对象，单击“复位”按钮，则该对象的属性复位到初始状态。

3. 功能按钮

（1）“保存为”按钮：当所有需要设置的对象全部设置完毕，单击“保存为”按钮，弹出

“保存文件”对话框，保存默认的原始设置，默认的文件扩展名为.dft，以后也可以重新进行加载。

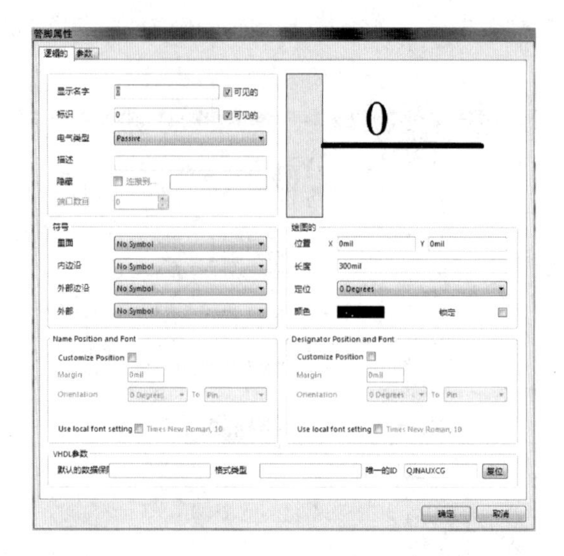

图 2-52 “管脚属性”设置对话框

（2）“装载”按钮：要使用以前曾经保存过的原始设置，可单击“装载”按钮，弹出“打开文件”对话框，选择一个默认的原始设置文档，就可以加载默认的原始设置。

（3）“复位所有”按钮：单击“复位所有”按钮，所有对象的属性都回到初始状态。

2.6.11 “Orcad(tm)”标签

在“参数选择”对话框中，单击“Orcad(tm)”（Orcad 端口操作）标签，弹出“Orcad(tm)”（Orcad 端口操作）参数设置对话框，如图 2-53 所示，与 Orcad 文件选项有关的参数设置，可以通过“Orcad(tm)”（Orcad 端口操作）参数设置对话框完成。

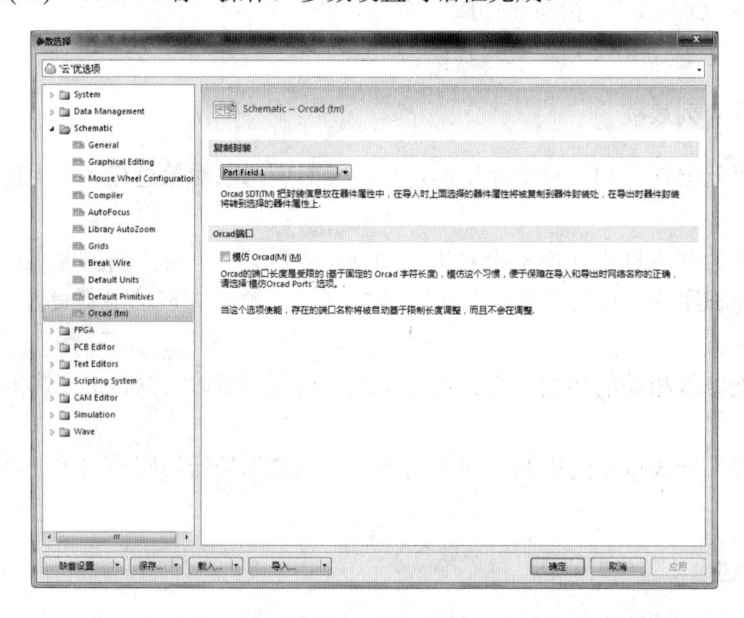

图 2-53 “Orcad(tm)”（Orcad 端口操作）参数设置对话框

在该对话框中，有以下两个选项区。

1. “复制封装”选项区

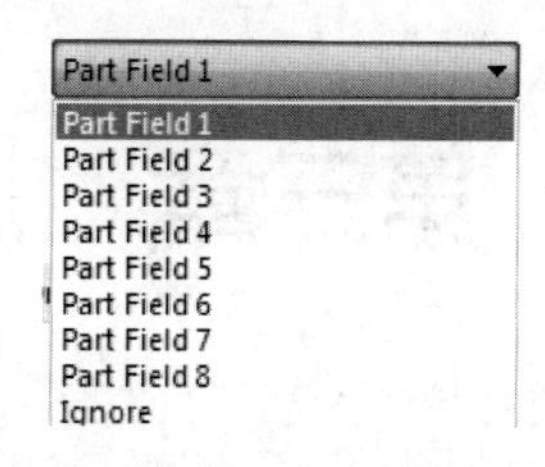

图 2-54　下拉列表框

“复制封装”选项区用来设置元件的 PCB 封装信息的导入、导出，在下拉列表框中有 9 个选项供选择，如图 2-54 所示。

若选中“Part Field 1”～“Part Field 8”中的任意一个，则导入时将相应的元件库中的内容复制到 Altium Designer 14 系统的封装域中，在输出时，将 Altium Designer 14 系统的封装域中的内容复制到相应的元件库中。

若选择“Ignore”，则不进行内容的复制。

2. “Orcad 端口”选项区

“Orcad 端口”选项区用来设置端口的长度是否由端口名称的字符串长度来决定。若选中“模仿 Orcad”选项，现有端口将以端口名称的字符串长度为基础，重新计算端口的长度，并且不能改变图形尺寸。

第三章　原理图的设计——集成功放电路

3.1　原理图设计的一般流程

Altium Designer 14 的原理图设计大致可分为如图 3-1 所示的 9 个步骤。

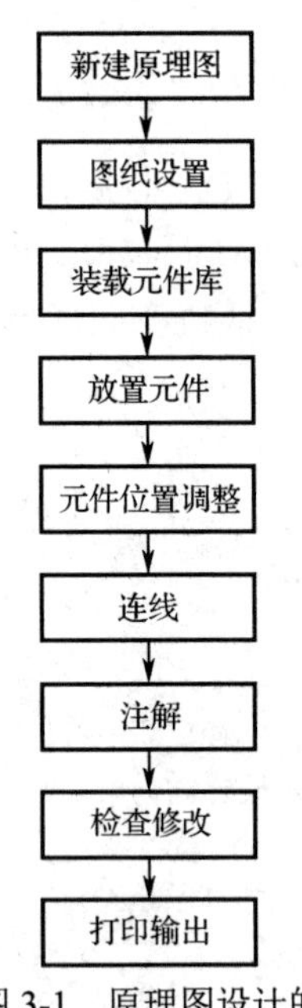

图 3-1　原理图设计的一般流程

（1）新建原理图

这是设计一个原理图的第一个步骤，要新建一个文件。

（2）图纸设置

图纸设置就是设置图纸的大小、方向等信息。图纸设置要根据电路图的内容和标准化要求来进行。

（3）装载元件库

装载元件库就是将需要用到的元件库添加到系统中。

（4）放置元件

从装入的元件库中选择需要的元件放置到原理图中。

（5）元件位置调整

根据设计的需要，将已经放置的元件调整到合适的位置和方向，以便连线。

（6）连线

根据所要设计的电气关系，用导线和网络将各个元件连接起来。

（7）注解

为了设计的美观、清晰，可以对原理图进行必要的文字注解和图片修饰，这些都对后来的 PCB 设置没有影响，只是为了方便自己和他人读图。

（8）检查修改

设计基本完成后，应该使用 Altium Designer 14 提供的各种校验工具，根据各种校验规则进行检查，发现错误后进行修改。

（9）打印输出

设计完成后，根据需要，可选择打印原理图，或制作各种输出文件。

3.2　原理图的设计

本节通过一个应用实例来讲解电路原理图设计的基本过程，绘制如图 3-2 所示的集成功放电路原理图。

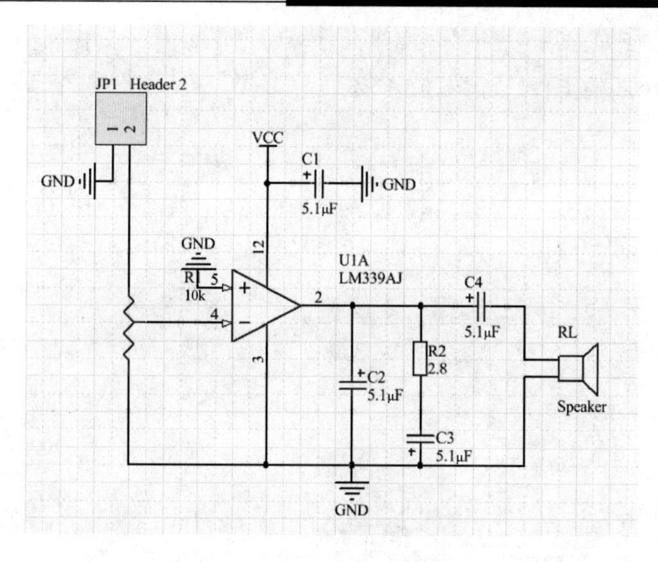

图 3-2　集成功放电路原理图

3.2.1　创建新工作台“Workspace”

（1）打开 Altium Designer 14 软件，切换到“Projects”面板。选择菜单命令“文件”→“New”→“设计工作区”，如图 3-3 所示，新建一个工作台“Workspace”。

（2）选择菜单命令“文件”→“保存设计工作区”，保存工作台“Workspace”，如图 3-4 所示，同时其同步更名为“项目一.DsnWrk”。

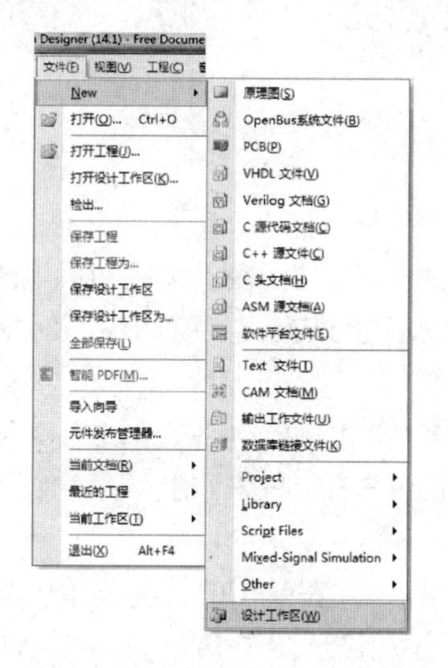

图 3-3　新建工作台

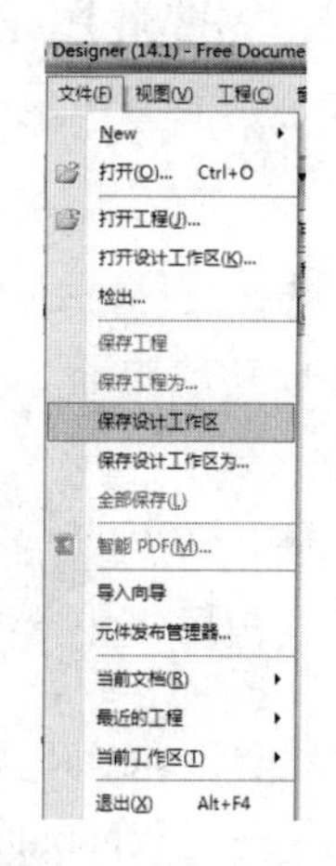

图 3-4　保存工作台

3.2.2　新建工程

1. 创建新工程

方法一：选择菜单命令“文件”→“New”→“Project”→“PCB 工程”，创建一个新的工程。

方法二：单击“工作台”按钮，在弹出的快捷菜单中选择“添加新的工程”→“PCB 工程”命令，创建一个新的工程，如图 3-5 所示。

2. 保存工程

方法一：选择菜单命令“文件”→“保存工程”，将工程命名为“集成功放电路.PrjPcb”，进行保存，如图 3-6 所示。

图 3-5 新建工程

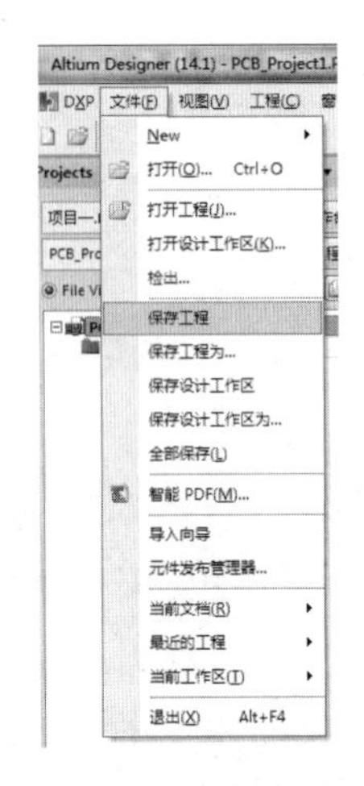

图 3-6 保存工程

方法二：单击“工程”按钮，在弹出的快捷菜单中选择“保存工程”命令。

3.2.3 创建原理图和 PCB 文件

1. 新建文件

方法一：选择菜单命令“文件”→“New”→“原理图”，在“集成功放电路.PrjPcb”中新建名为“集成功放电路.SchDoc”和“集成功放电路.PcbDoc”的原理图及 PCB 文件，如图 3-7 所示。

方法二：在“Projects”面板的列表栏里，右击“集成功放电路.PrjPcb”文件，在弹出的快捷菜单中分别选择“给工程添加新的”→“Schematic”和“PCB”命令，添加原理图和 PCB 文件。

方法三：在“Projects”面板中，单击“工程”按钮，在弹出的快捷菜单中分别选择“给工程添加新的”→“Schematic”和“PCB”命令，添加原理图和 PCB 文件。

2. 导入文件

（1）切换到“Projects”面板，选择“集成功放电路.PrjPcb”为当前工程文件。

（2）单击“工程”按钮，在弹出的快捷菜单中选择“添加现有的文件到工程”命令，如图 3-8 所示，在弹出的对话框中将“集成功放电路.SchDoc”和“集成功放电路.PcbDoc”文件选中，单击“打开”按钮，即可导入文件。

图 3-7 在工程中新建文件

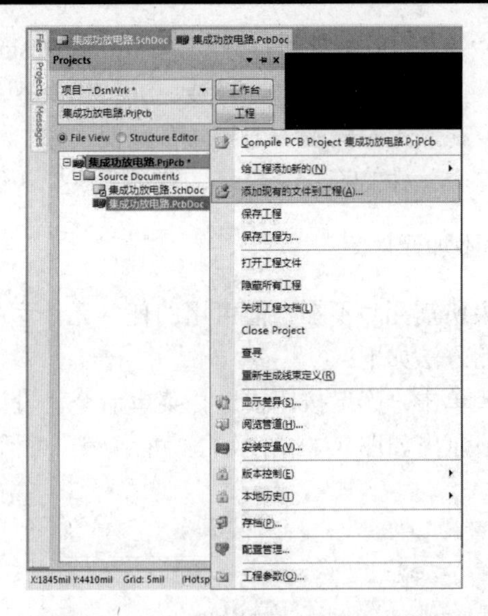

图 3-8 添加不同路径文件到工程中

3.2.4 添加元件库

1. 启动元件库

Altium Designer 支持单独的元件库或者元件封装库，也支持集成元件库，它们的扩展名分别为.SchLib 和.IntLib。启动元件库的方法如下：

（1）如图 3-9 所示，选择菜单命令“设计”→“浏览库”或单击右上方的“库”按钮，弹出“库”面板。

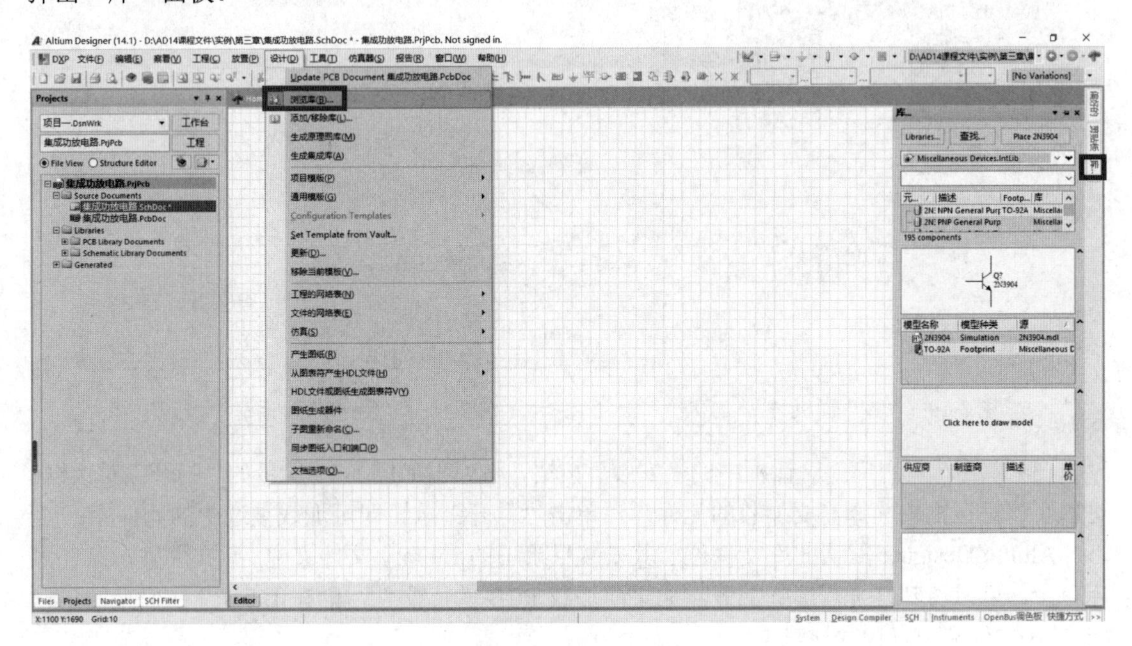

图 3-9 启动元件库

（2）“库”面板中默认打开的是 Altium Designer 软件自带的“Miscellaneous Devices.IntLib”集成元件库，元件的符号、封装、SPICE 模型、SI 模型都集成在该库中。

（3）在“库”面板中选择一个元件，如二极管“D Ze Zener Diode”，将会在“库”面板中显示这个元件的符号、封装、SPICE 模型（仿真模型），如图 3-10 所示。

2. 添加元件库

如果所需元件不在当前可用的任一元件库中，这时就需要加载所需元件的元件库，加载元件库的方法如下：

（1）单击“库”按钮或选择菜单命令“设计”→“添加/移除库”。

（2）弹出如图 3-11 所示的“可用库”对话框，在该对话框中列出了系统加载的元件库文件。

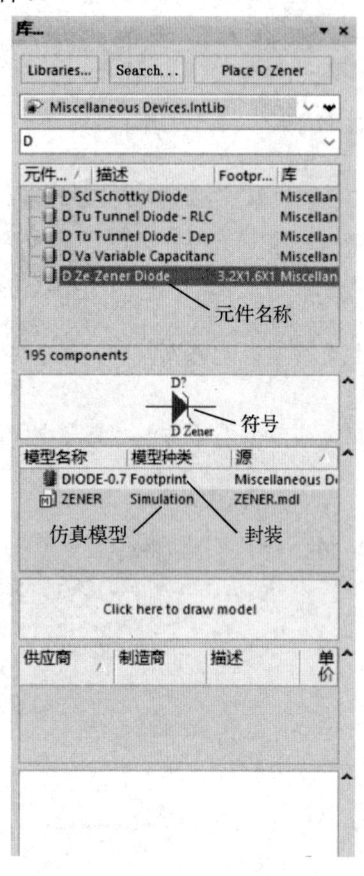

图 3-10 “库”面板

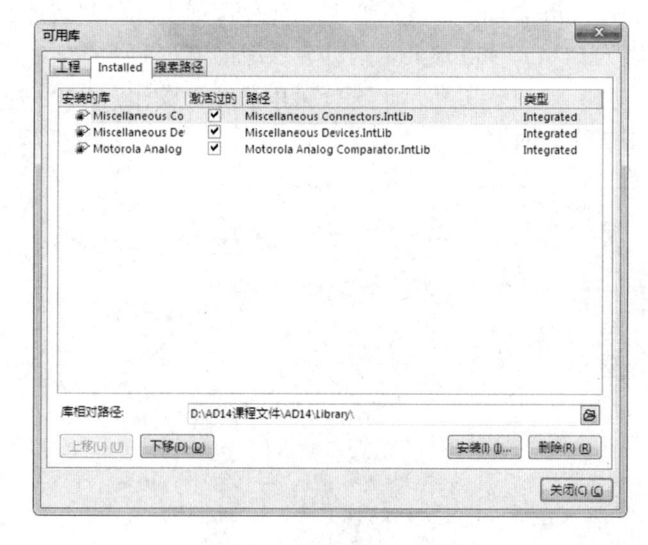

图 3-11 “可用库”对话框

（3）单击“可用库”对话框中的“安装”按钮，将弹出如图 3-12 所示的“打开”对话框，可以在该对话框中选择需要加载的元件库，单击“打开”按钮即可加载被选中的元件库。

Altium Designer 默认的库文件位于其安装目录下的 Library 文件夹中，此文件夹中有许多库目录，可以将其打开后选择加载。如果要加载 PCB 的库文件，则在 Library 文件夹的下一级 PCB 文件夹中查找并加载。

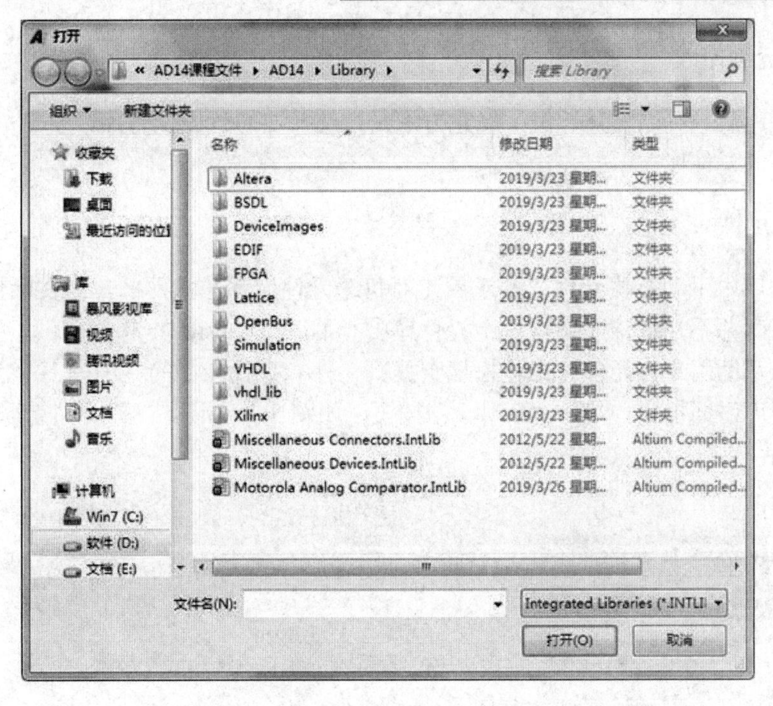

图 3-12 “打开”对话框

（4）选择要加载的库文件后即可返回“可用库”对话框，该对话框将列出所有可用的库文件。

（5）在库文件列表中可以更改其在元件库中的位置，在如图 3-13 所示的列表框中，选中一个库文件，该文件将高亮显示。单击“上移”按钮可以将该库文件在列表中上移一位；单击“下移”按钮可以将该库文件在列表中下移一位。

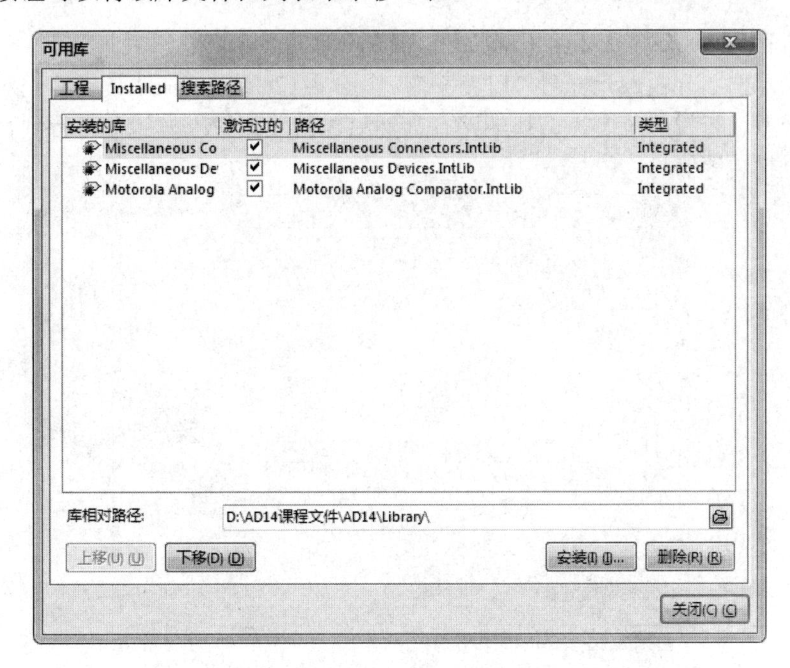

图 3-13 更改元件库位置

3. 卸载元件库

加载元件库后，可以将其卸载，卸载方法是：选择要卸载的元件库，单击“删除”按钮，即可卸载选中的元件库。

3.2.5 查找元件

要在元件库中手动查找元件，要求用户对每个元件库都非常熟悉，但实际情况可能并非如此，用户有时并不知道该元件在哪个元件库中。Altium Designer 软件提供了强大的元件查找功能，可以帮助用户在元件库中轻松地查找到元件。查找元件的过程如下：

（1）在“库”面板中，单击“Search”按钮，如图 3-14 所示，弹出“搜索库”对话框，如图 3-15 所示。

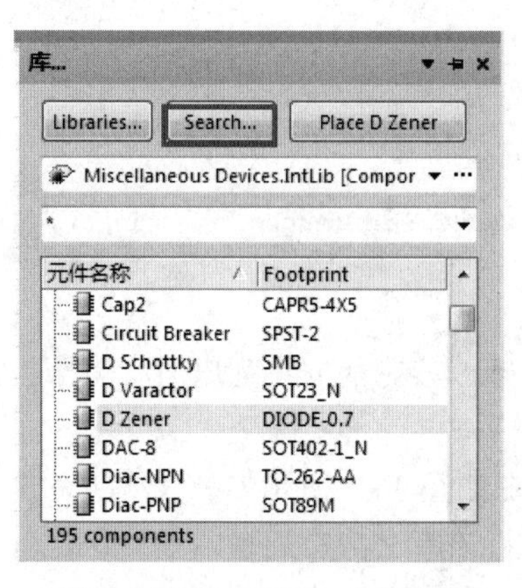

图 3-14　单击“Search”按钮

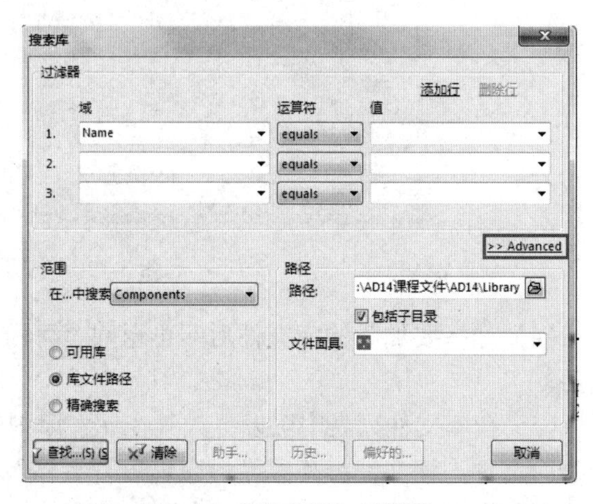

图 3-15　“搜索库”对话框

（2）单击“Advanced”按钮，出现如图 3-16 所示的显示框。

（3）在显示框上方输入元件名“LM339”，如图 3-17 所示，在“搜索库”对话框中设置查找元件的类型、查找的范围、查找的路径，然后单击“查找”按钮，可看到查找到的元件名称、符号、封装等信息。

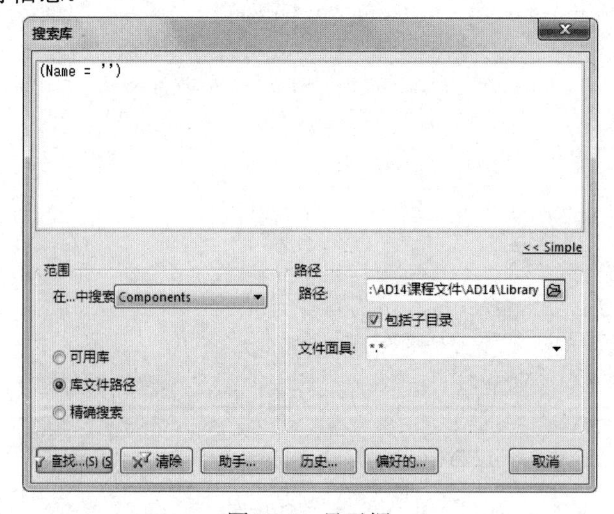

图 3-16　显示框

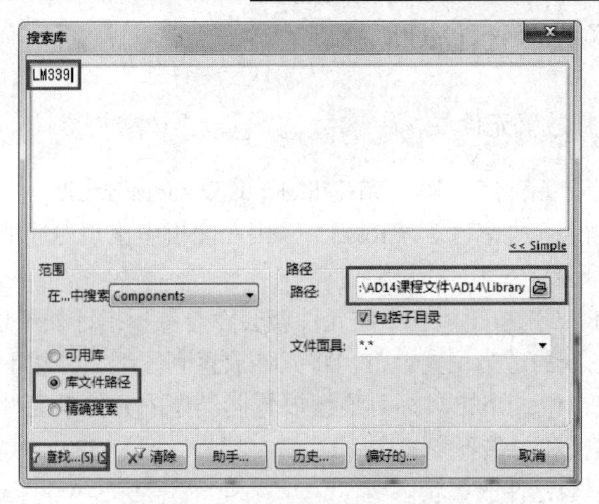

图 3-17　查找元件“LM339”

（4）设置查找元件的类型，在图 3-17 中的“范围”选项区内单击“Components”下拉列表，将出现 4 种查找类型，分别为“元件”“封装”“3D 模式”“数据库元件”，选择需要的查找类型即可。

（5）设置元件查找范围，找到符合用户要求的元件后，在如图 3-18 所示的“元件名称”区域中双击符合要求的元件即可将其放置在图纸中。

如果查找到的元件所在元件库没有添加到可见库中，会弹出一个如图 3-19 所示的提示安装元件库的信息提示框，表明该元件库没有安装，需要用户进行添加。

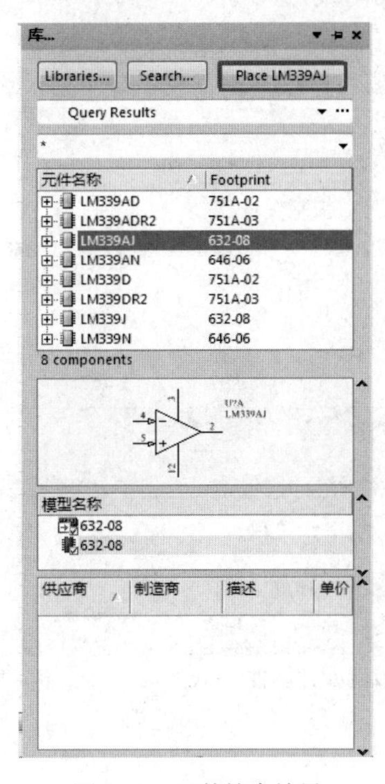

图 3-18　元件搜索结果

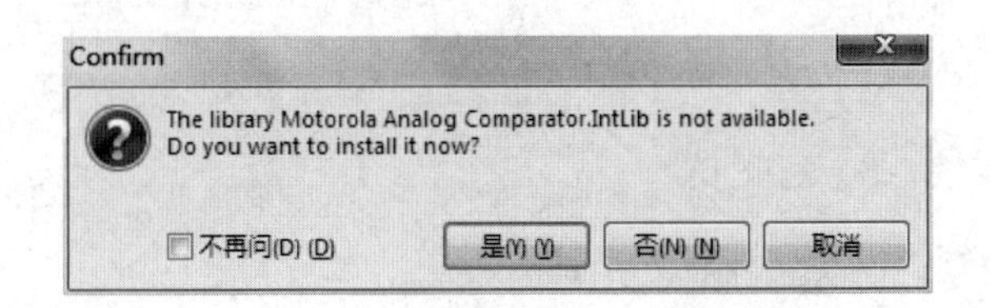

图 3-19　提示安装元件库的信息提示框

单击“是”按钮将会安装该元件库，同时元件会随之出现在原理图中，单击鼠标左键即可放置该元件。

3.2.6 元件的放置及设置元件属性

1. 利用“库”面板放置元件

打开“库”面板选择元件库，如“Miscellaneous Devices.IntLib”。

（1）在显示框中输入元件名（如“Res2”），则在面板中出现对应的元件名称、符号和封装等信息，如图 3-20 所示。

（2）单击“Place Res2”按钮，选中的元件就会随着鼠标指针处于悬浮状态。

（3）移动鼠标在图纸的适当位置单击，将元件放置到图纸上。按下 Tab 键，设置元件属性，元件编号为“R1”，继续单击鼠标可连续放置同类型的元件，元件编号会自动加 1，如 R1、R2、R3 等，参数值和封装不变。

（4）单击右键可解除元件放置状态。

2. 利用右键快捷菜单放置元件

在原理图空白处单击右键，在出现的快捷菜单中选择“放置器件”命令，后续操作与前面放置元件的操作相同。

3. 设置元件属性参数

在原理图窗口中双击元件或在元件处于悬浮状态时按下 Tab 键，设置元件属性，如图 3-21 所示。元件属性主要包含：元件编号、元件符号、元件封装（指安装到线路板上时元件实际占用的位置（二维空间））。

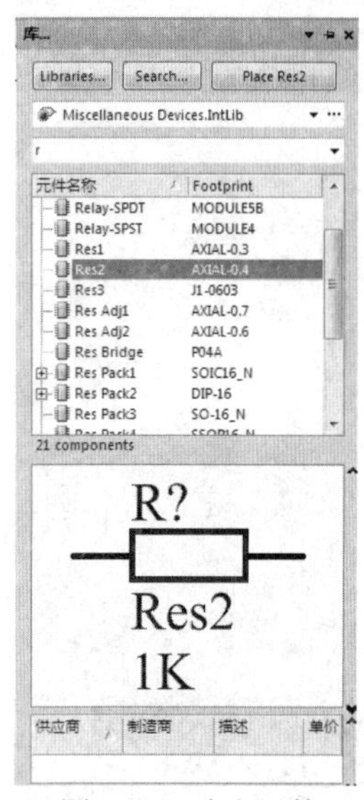

图 3-20 选取元件

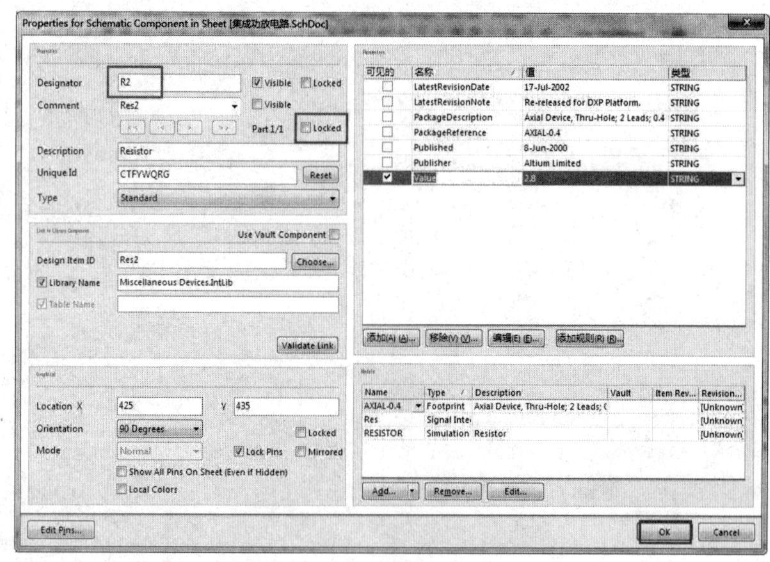

图 3-21 设置元件属性

3.2.7 选定与解除元件

1. 选定元件

方法一：在原理图编辑窗口中，单击某个元件，在元件的四周将出现绿色的点，即为选

定该元件，如图 3-22 所示。

方法二：在原理图编辑窗口中，直接用鼠标框选元件（此种操作也可用于同时选定多个元件），如图 3-23 所示。

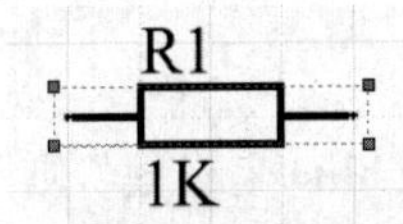

图 3-22　选定元件

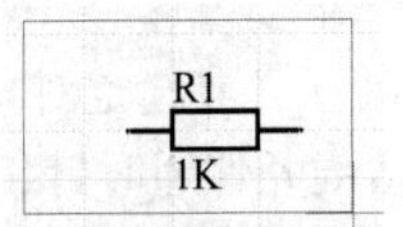

图 3-23　框选元件

方法三：单击原理图编辑窗口中的“原理图标准”工具栏中的“选择区域内部的对象”按钮，然后用鼠标左键拖动覆盖元件即可。

方法四：选择菜单命令“编辑”→“选中”→“全部”，如图 3-24 所示。命令选项含义如下：

➢ 内部区域：选定鼠标框选范围内的元件。

➢ 外部区域：选定鼠标框选范围外的元件。

➢ Touching Rectangle：选定鼠标框选的矩形区域内接触到的元件。

➢ Touching Line：选定鼠标直线划过、接触到的元件。

➢ 全部：选定原理图中的所有元件，但不包含标题栏中的字符串。

➢ 连接：利用鼠标选定元件的连接线部分。

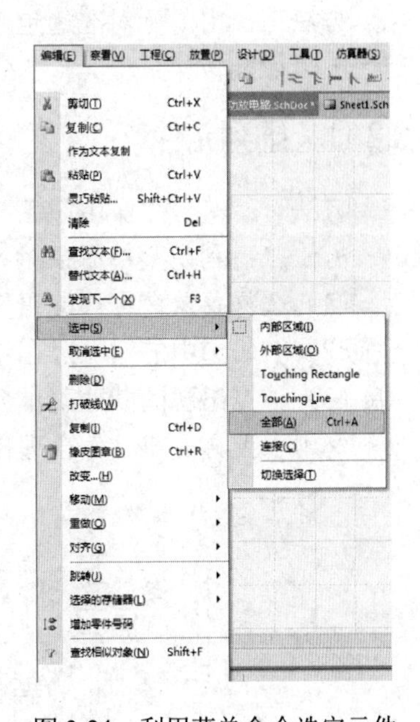

图 3-24　利用菜单命令选定元件

2. 解除元件的选定

方法一：在原理图的空白处单击鼠标。

方法二：单击“原理图标准”工具栏中的“取消选择”按钮。

方法三：选择菜单命令“编辑”→“取消选中”→“所有打开的文件”。

方法四：按下 Shift 键，用鼠标单击元件，可有选择地解除元件的选定状态。

3.2.8　删除元件

方法一：选定元件后，按下 Delete 键。

方法二：选择菜单命令“编辑”→“删除”，然后将鼠标上的十字光标对准元件单击即可，单击右键可解除当前状态。

方法三：选定元件后，选择菜单命令“编辑”→“清除”。

3.2.9　移动元件

方法一：元件处于悬浮状态时可以直接移动，单击鼠标结束移动操作。

方法二：移动单个元件。将鼠标移动到元件上面，按下左键然后直接拖动，到位后放开即可。

方法三：移动多个元件。选定多个元件后，用鼠标直接拖动，到位后放开鼠标。或选定多个元件后，先单击“原理图标准”工具栏上的“移动选择对象”按钮，再单击选定的元件，然后移动到位后再次单击鼠标结束。

3.2.10 旋转元件

方法一：用鼠标对准选定对象，按下鼠标左键不放，使元件处于悬浮状态，利用空格键旋转（按一次空格键元件逆时针旋转 90°），按下组合键“Shift+空格键”则元件顺时针旋转。

方法二：用鼠标对准选定对象，按下鼠标左键不放，使元件处于悬浮状态，利用 X 键进行左右镜像翻转。

方法三：用鼠标对准选定对象，按下鼠标左键不放，使元件处于悬浮状态，利用 Y 键进行上下镜像翻转。

3.2.11 排列元件

方法一：单击“实用”工具栏中的“排列”按钮，如图 3-25 所示。

方法二：利用菜单命令对齐（首先选定需要排列的多个元件）。

（1）选择菜单命令“编辑”→“对齐”。

（2）右击选中的对象，在弹出的快捷菜单中选择“对齐”命令。

（3）根据出现的其他菜单命令进行操作，如图 3-26 所示。

利用以上方法将元件合理排列到图纸上，其效果如图 3-27 所示。

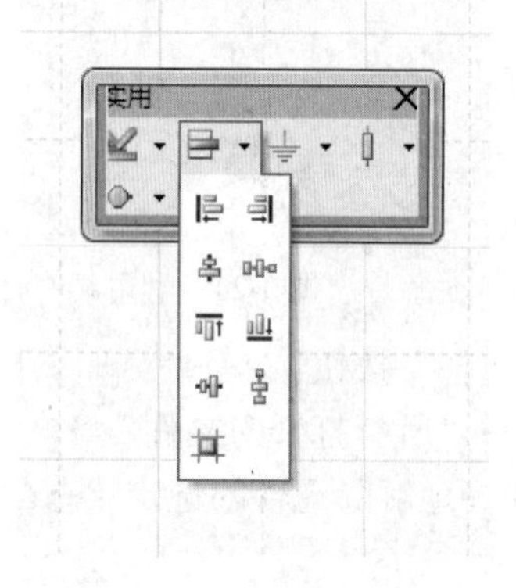

图 3-25 “实用”工具栏

对齐(A)...	
左对齐(L)	Shift+Ctrl+L
右对齐(R)	Shift+Ctrl+R
水平中心对齐(C)	
水平分布(D)	Shift+Ctrl+H
顶对齐(T)	Shift+Ctrl+T
底对齐(B)	Shift+Ctrl+B
垂直中心对齐(V)	
垂直分布(I)	Shift+Ctrl+V
对齐到栅格上(G)	Shift+Ctrl+D

图 3-26 利用菜单命令排列元件

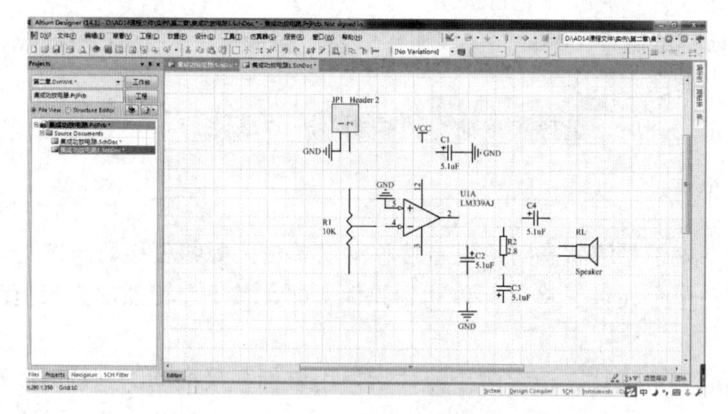

图 3-27 元件布局图

3.2.12　调整原理图布局，连接导线

在进行电路连接时经常需要调整原理图布局，以显示局部元件以及进行精确的连接操作。

1. 调整原理图编辑窗口的显示

（1）要放大或缩小显示某点局部图形时，将光标移动到该点，按下 PgUp 或 PgDn 键，图形就以该点为中心进行放大或缩小显示。

（2）显示全部图纸（包括图纸边界等）：选择菜单命令“察看”→“适合文档”。

（3）显示所有元件（包括字符串）：按下“Ctrl+PgDn”组合键或选择菜单命令“察看”→“适合所有对象”。

（4）显示选择的区域：选择菜单命令“察看”→“区域”。

（5）放大显示单个元件：选定对象，选择菜单命令“察看”→“被选中的对象”。

（6）窗口移动：按下 Home 键，当前光标所在位置变为窗口显示的中心。

2. 连接导线

连接导线或放置其他电气元件的步骤如下。

（1）选择菜单命令“放置”→“线”，或单击“布线”工具栏中的“放置线”按钮，或按下“P+W”组合键，此时光标变成“十”字形并附加一个交叉符号。

（2）将光标移动到想要完成电气连接的元件的引脚上，单击放置导线的起点，由于启用了自动捕捉电气结点的功能，因此电气连接很容易完成，出现红色符号表示电气连接成功。移动光标，多次单击可以确定多个固定点，最后放置导线的终点，完成两个元件之间的连接。

（3）导线的拐弯模式。如果要连接的两个引脚不在同一水平线或同一垂直线上，则在放置导线的过程中需要单击确定导线的拐弯位置，并且可以通过按下“Shift+Space”组合键来切换导线的拐弯模式，有直角、45° 和任意角度 3 种拐弯模式。导线放置完成后，单击右键或按下 Esc 键即可退出该操作。

所有导线连接完成后的原理图如图 3-28 所示。

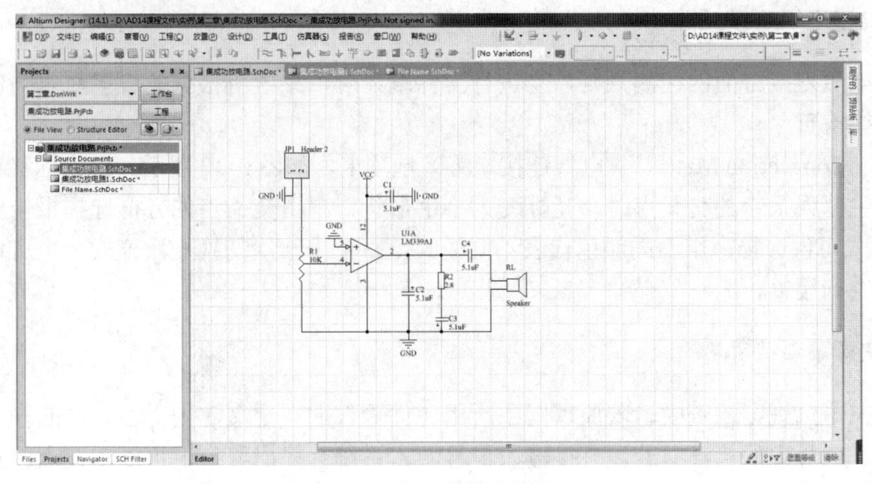

图 3-28　完成连线的原理图

3.3 检查原理图

3.3.1 设置编译参数

1. 设置错误报告类型

设置电路原理图的电气检查规则，当进行文件编译时，系统将根据此设置对电路原理图进行电气规则检查。

选择菜单命令“工程”→“工程参数”，弹出错误报告类型设置对话框，如图 3-29 所示。

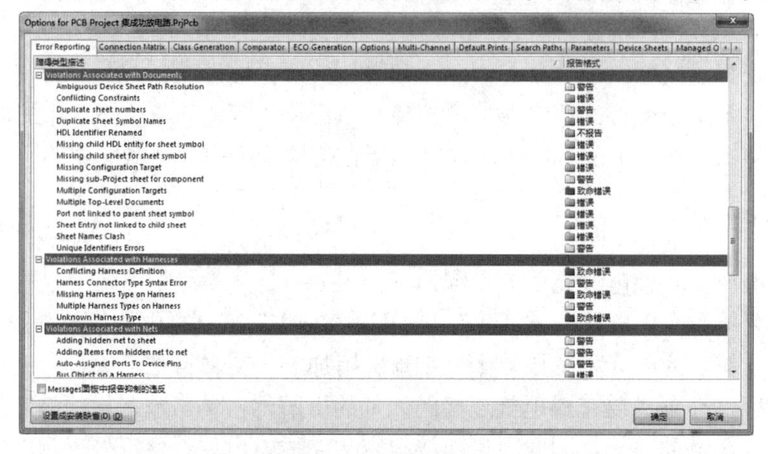

图 3-29 错误报告类型设置对话框

在“Error Reporting”（错误报告类型）选项卡中，“报告格式”栏表示违反规则的程度，有 4 种模式可供选择。设置时可充分利用右键菜单中的 9 种方式，对 4 种模式进行快速选择设置。

在没有特殊需要时，一般使用系统的默认设置。设为系统默认方式的操作是：单击“设置成安装缺省”按钮，弹出确认对话框，确认即可。

2. 设置电气连接矩阵

设置电气连接方面的检测规则，当进行文件编译时，系统将根据此设置对电路原理图进行电气连接检查。

选择“Connection Matrix”（电气连接矩阵）选项卡，如图 3-30 所示。将光标移动到矩阵中需要产生错误报告的交叉点时，光标变为小手形状，单击交叉点的方框选择报告模式，共有 4 种模式可供选择，用不同颜色代表不同模式，每单击一次切换一次模式；也可以用右键快捷菜单进行设置。

3. 注意事项

（1）在电气规则检查中，若原理图中所用元件输入端有定义，则对该元件的输入端进行是否有输入信号源的检查；若没有接输入信号源，系统会提出警告，可以在该点放置忽略检查（No ERC）。

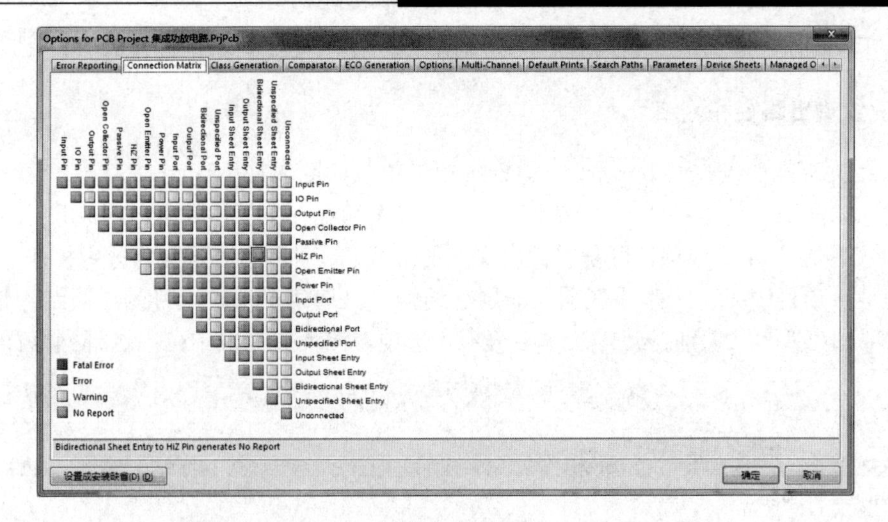

图 3-30 “Connection Matrix”（电气连接矩阵）选项卡

（2）在进行电路原理图的检查时，如果用户想忽略某点的电气检查，可以在该点放置忽略检查（No ERC）。

4. 设置类型

项目编译后产生的网络类型，有总线网络类、元件网络类和特殊网络类。

选择“Class Generation”（类型设置）选项卡，如图 3-31 所示。利用其中选项，用户可以设置相应的网络类型。在一般情况下，使用系统的默认设置即可。

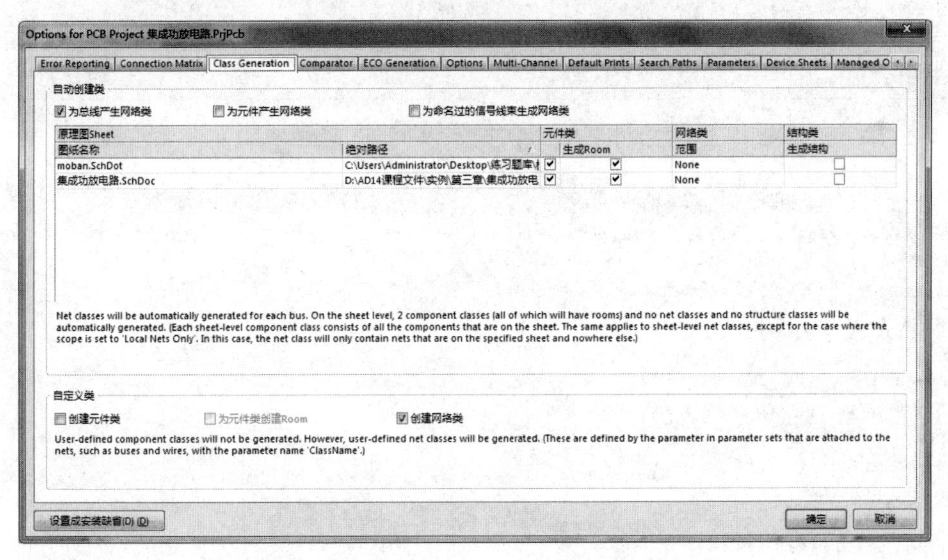

图 3-31 “Class Generation”（类型设置）选项卡

5. 设置比较器

比较器用于将两个文档进行比较，当进行文件编译时，系统将根据此设置进行检查。

选择“Comparator”（比较器）选项卡，进行比较器的设置，如图 3-32 所示。设置时在“模式”的下拉列表中选择“Find Differences”（给出差别）或“Ignore Differences”（忽略差别），

在“对象匹配标准”中设置匹配标准。一般情况下，使用系统的默认设置即可。

6. 设置输出路径和网络

选择“Options”（选项）选项卡，进行选项设置，如图 3-33 所示。

在该选项卡中，可以在“输出路径”中设定报表的保存路径，本实例使用默认路径。在“输出选项”区中有 4 个选项，可设置输出文件的方式。在“网络表选项”区中，有 5 个选项，选取原则是：项目中只有一张原理图（非层次结构）时选第一项，项目为层次结构设计时选第二、三项。在“网络识别符范围”区中有 4 个选项，在下拉列表中可以选择网络标识认定。

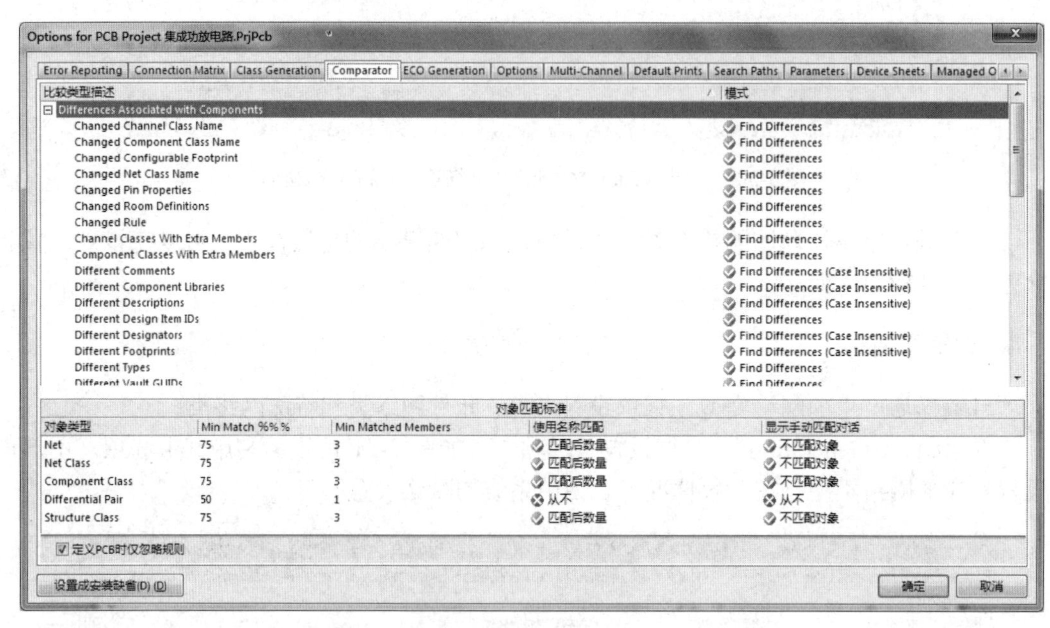

图 3-32 “Comparator”（比较器）选项卡

图 3-33 “Options”（选项）选项卡

3.3.2　项目编译与定位错误元件

1. 项目编译

当完成编译参数的设置后，就可以对项目进行编译了。Altium Designer 系统为用户提供了两种编译功能：一种是对原理图进行编译，另一种是对工程项目进行编译。

对原理图进行编译，如选择菜单命令“工程”→“Compile Document 集成功放电路.SchDoc”，即可对原理图进行编译。

对工程项目编译，如选择菜单命令“工程”→“Compile PCB Project 集成功放电路.PrjPcb”，即可对整个工程项目进行编译。

无论哪种编译，编译后系统都会通过“Messages”（信息）面板给出一些错误或警告信息；没有错误或放置“No ERC”标志，“Messages”（信息）面板是空的。

2. 定位错误元件

定位错误元件是检查原理图时必须掌握的一种技能。Altium Designer 系统在定位错误上为用户提供了很大方便，编译操作后如果没有出现错误，“工程”菜单中编译指令栏上就不会出现错误信息指针；如果有错误，“工程”菜单中编译指令栏上就会出现错误信息。如图 3-34 所示，选择菜单中对应的命令，会弹出面板，提示错误信息，双击错误信息，系统会自动定位到错误的元件。

图 3-34　显示错误信息的下拉菜单命令

为了更好地了解这一操作的使用方法，可以在原理图中故意设置一些错误。将图 3-35 中的电源 VCC 脱离开接线，进行保存；编译后，按上述操作后可得到错误元件定位图。图上错误信息提示，电源 VCC 脱离电路；系统的过滤器过滤出错误元件，在原理图上高亮显示这个元件，且在区域中将其放大显示，其他元件均变为暗色。

单击图纸的任何位置都可以关闭过滤器，或单击原理图编辑窗口右下角的“Clear”按钮取消过滤。

也可以使用“Messages”（信息）面板，如果该面板没有自动弹出，可单击系统面板标签“System”，选中“Messages”，打开“Messages”（信息）面板，如图 3-36 所示。

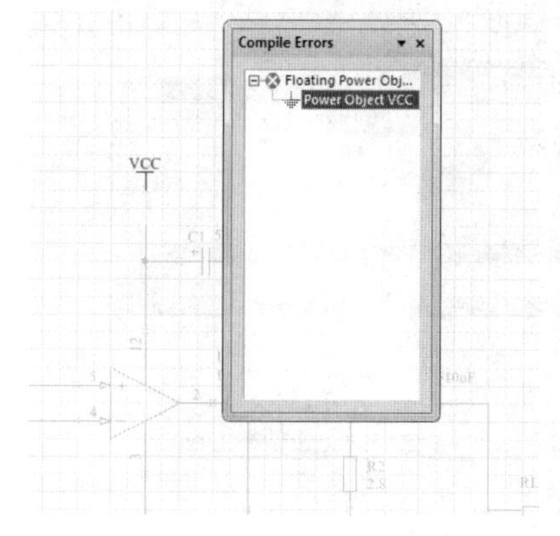

图 3-35　错误元件定位图

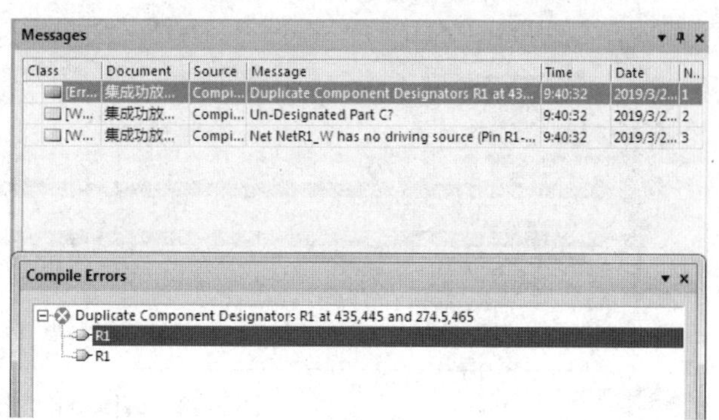

图 3-36　“Messages”（信息）面板错误提示

3.3.3 修正问题

（1）出现提示信息时，只要在“Messages”（信息）面板中双击显示的问题，就可以在原理图上突出显示该问题所涉及的元件，如图 3-37 所示。再根据规则进行修改，以此类推，将所有的问题一一进行修改。

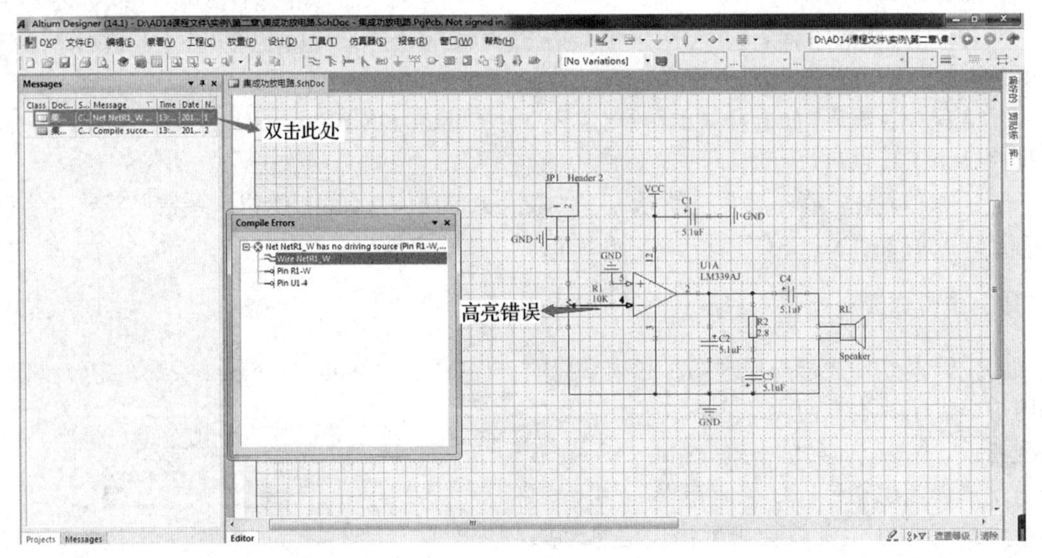

图 3-37　显示错误元件

（2）无源网络报警。

➢ 报警原因：系统中将无源网络都归结为报警项，但是在实际电路中无源网络是正常的。因此，在编译后会提示出错信息。

➢ 关闭无源网络报警：选择菜单命令“工程”→“工程参数”，在弹出的对话框中将“Nets with no driving source”栏设置为“不报告”，单击“确定”按钮，如图 3-38 所示。

➢ 重新编译图纸：检查正常，无错误提示信息，如图 3-39 所示。

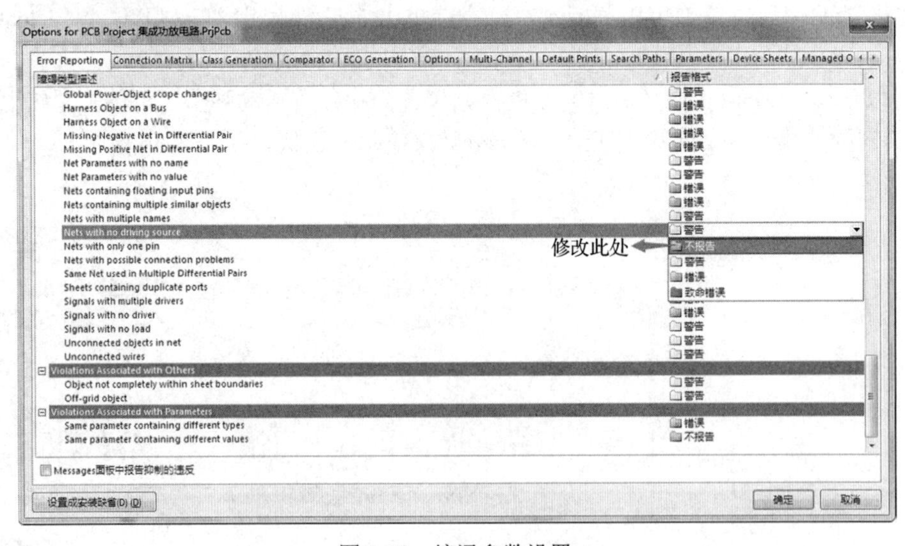

图 3-38　编译参数设置

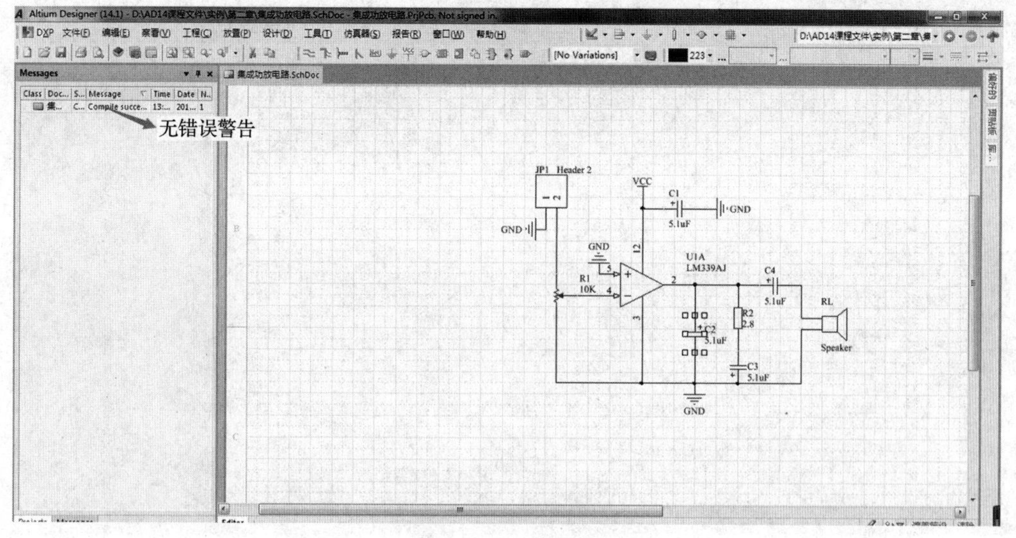

图 3-39 检查正常

3.4 原理图的报表

在原理图编辑器中可以生成许多报表，主要有网络表、材料清单报表等，可用于存档、对照、校对及设计 PCB。本节只介绍材料清单报表的生成方法。

3.4.1 “报告”菜单

Altium Designer 提供了专门的工具来完成元件的统计和报表的生成、输出，这些命令集中在“报告”菜单里，如图 3-40 所示。

3.4.2 材料清单（BOM）报表

材料清单报表也称为元件报表或元件清单报表，主要报告项目中使用的元件的型号、数量等信息，也可以用作采购。

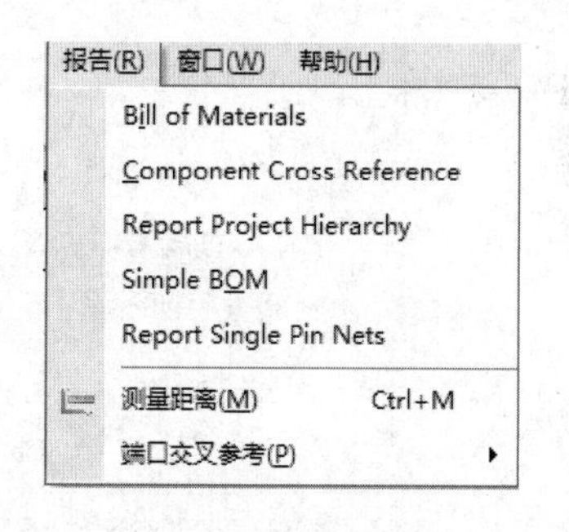

图 3-40 “报告”菜单

1. 生成材料清单报表的过程

（1）打开“集成功放电路.PrjPcb”→“集成功放电路.SchDoc”。

（2）选择菜单命令“报告”→“Bill of Materials”，弹出“Bill of Materials For Project”（报表管理器）对话框，如图 3-41 所示，该对话框用来配置输出报表的格式。

- 聚合的纵列：群组栏，默认为“Comment”（注释）和“Footprint”（封装）。需要进行群组显示时，在其“全部纵列”栏中，用鼠标指向要显示的信息名称，按住鼠标左键，拖动该群组，放开鼠标左键，信息名称即被复制到群组中，同时显示窗口中将显示按该信息名称分类的信息内容。例如，如果需要显示元件的标称值，将“Value”项拖到群组中，并将“Comment”和“Footprint”项拖回所有行栏，如图 3-42 所示。其显示窗口最右侧将显示每个元件的标称值。

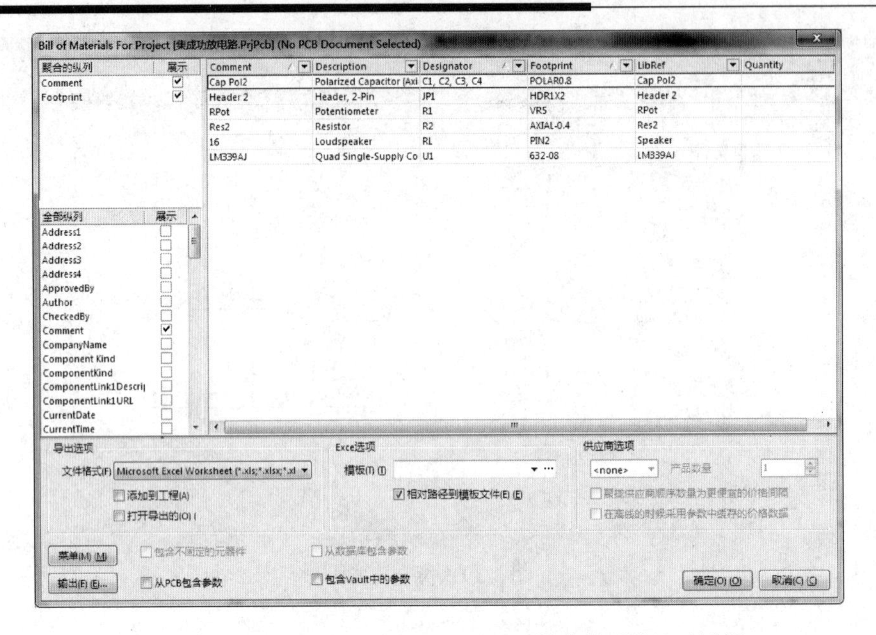

图 3-41 “Bill of Materials For Project”（报表管理器）对话框

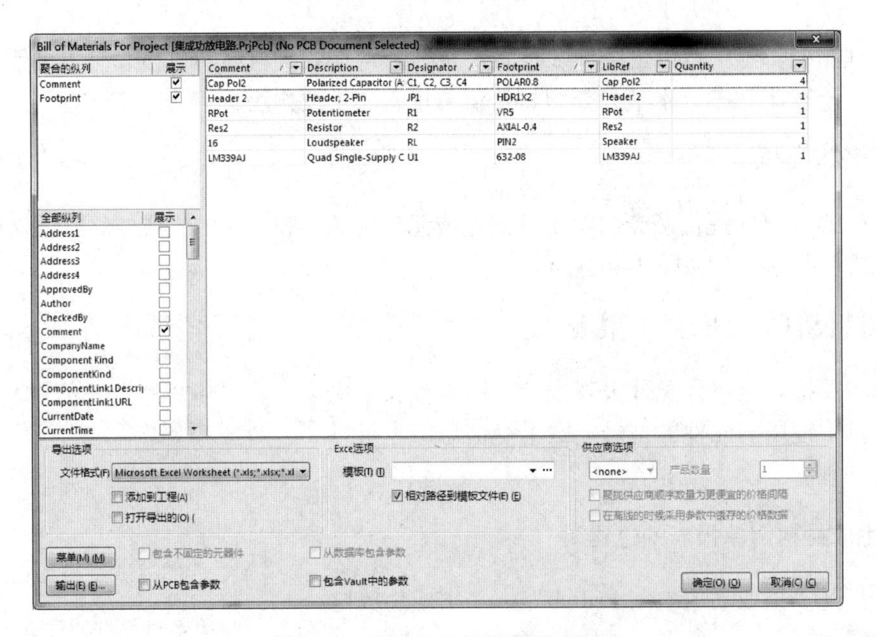

图 3-42 群组显示的报表管理器

- 全部纵列：所有行栏，列出了所有可用的信息。通过选择相应信息名称，可以选择显示窗口要显示的信息。
- 显示窗口顶部的信息名称同时也是排序按钮，单击显示窗口顶部的信息名称旁的下拉按钮，弹出一个下拉列表，其中列出了原理图所使用元件的信息。单击其中任意一条，显示窗口将显示与该信息具有相同属性的所有元件，如图 3-43 所示。单击显示窗口左下方的“X”按钮，还原显示窗口。
- 在下拉列表中选择“Custom”选项，打开自定义自动筛选器，如图 3-44 所示。通过设置筛选条件和条件间的逻辑关系，筛选出符合条件的元件。

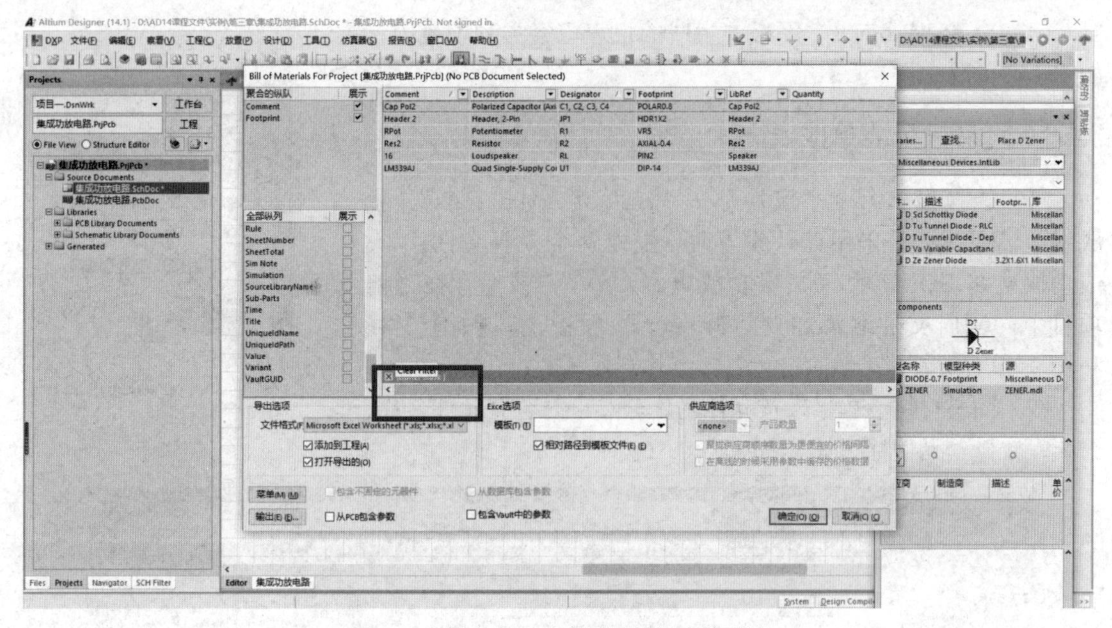

图 3-43　指定显示电阻属性的报表管理器

2. 输出材料清单报表

操作步骤如下：

（1）设置报表格式。在如图 3-41 所示的“Bill of Materials For Project”（报表管理器）对话框中，有“文件格式”选项，提供了 6 种输出格式，本例选择 Excel 格式，如图 3-45 所示。

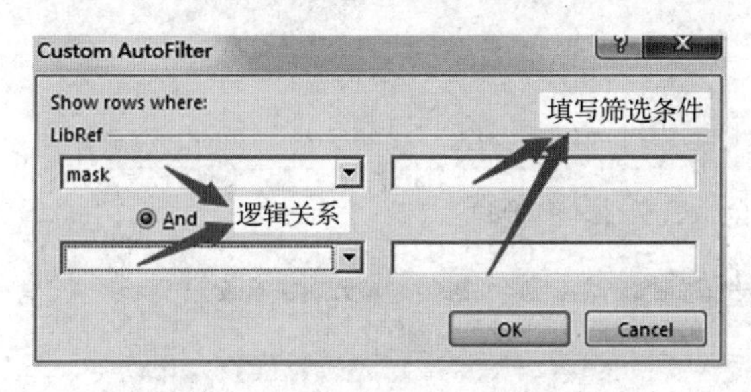

图 3-44　自定义自动筛选器

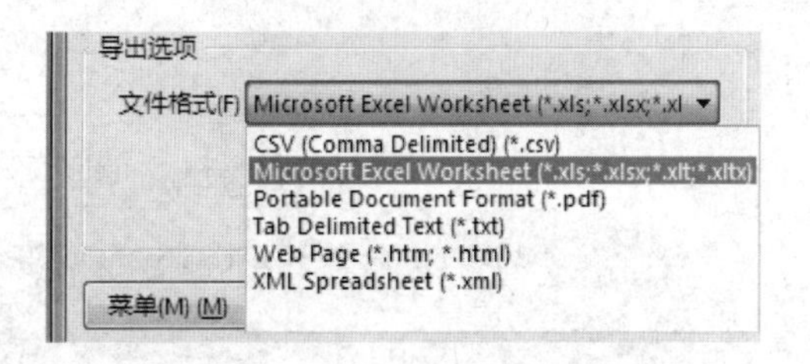

图 3-45　Excel 元件清单报表输出格式

（2）如果需要应用 Excel 软件保存报表，则选择“打开导出的”选项；如果需要将生成的报表加入到设计项目中，则选择“添加到工程”选项。

（3）设置好所有相关的选项后，单击“输出”按钮，自动打开报表，如图 3-46 所示。

A1　　fx　'Comment

	A	B	C	D	E	F
1	Comment	Description	Designator	Footprint	LibRef	Quantity
2	Cap Pol2	Polarized Capacitor (Ax	C1, C2, C3, C4	POLAR0.8	Cap Pol2	4
3	Header 2	Header, 2-Pin	JP1	HDR1X2	Header 2	1
4	RPot	Potentiometer	R1	VR5	RPot	1
5	Res2	Resistor	R2	AXIAL-0.4	Res2	1
6	16	Loudspeaker	RL	PIN2	Speaker	1
7	LM339AJ	Quad Single-Supply C	U1	632-08	LM339AJ	1

图 3-46　生成 Excel 格式的元件清单报表

（4）查看“Projects”面板，生成的报表已经加到项目中，如图 3-47 所示。

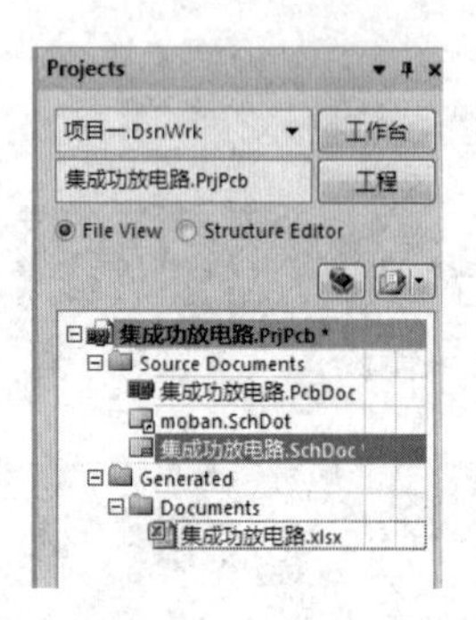

图 3-47　报表已加到项目中

3.4.3　简易材料清单报表

（1）选择菜单命令“报告”→“Bill of Materials”，生成材料清单报表。采用默认设置时，生成两个报表文件：“集成功放电路.BOM”和“集成功放电路.CSV”，被保存在当前项目中，同时文件名添加到“Projects”面板上，如图 3-48 和图 3-49 所示。

（2）简易材料清单报表按元件名称分类，内容有元件名称、封装、数量、元件标识等。

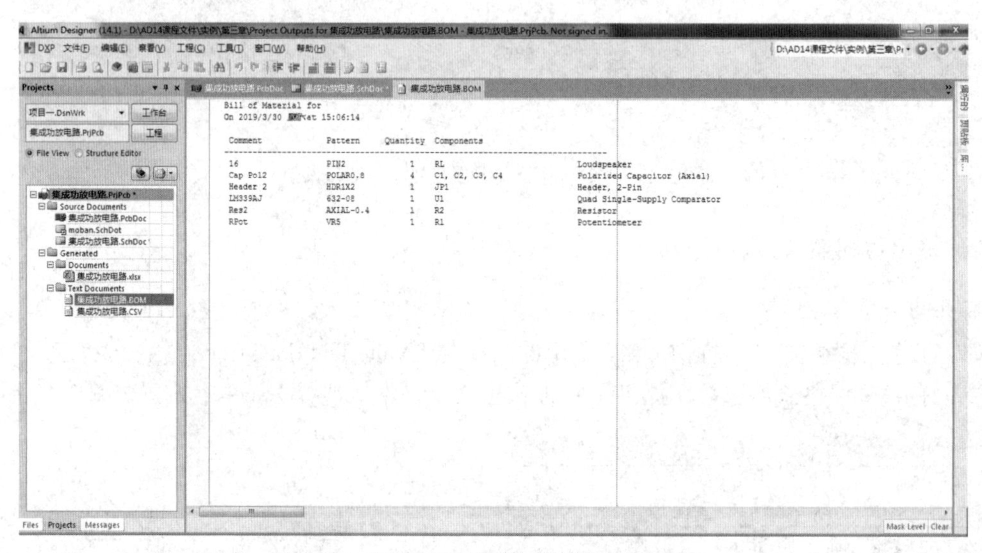

图 3-48　简易材料清单报表文件（.BOM）

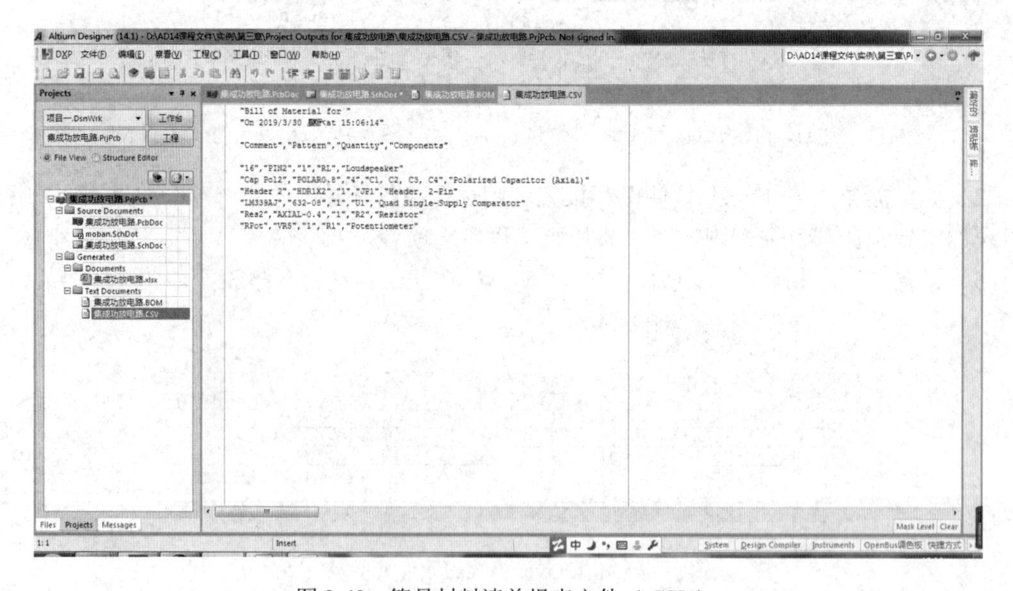

图 3-49　简易材料清单报表文件（.CSV）

3.5 原理图的打印输出

原理图绘制完成后，往往要通过打印机或绘图仪输出，以供技术人员参考、存档。在默认状态下，Altium Designer 打印输出原理图到标准图纸。为了满足不同的需要，在打印前应进行必要的设置。

3.5.1 页面设置

与其他软件相似，Altium Designer 在打印原理图前，也需要进行一些必要的参数设置，具体步骤如下：

（1）打开需要打印输出的原理图文件。

（2）选择菜单命令“文件”→“页面设置”，在如图 3-50 所示对话框中进行原理图打印属性设置。

（3）可以设置打印页面的大小、打印范围、输出比例和打印颜色等参数。

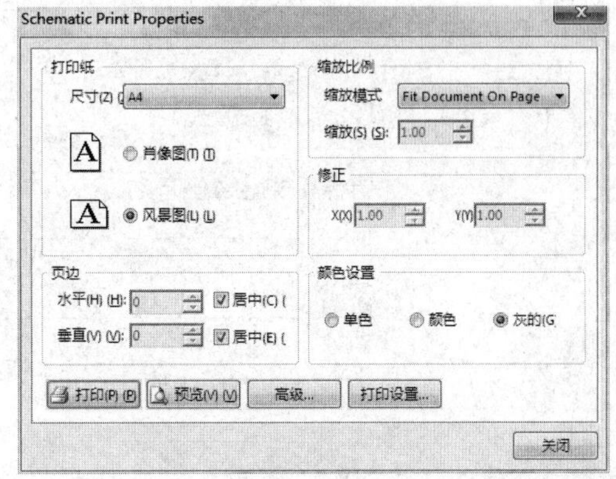

图 3-50 原理图打印属性设置对话框

3.5.2 打印预览和输出

与其他软件相似，打印输出之前，可以先预览效果，以便纠正错误。打印预览和输出的步骤如下：

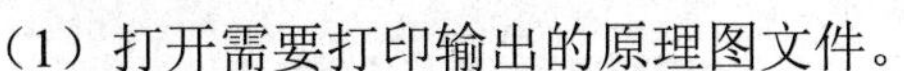

（1）打开需要打印输出的原理图文件。

（2）选择菜单命令“文件” →“打印预览”，出现原理图预览效果图，如图 3-51 所示。

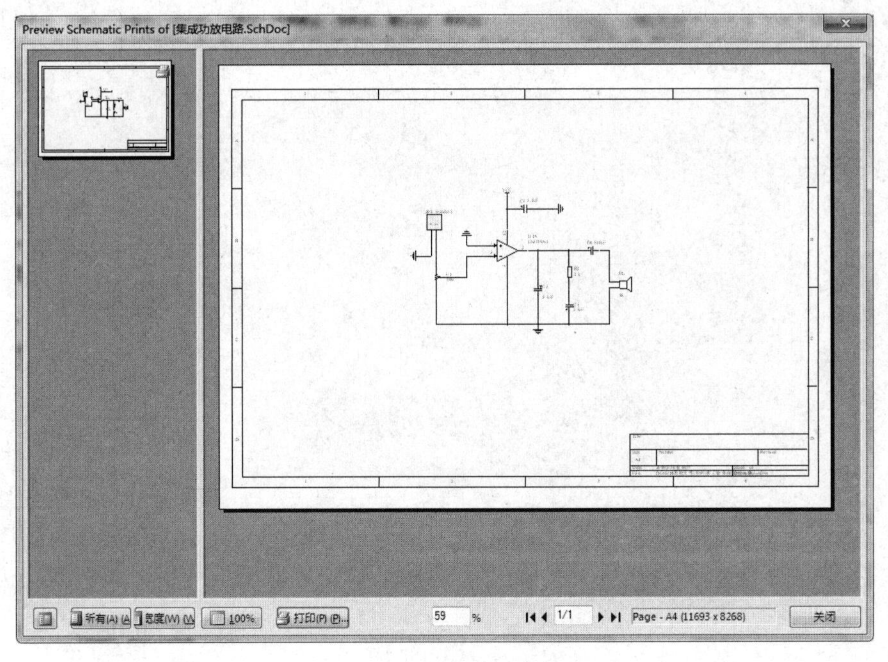

图 3-51 原理图预览效果图

（3）预览检查无误后，单击“打印”按钮，在如图 3-52 所示对话框中进行打印机属性设置。

（4）该对话框中的选项与 Windows 环境下其他打印机的选项类似，只需要设置好打印机名称、打印区域等参数后，单击“确定”按钮，即可打印输出原理图。

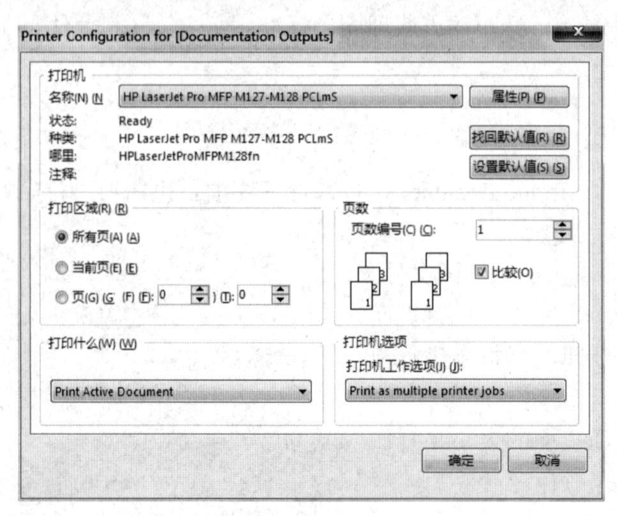

图 3-52　打印机属性设置

第四章　创建元件库及元件的封装

4.1　元件符号库的创建与保存

元件是构成原理图的基本单元，Altium Designer 软件内部集成了绝大部分元件厂商的元件库，每个元件库中有许多同类型的元件。Miscellaneous Connectors.IntLib 和 Miscellaneous Devices.IntLib 是两个比较特殊的元件库：Miscellaneous Connectors.IntLib 库文件中是一些常用的接口元件，用于电路板与外部设备互连；Miscellaneous Devices.IntLib 库文件中是一些常用的简单元件，如电阻、电容、变压器、电感等。一些特殊的或比较新的元件，可能元件库中没有对应的符号，这就需要设计该元件符号。

4.1.1　元件符号库的创建

（1）启动 Altium Designer，选择菜单命令“文件”→“New”→“Library”→“原理图库”，如图 4-1 所示。

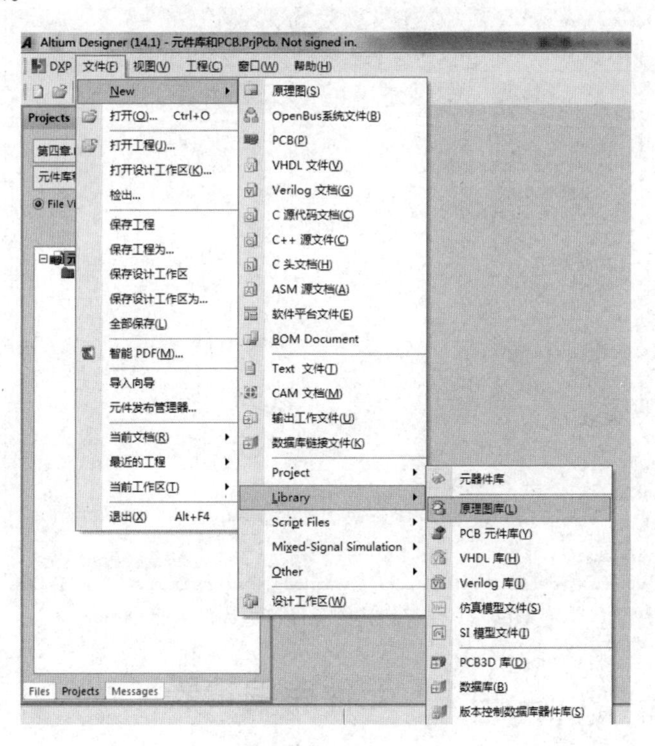

图 4-1　新建原理图元件库

（2）此时在“Project”（工程）面板中增加了一个元件库文件，如图 4-2 所示，即为新建的元件符号库。

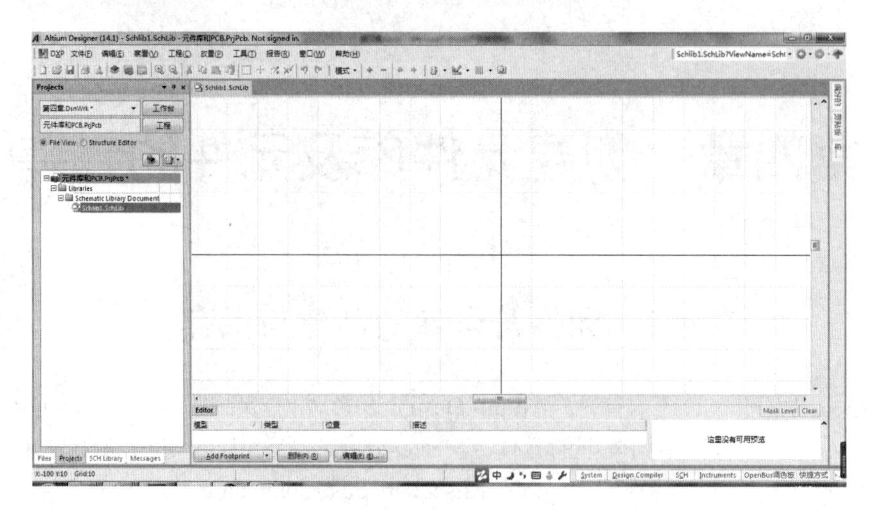

图 4-2 新建元件符号库后的“Project”（工程）面板

4.1.2 元件符号库的保存

选择菜单命令“文件”→“保存”，弹出如图 4-3 所示的保存新建的元件符号库的对话框。在该对话框中输入元件库的名称，选择保存位置，单击“保存”按钮后，命名为“自制元件.SchLib”，元件符号库即可保存在所选择的文件夹中。

图 4-3 保存新建的元件符号库的对话框

4.2 元件库编辑器

4.2.1 元件库编辑器界面

元件库设计是指电子设计中的模型创建，通过元件库编辑器进行画线、放置引脚、放置

矩形等编辑操作创建出需要的电子元件模型。如图 4-4 所示，Altium Designer 元件库编辑器提供了丰富的菜单及绘制工具。

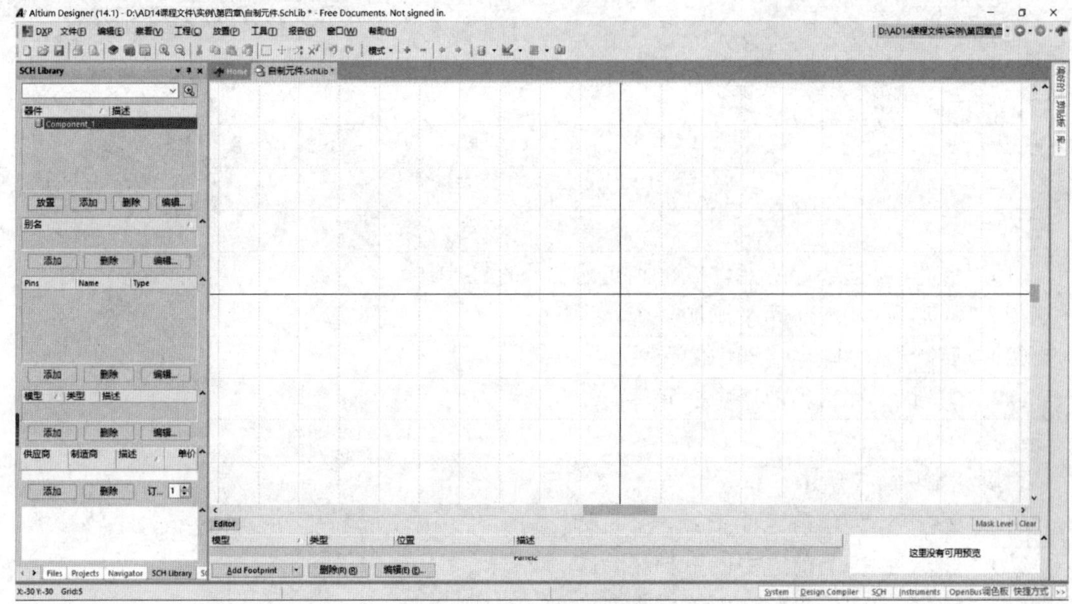

图 4-4　元件库编辑器界面

1. 菜单栏

菜单栏中包含多个菜单，其功能如下：

（1）文件：用于完成对各种文件的新建、打开、保存等操作。

（2）编辑：用于完成各种编辑操作，包括撤销、取消、复制及粘贴。

（3）察看：用于视图操作，包括窗口的放大、缩小，工具栏的打开、关闭及网格的设置等。

（4）工程：用于对工程的各类编译及添加、移除操作，一般用得比较少。

（5）放置：用于放置元件符号，是创建元件库用得最多的一个菜单。

（6）工具：为设计者提供各类工具，包括对元件的重命名及选择等。

（7）报告：提供元件符号检查报告及测量等功能。

（8）窗口：改变窗口的显示方式，可以切换窗口的双屏或者多屏显示。

2. 工具栏

工具栏是菜单栏的延伸，把操作频繁的命令按钮（也称图标）单独显示。

工具栏包括："原理图库标准"工具栏、"模式"工具栏、"实用"工具栏和"导航"工具栏，如图 4-5 所示。

将鼠标放置在图标上会显示该图标对应的功能说明，工具栏中所有的功能在菜单命令中均可找到。

3. 工作面板

"SCH Library"面板中包含以下部分。

1）"器件"栏

"器件"栏如图 4-6 所示。

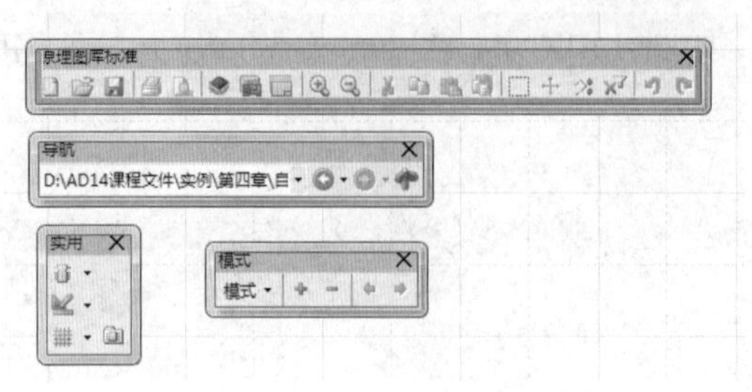

图 4-5 工具栏

图 4-6 “器件”栏

（1）“放置”：把选定的元件放置到当前的原理图中。

（2）“添加”：在当前库中添加一个元件。

（3）“删除”：删除当前选中的元件。

（4）“编辑”：编辑当前选中的元件。

2）引脚栏

引脚栏如图 4-7 所示。

（1）“添加”：为当前元件添加一个引脚。

（2）“删除”：把当前选中的引脚删除。

（3）“编辑”：编辑当前选中的引脚属性。

3）模型栏

模型栏如图 4-8 所示。

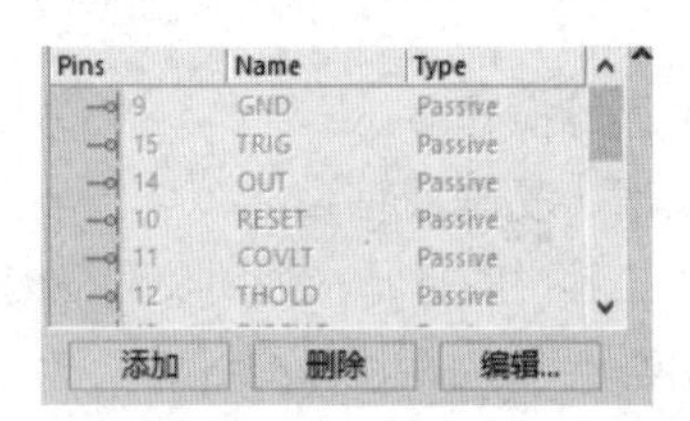

图 4-7 引脚栏

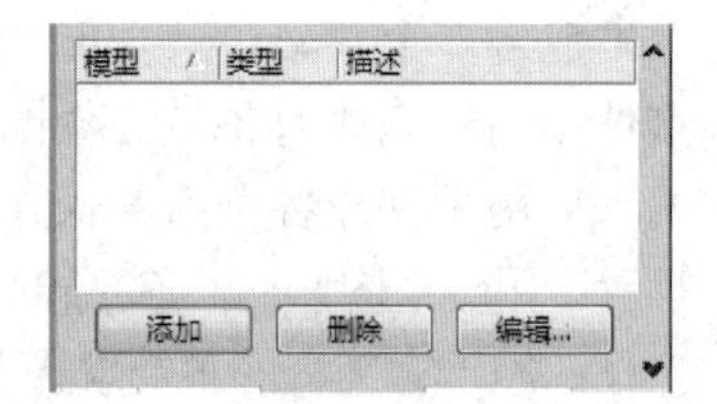

图 4-8 模型栏

（1）“添加”：给当前元件添加模型属性（封装模型、仿真模型等）。

（2）“删除”：删除当前元件的模型。

（3）“编辑”：编辑当前元件的模型。

4.2.2 元件库编辑器工作区域参数

创建元件之前一般习惯对其工作区进行参数设置，从而能更有效地进行创建。选择菜单命令“工具”→“文档选项”，进入“库编辑器工作台”对话框，如图 4-9 所示，并按照图示进行设置。

（1）“显示边界”：设置是否显示边界。

（2）“显示隐藏 Pin”：用来设置是否显示库元件的隐藏的引脚，若选中，则显示隐藏的引脚，一般进行勾选。

（3）“栅格”：栅格设置，提供捕捉栅格和可见栅格两种设置，一般两者都设置为 10。

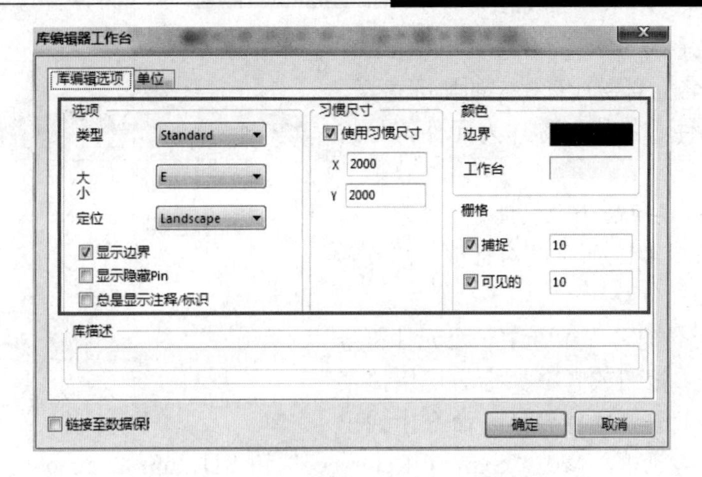

图 4-9 “库编辑器工作台”对话框

4.3 原理图元件的创建

4.3.1 单部件元件的创建

1. 新建、重命名、打开一个元件符号

1）新建元件符号

建立及保存元件符号库后，将自动新建一个元件符号，如图 4-10 所示。也可以选择菜单命令“工具”→“新器件”或在库设计窗口中单击鼠标右键，在弹出的快捷菜单中选择“工具”→“新器件”命令，弹出如图 4-11 所示的对话框，在该对话框中输入元件的名称，单击“确定”按钮即可新建一个元件符号。

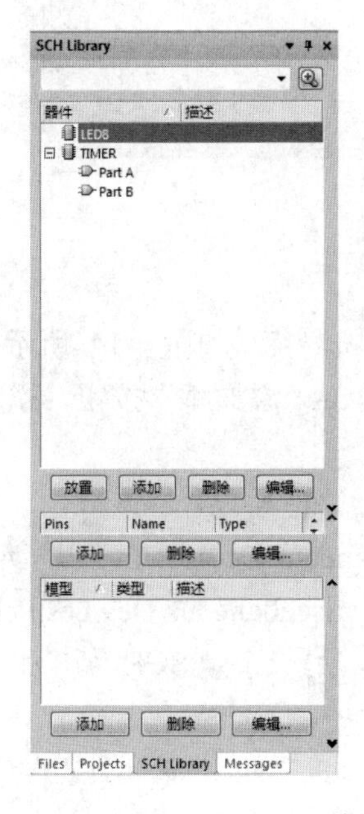

图 4-10 “SCH Library”面板

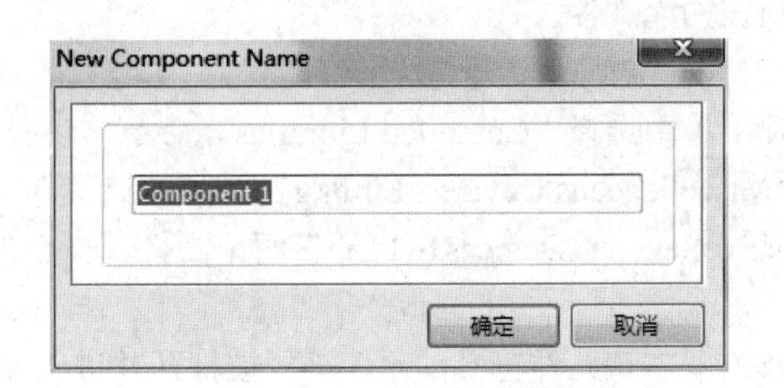

图 4-11　新建一个元件符号

2）重命名元件符号

元件符号的名称需要具有一定的实际意义，通常直接采用元件芯片的名称作为元件符号的名称。

方法一：选择菜单命令“工具”→“重新命名器件”，弹出如图 4-12 所示的对话框，修改名称即可。

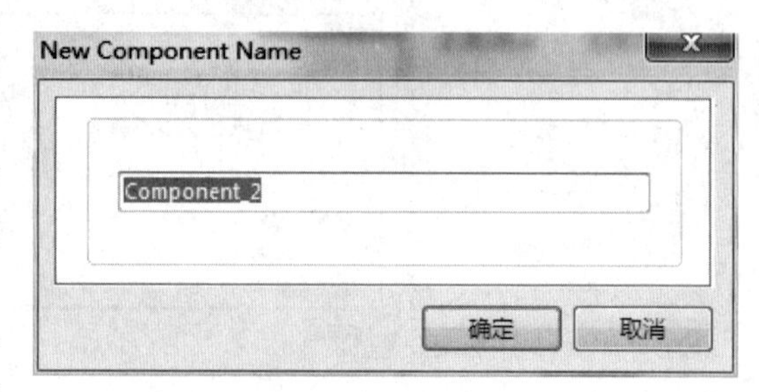

图 4-12　元件符号的重命名（方法一）

方法二：在元件符号库中选中一个元件符号后，单击“编辑”按钮或者在鼠标右键快捷菜单中选择“工具”→“器件属性”命令，弹出如图 4-13 所示的对话框，修改“Symbol Reference”和“Default Comment”选项即可完成对元件符号的重命名操作。

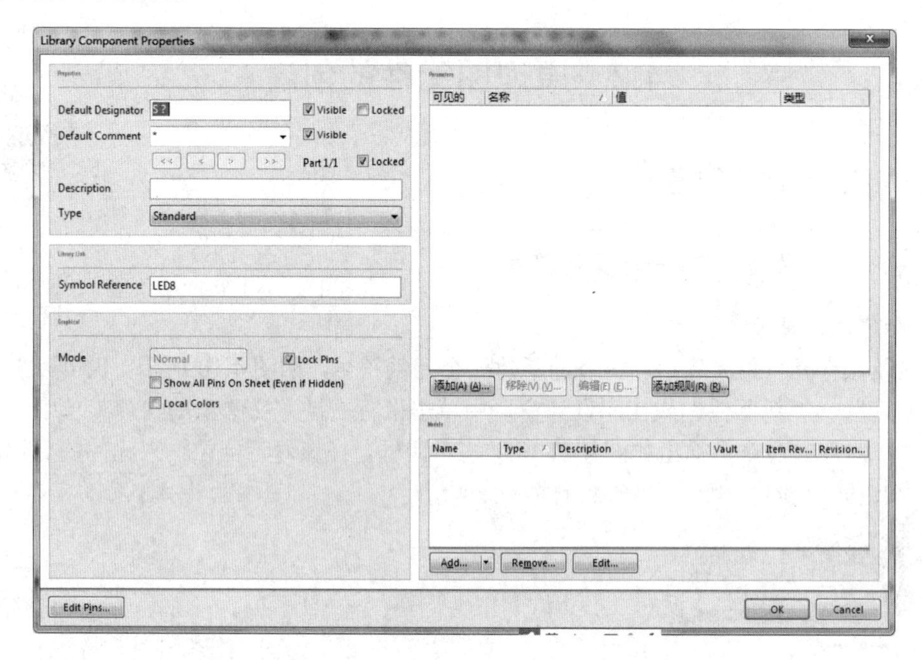

图 4-13　元件符号的重命名（方法二）

3）打开已经存在的元件符号

（1）如果元件符号所在库没有被打开，需要先加载该元件符号库，如图 4-14 所示。单击“库”面板中的“Libraries”按钮，弹出“可用库”对话框。单击“添加库”按钮，添加所需元件所在的库文件。

（2）在“Projects”面板的元件符号库中查找想要打开的元件符号，右击该符号，在弹出的快捷菜单中选择“Compiled Libraries”命令，双击“Miscellaneous Devices.IntLib”库文件，生成“Miscellaneous Devices. LibPkg”文件夹，该文件夹中包含“Miscellaneous Devices.PcbLinb”和“Miscellaneous Devices.SchLib”两个文件，一个为 PCB 库，另一个是 SCH 库，如图 4-15 所示。

（3）双击该元件符号，元件符号被打开并进入编辑状态，此时可以编辑元件符号。

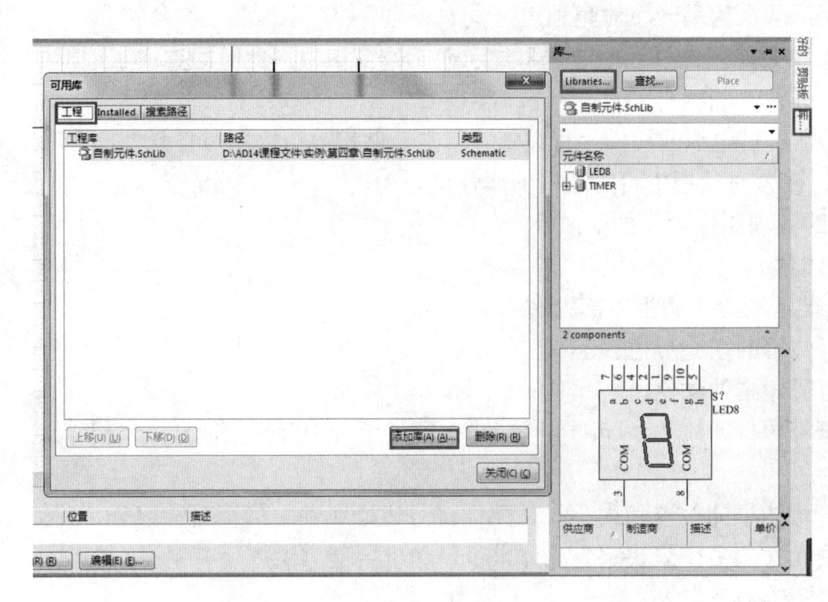

图 4-14　加载元件符号库

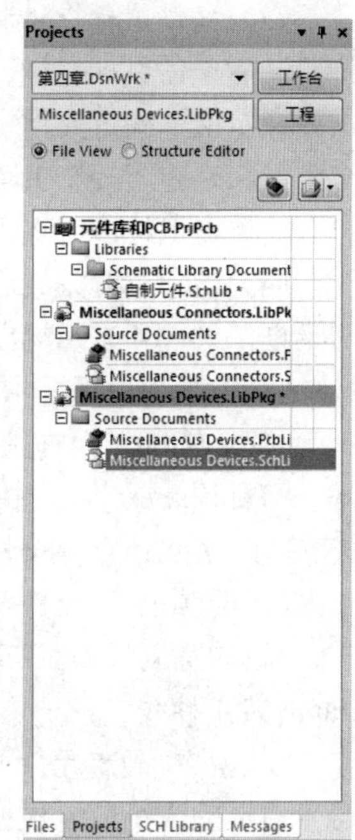

图 4-15　选择元件符号

2. 绘制元件符号边框

新建并命名一个元件后，就需要绘制元件符号，绘制一个边框来连接所有的引脚。一般情况下，采用矩形或者圆角矩形作为元件符号的边框。绘制矩形和圆角矩形边框的操作方法相同，下面介绍其具体的操作方法。

（1）单击如图 4-16 所示的“实用”工具栏中的“ ”→“ ”按钮，鼠标指针将变成“十”字形并附有一个矩形的边框，如图 4-17 所示。

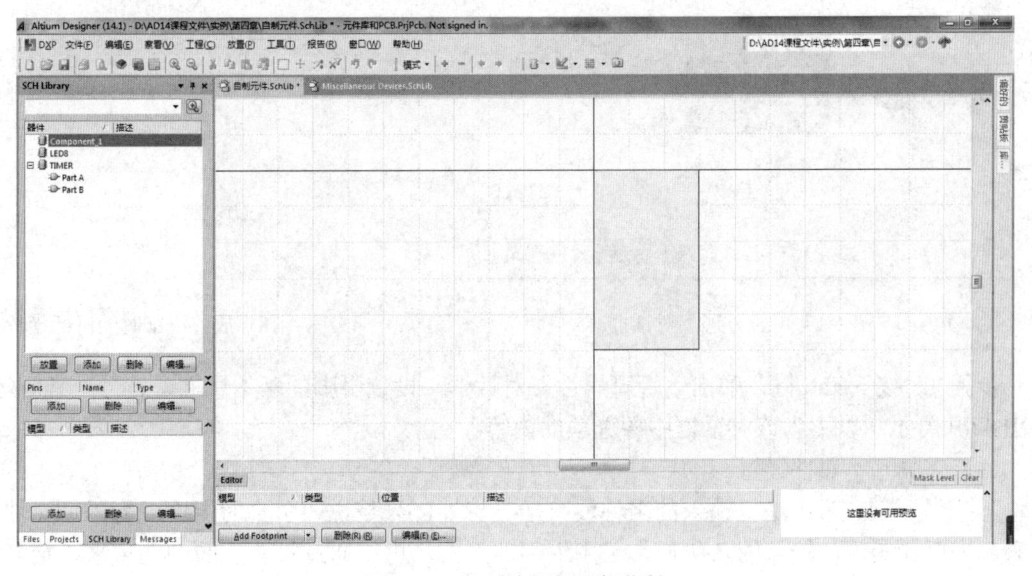

图 4-16　绘制边框的鼠标指针

（2）移动鼠标指针到合适位置（一般为图纸中心点，即在窗口中可明显看到十字中心的位置）后单击鼠标左键，确定元件矩形边框的一个顶点，继续移动鼠标指针到合适位置后单击鼠标左键，确定元件矩形边框的另一个对角顶点。

（3）确定了矩形的大小后，元件符号的边框将显示在工作窗口中，此时即完成了边框的绘制，单击鼠标右键退出元件绘制状态。

（4）绘制边框完成后，再对边框的属性进行编辑。双击元件符号边框即可打开“长方形”对话框，如图 4-17 所示，在该对话框中可对边框的属性进行编辑。

“长方形”对话框中的各项属性含义如下：

“Draw Solid”：拖拽实体。

“Transparent”：选择此选项，则边框内部为透明的。

“填充色”：元件符号边框的填充颜色。

“板的颜色”：元件符号边框的颜色。

“板的宽度”：元件符号边框的线宽。Altium Designer 提供了 Smallest、Small、Medium、Large 共 4 种线宽。

“位置”：确定元件符号边框的位置和大小，是元件符号边框属性中最重要的部分。元件符号边框的大小应该根据元件的多少来决定，具体来讲，边框要能容纳下所有引脚，但又不能太大，否则会影响原理图的美观。

3. 放置引脚

绘制好元件符号边框后，即可开始放置元件的引脚，引脚需要依附在元件符号的边框上。在完成引脚放置后，还要对引脚属性进行编辑，具体操作如下：

步骤 1：单击“实用”工具栏中的“ ”→“ ”按钮或选择菜单命令“放置”→“引脚”，鼠标指针变成“十”字形并附有一个元件符号，如图 4-18 所示。

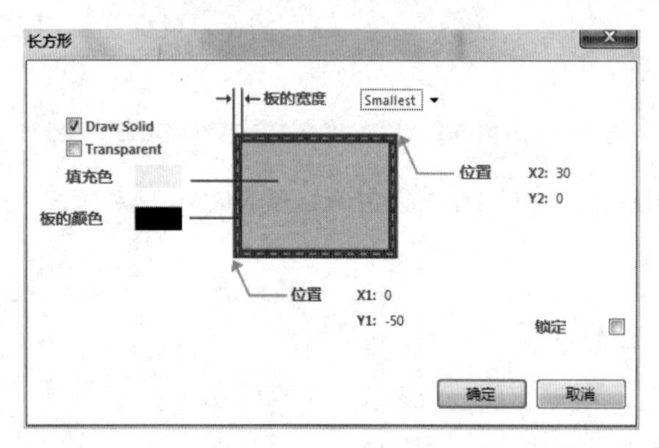

图 4-17 “长方形”对话框

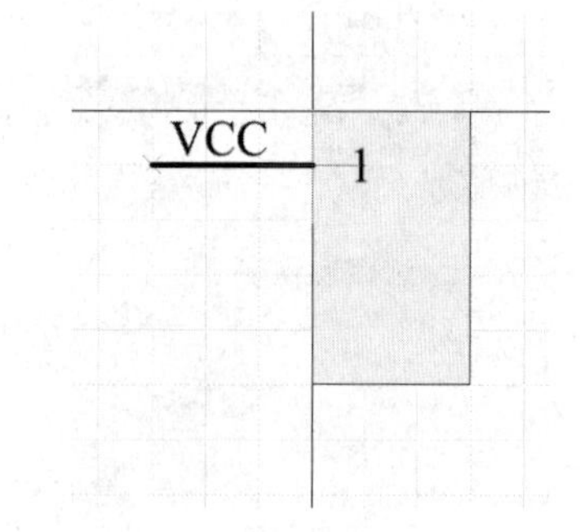

图 4-18 放置引脚时的鼠标指针

步骤 2：按下 Tab 键，弹出“管脚属性”对话框，设置引脚的基本属性、符号、外观等，如图 4-19 所示。以下为该对话框中各选项的内容。

（1）引脚基本属性设置。

① “显示名字”：这里输入的名称没有电气特性，只是说明引脚的用途。为了使元件符号看起来更加美观，输入的名称通常采用缩写的形式，可以通过设置后面的选项来决定名称在符号中是否可见（如需显示名称的上画线，则可以通过在字母的后面加上“\”符号来实现）。

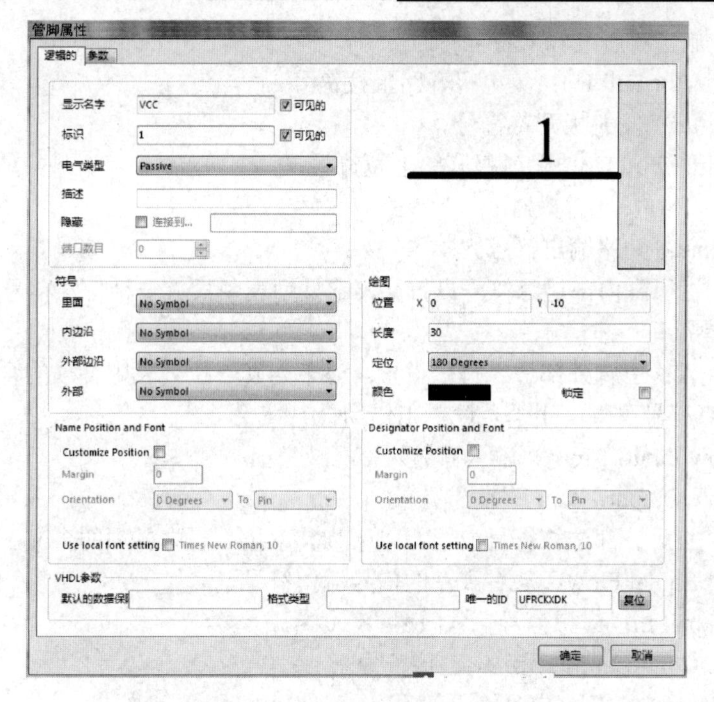

图 4-19　“管脚属性”对话框

② “标识”：引脚标号。这里输入的标号需要和元件引脚一一对应，建议用户采用数据手册中的信息，可以通过设置后面的选项来决定其在符号中是否可见。

③ “电气类型”：引脚的电气类型有多种，以下为其常用选项的含义。

- Input：输入引脚，用于输入信号。
- I/O：输入/输出引脚，既用于输入信号，又用于输出信号。
- Output：输出引脚，用于输出信号。
- Open Collector：集电极开路引脚。
- Passive：无源引脚。
- Hiz：高阻抗引脚。
- Open Emitter：发射极开路引脚。
- Power：电源引脚。

④ “描述”：引脚的文字描述，用于描述引脚的功能。

⑤ “隐藏”：设置引脚是否显示。

（2）符号。

引脚符号包含 4 项参数，各参数的默认设置均为“No Symbol”，表示引脚符号没有特殊设置。各项的特殊设置包括以下几个方面：

① “里面”：引脚内部符号设置。以下为其下拉列表中各项的含义。

- Postponed Output：暂缓性输出符号。
- Open Collector：集电极开路符号。
- Hiz：高阻抗符号。
- High Current：高电流符号。
- Pulse：脉冲符号。

- Schmitt：施密特触发输入特性符号。
- Open Collector Pull Up：集电极开路上拉符号。
- Open Emitter：发射极开路符号。
- Open Emitter Pull Up：发射极开路上拉符号。
- Shift Left：移位输出符号。
- Open Output：开路输出符号。

②“内边沿”：引脚内部边缘符号设置。其下拉列表中只有一种特殊符号“Clock”，表示该引脚为参考时钟。

③“外部边沿”：引脚外部边缘符号设置。以下为其下拉列表中各项的含义。

- Dot：圆点符号引脚，用于负逻辑工作场合。
- Active Low Input：低电平输入有效。
- Active Low Output：低电平输出有效。

④“外部”：引脚外部边缘符号设置。以下为其下拉列表中各项的含义。

- Right Left Signal Flow：从右到左的信号流向符号。
- Analog Signal In：模拟信号输入符号。
- Not Logic Connection：无逻辑连接符号。
- Digital Signal In：数字信号输入符号。
- Left Right Signal Flow：从左到右的信号流向符号。
- Bidirectional Signal Flow：双向的信号流向符号。

（3）引脚外观设置。各项的含义如下：

①“位置”：引脚的位置。该选项一般不做设置，其功能可以通过移动鼠标来实现。

②“长度”：引脚的长度，默认为 30mil。

③“定位”：引脚的旋转角度。

④“颜色”：引脚的颜色。

⑤“锁定”：设置引脚是否锁定。

元件引脚的长度默认为 30mil，建议使用 10mil（如电阻、电容、电感等一些无须显示“显示名字”和“标识”的元件）或 20mil （需要显示“显示名字”和“标识”的元件），30mil 较长，在原理图中占图纸空间较大并且引脚的长度需为 10mil 的整数倍（如 10mil、20mil、30mil 等），不可使用 12mil、15mil、18mil 等长度，因为无论是原理图、原理图库还是软件自带原理图库的栅格捕获默认都是 10mil。

步骤 3：移动鼠标指针到合适位置，单击鼠标放置引脚。

注意：在放置引脚时，会有红色“×”提示，这个红色“×”标记的是引脚电气特性，元件引脚有电气特性的一边一定要远离元件边框的外端，如果放置出错，则在进行原理图设计时，连上导线的该元件引脚无电气特性。

步骤 4：此时鼠标指针仍处于放置状态，重复步骤 2 可以继续放置其他引脚。

步骤 5：单击鼠标右键或者按下 Esc 键即可退出放置操作。

技巧：在放置引脚的过程中通常需要旋转引脚，旋转引脚的操作很简单，在步骤 1 或步骤 2 中按下 Space 键即可完成对引脚的旋转。

建议：在元件引脚比较多的情况下，不需要一次性放置所有的引脚。可以对引脚进行分组，使功能相同或相似的引脚归为一组，放置引脚时以组为单位进行放置即可。

注意：应先放置边框，再放置引脚，这样边框在下层，引脚在上层，可以在边框内看到引脚名称，如果先放置引脚，再放置边框，则边框将引脚名称遮挡住，无法看到引脚名称。

4．示例——“LED8”的创建

（1）选择菜单命令“工具”→“新器件”，新建一个名为“LED8”的元件。

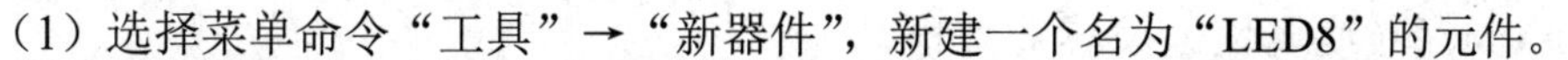

（2）选择菜单命令“放置”→“矩形”，或单击“实用”工具栏中的“□”按钮绘制一个空白的矩形框，如图 4-20 所示。

（3）选择菜单命令“放置”→“Pin”，或在英文输入状态下使用快捷键“P+P”，放置 10 个引脚，如图 4-21 所示。

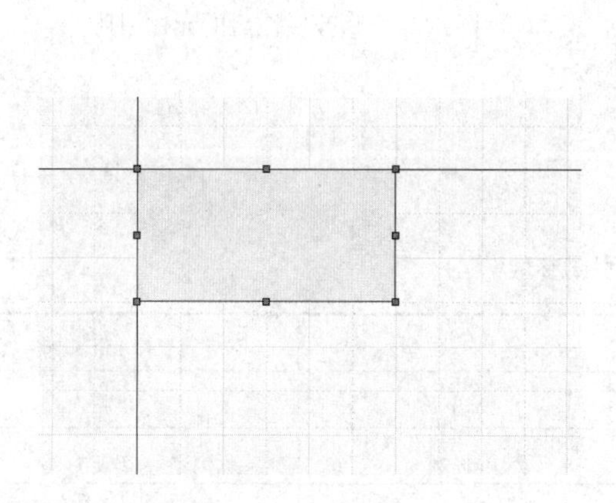

图 4-20　绘制空白的矩形框

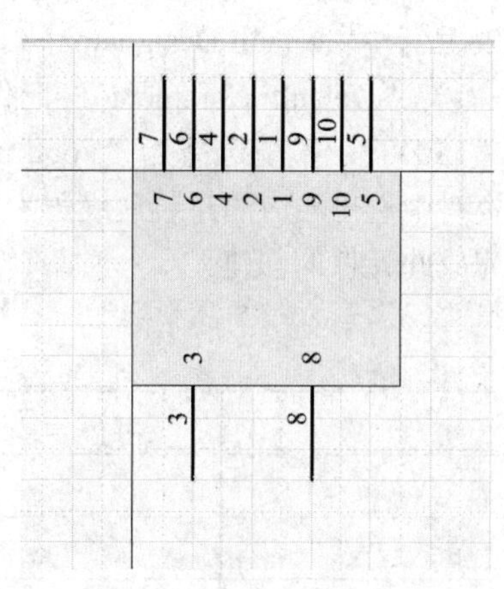

图 4-21　放置引脚后的图形

（4）双击引脚弹出“管脚属性”对话框，引脚 7 的属性设置如图 4-22 所示，“显示名字”设置为“a”。数码管的公共端引脚 3 和 8 为电源或接地端子，属性设置如图 4-23 所示，“电气类型”为“Power”，“显示名称”设置为“COM”。引脚长度为默认“30”，其各引脚参数见表 4-1，修改属性后的元件引脚如图 4-24 所示。

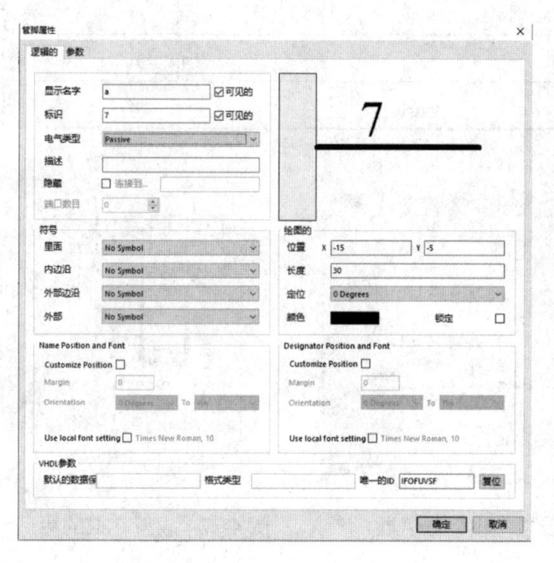

图 4-22　引脚 7 属性设置

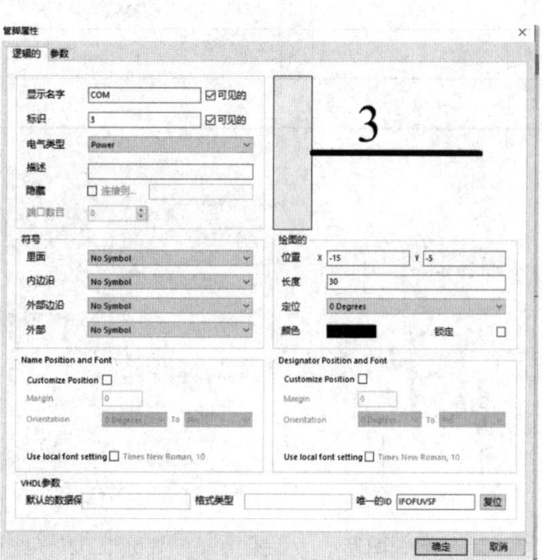

图 4-23　设置公共端引脚属性

（5）绘制好元件引脚后需要绘制元件的图形。选择“实用”工具栏→“放置直线”工具，绘制如图 4-25 所示的“8”字图形，此时图形颜色默认为黑色。双击绘制的图形，弹出如图 4-26 所示的“PolyLine”（线属性）设置对话框，将线的“颜色”设置为“蓝色”，“线宽”设置为“Medium”（中等宽度）。设置完成的图形如图 4-27 所示。

（6）双击该元件，对其属性进行设置，如图 4-28 所示，“Default Designator”（位号）设置为“S？”，“Default Comment”（元件名称）设置为“LED8”，模型选择为“Footprint”，从查询的资料中选出相应的封装，设置为“LED8”，即可完成此元件的创建。

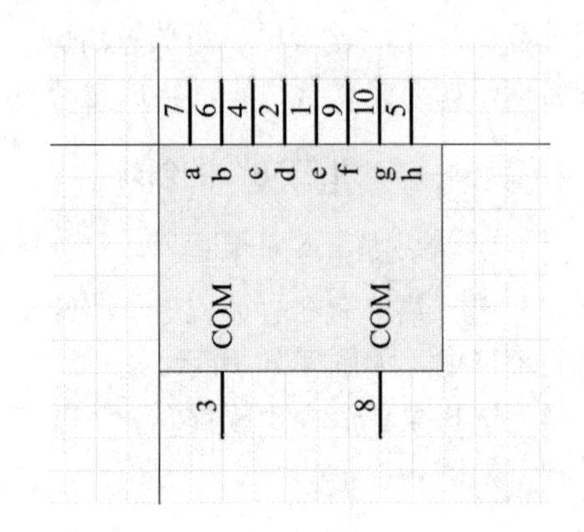

图 4-24　修改属性后的元件引脚

表 4-1　各引脚参数

标 识 符	显 示 名 称	电 气 类 型	长度/mil
1	e	Passive	20
2	d	Passive	20
3	COM	Power	20
4	c	Passive	20
5	h	Passive	20
6	b	Passive	20
7	a	Passive	20
8	COM	Power	20
9	f	Passive	20
10	g	Passive	20

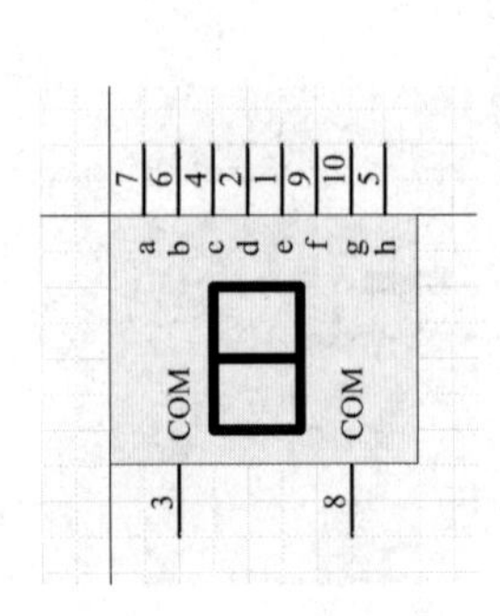

图 4-25　绘制图形

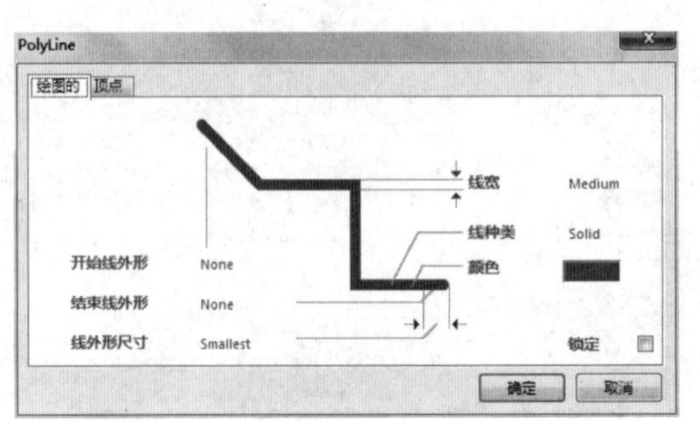

图 4-26　“PolyLine”（线属性）设置对话框

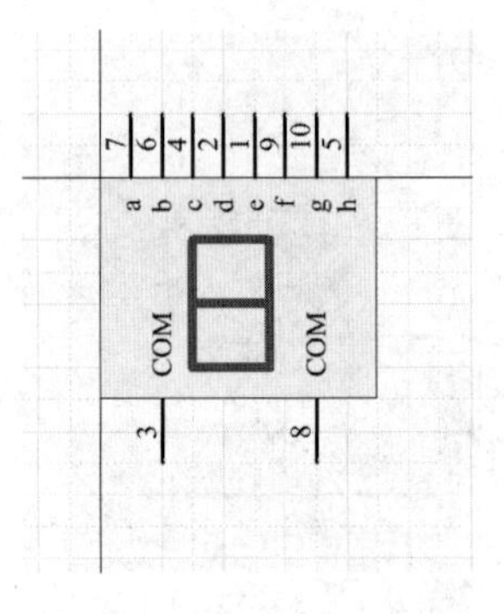

图 4-27　设置完成的图形

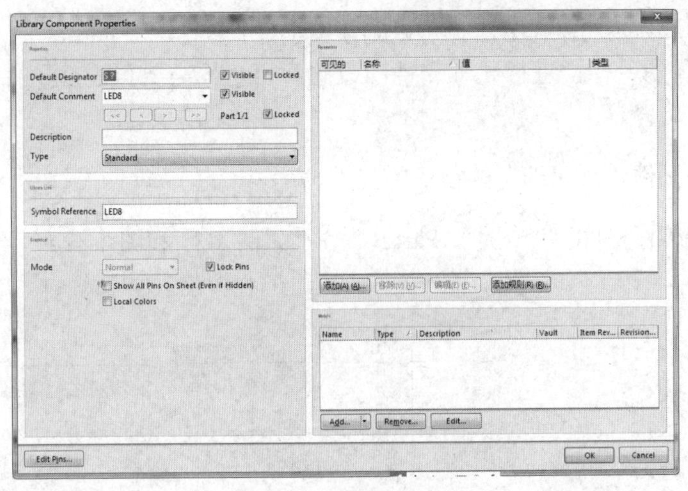

图 4-28　设置元件属性

4.3.2　多子件元件的创建

1. 分部分绘制元件符号

当一个元件封装中包含多个相对独立的功能部分（部件）时，可以使用子件，原则上，任何一个元件都可以被任意地划分为多个部件（子件），这在电气意义上没有错误，在原理图的设计上增加了可读性。

子件是元件的一个部分，如果一个元件被分成多个子件，则该元件至少有两个子件，元件的引脚会被分配到不同的子件当中。下面来讲述一下多子件元件的创建方法。

（1）按照单部件元件的创建方法创建一个元件。

（2）在“SCH Library”面板列表中选中此元件，选择菜单命令“工具”→“新部件”（或按下组合键“T+W”），会生成两个子件“Part A”“Part B”，如图 4-29 所示。

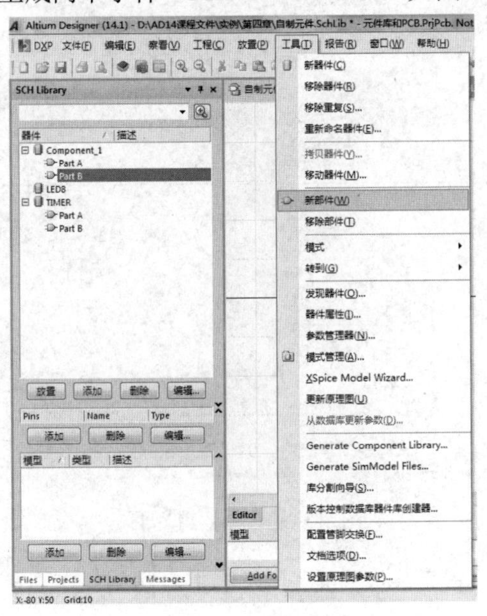

图 4-29　子件的创建

（3）根据第（2）步的操作方法也可以创建出子件“Part C”“Part D”。

（4）双击总体的元件，进行元件属性的设置即可，不需要再进行子件属性的设置，如图 4-30 所示。

2. 示例——元件“TIMER”的创建

“TIMER”元件图形的“Part A”“Part B”分别如图 4-31 和图 4-32 所示。

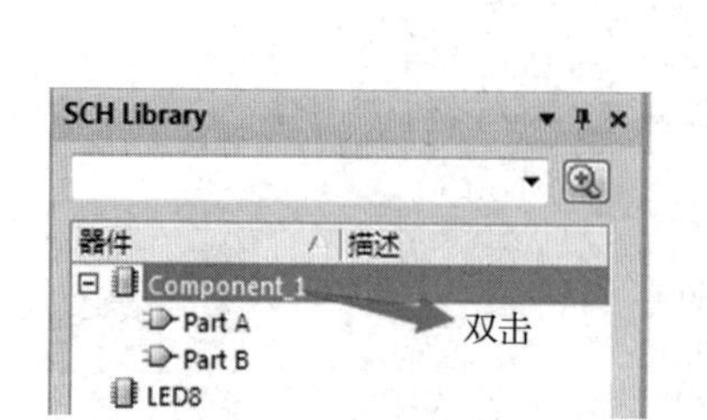

图 4-30　元件属性的设置

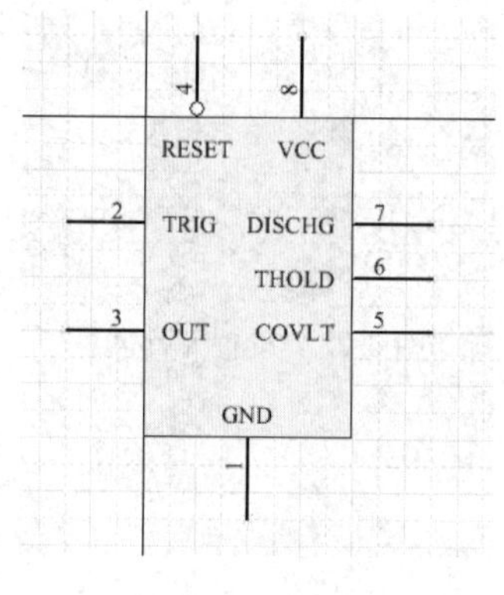

图 4-31　“Part A”

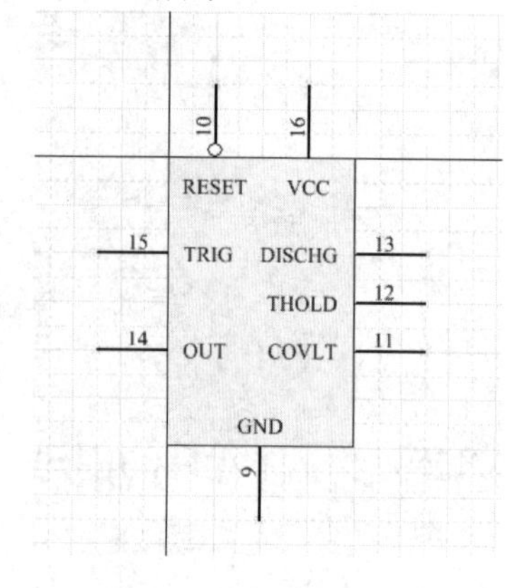

图 4-32　“Part B”

1）绘制“TIMER”元件的“Part A”

（1）打开“自制元件.SchLib”文件，进入原理图元件库设计环境中，切换到“SCH Library”面板。

（2）单击“器件”栏中的“添加”按钮，或选择菜单命令“工具”→“新器件”。在出现的“New Component Name”对话框中输入新元件名“TIMER”，然后单击“确定”按钮进入元件编辑界面，如图 4-33 所示。

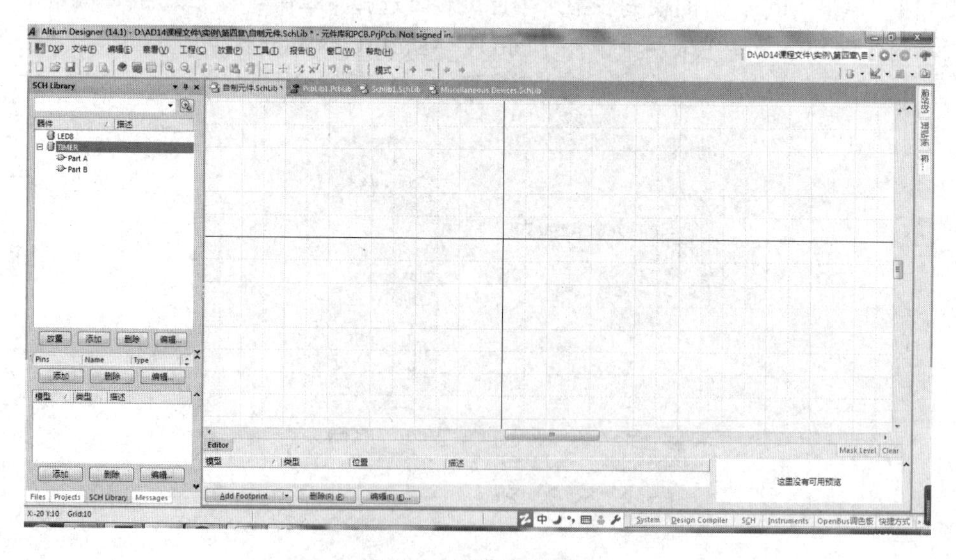

图 4-33　元件编辑界面

（3）选择菜单命令“放置”→“矩形”，或单击“实用”工具栏中的“矩形”按钮，绘制矩形元件。

（4）单击“确定”按钮，将矩形拖动到编辑窗口中的第四象限区域，将图形的左上角与绘图区的坐标原点重合，将图形放置到绘图区，右击鼠标解除放置状态。

（5）选中图形进行位置和大小的调整，其外形如图 4-34 所示。

（6）选择菜单命令“放置”→“Pin”，或在英文输入状态下使用组合键“P+P”。在放置状态下按下 Tab 键，分别按照如图 4-35 所示的引脚名称和序号放置引脚并设置引脚属性，引脚长度为默认值 30mil。

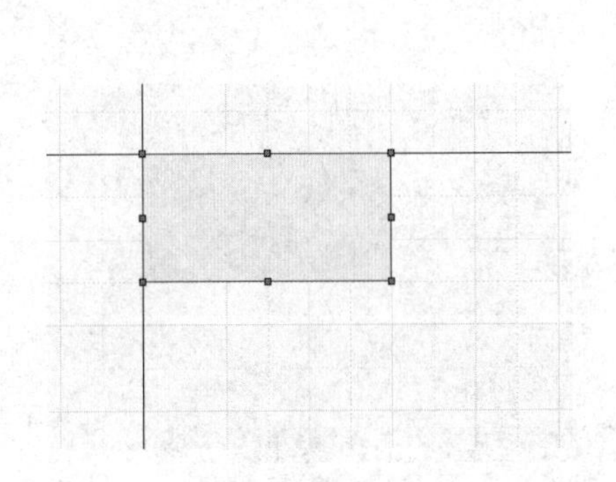

图 4-34　绘制空白的矩形框

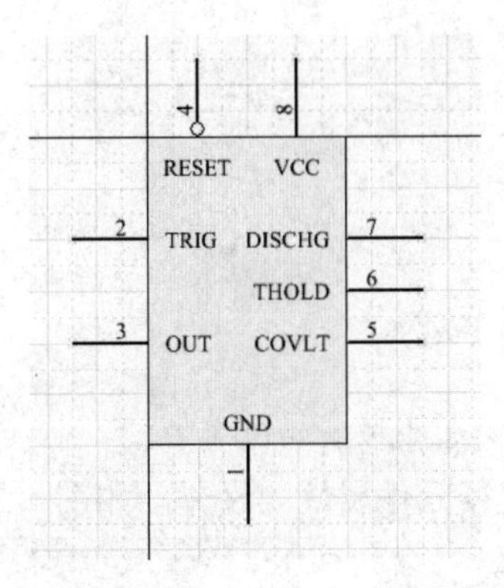

图 4-35　在矩形框上放置引脚

2）绘制“TIMER”元件的“Part B”

（1）在英文输入状态下使用组合键“T+W”，或单击“实用”工具栏中的“添加器件部件”按钮。

（2）单击“Part A”，将前面所画图形复制到“Part B”的编辑界面中，如图 4-36 所示。

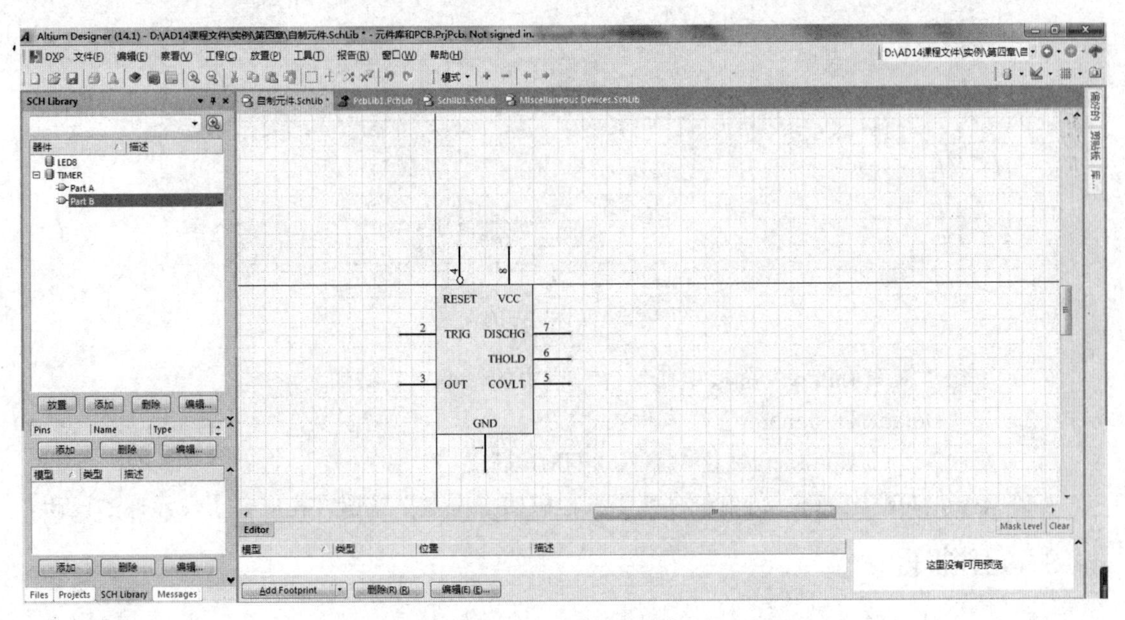

图 4-36　“Part B”部分

（3）在“Part B”编辑界面中，只要将引脚的名字进行修改，单击“保存”按钮即可，如图 4-37 所示。

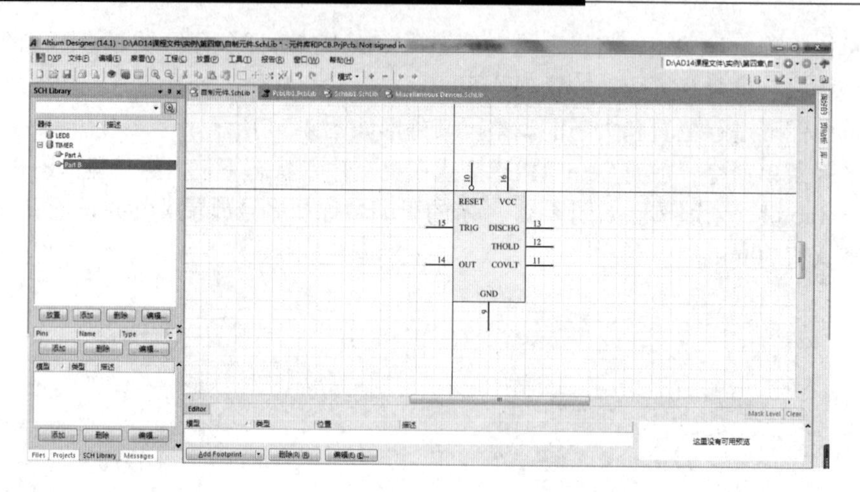

图 4-37　编辑保存

3）元件属性的设置

进行元件属性的设置，如图 4-38 所示。

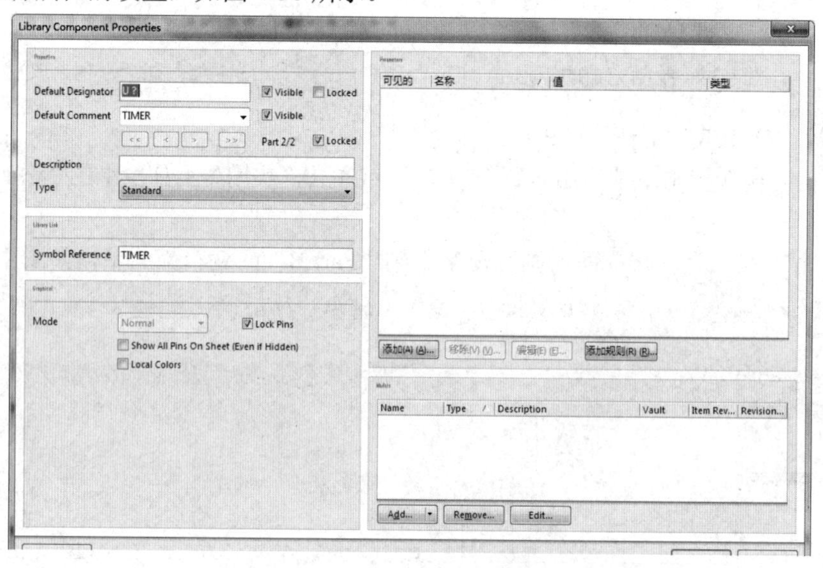

图 4-38　元件属性的设置

（1）单击“SCH Libray”面板中“器件”栏中的“编辑”按钮。

（2）在“Default Designator”栏内输入“U?”。

（3）在“Default Comment”栏内输入“TIMER”。

（4）单击“OK”按钮，再单击标准工具栏中的“保存”按钮，完成多子件元件的设计。

4.3.3　元件报告

建立一个显示当前元件所有可用信息列表的报告。

（1）选择菜单命令“报告”→“器件”。

（2）名为“自制元件.cmp”的报告文件显示在文本编辑器中，包括元件中的子件编号及子件相关引脚的详细信息，如图 4-39 所示。

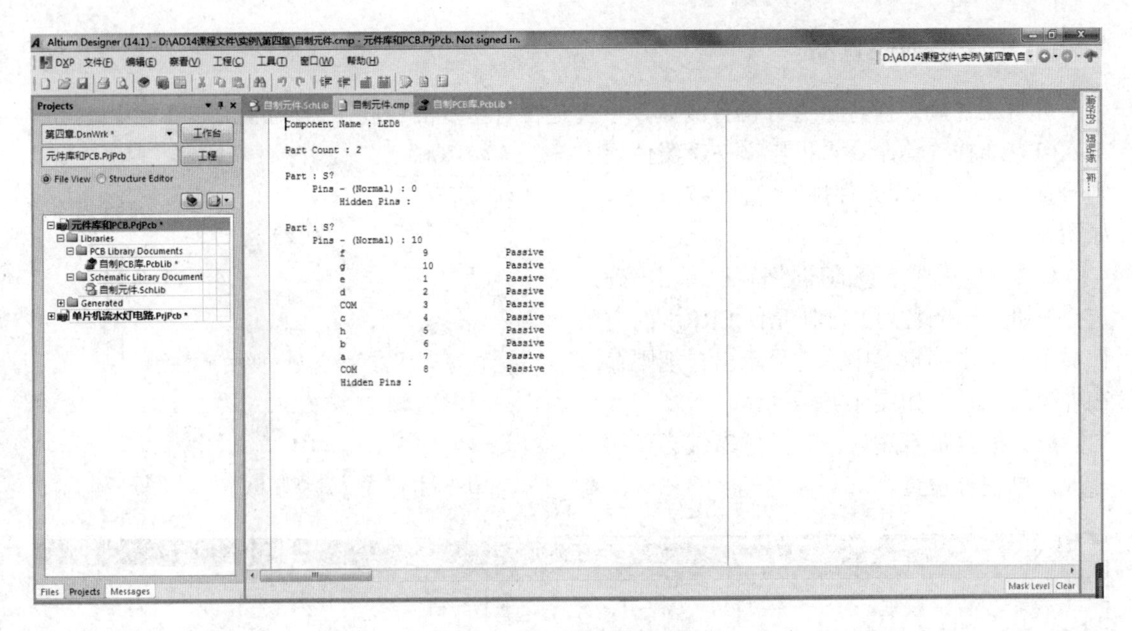

图 4-39　元件报告文件

4.3.4　库报告

创建一个显示库中元件及元件描述的报告的步骤如下。

（1）选择菜单命令“报告”→“库报告”，如图 4-40 所示。

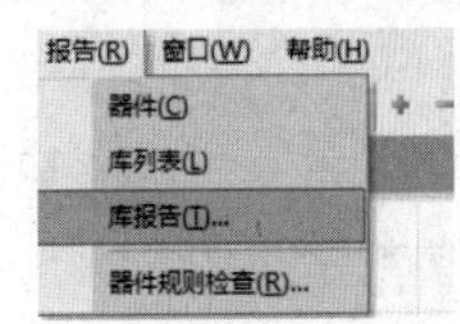

图 4-40　菜单命令

（2）名为“自制元件.cmp”的报告文件显示在文本编辑器中，如图 4-41 所示。

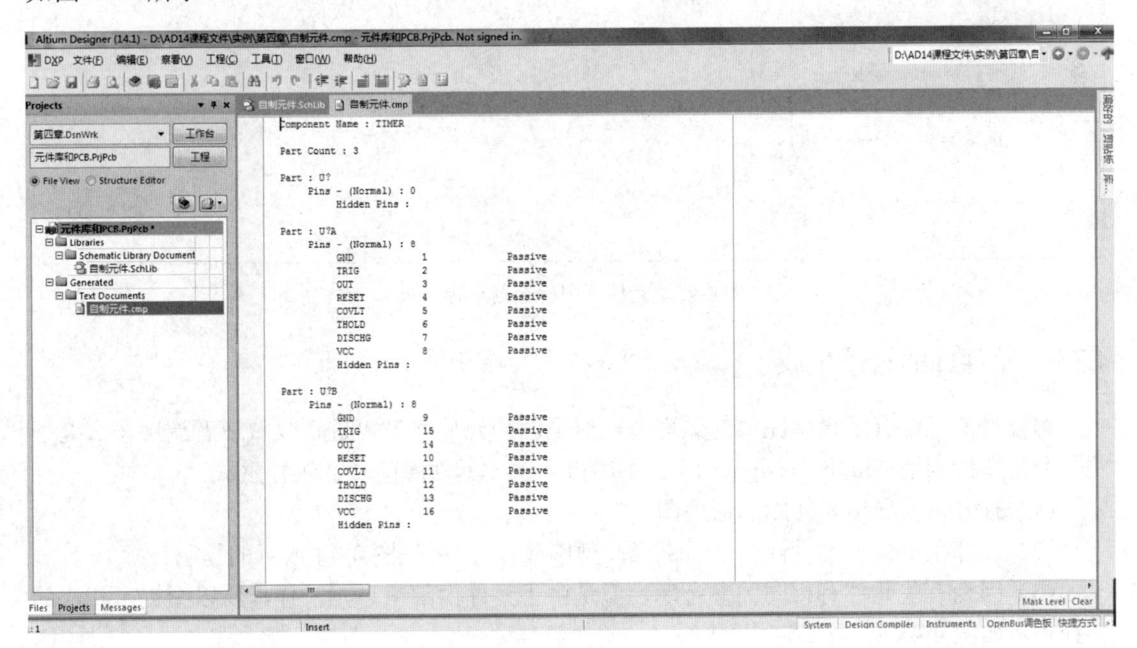

图 4-41　库报告文件

4.3.5 元件规则检查器

可用元件规则检查器进行检查测试，检查是否有重复的引脚及缺少的引脚。

（1）选择菜单命令“报告”→“器件规则检查”，弹出“库元件规则检测”对话框，如图 4-42 所示。

（2）设置需要检查的属性特征，单击“确定”按钮。一个名为“自制元件.ERR”的文件显示在文本编辑器中，将显示出与规则存在冲突的元件，如图 4-43 所示。

（3）根据报告建议，对元件库做必要的修改，再进行检查。

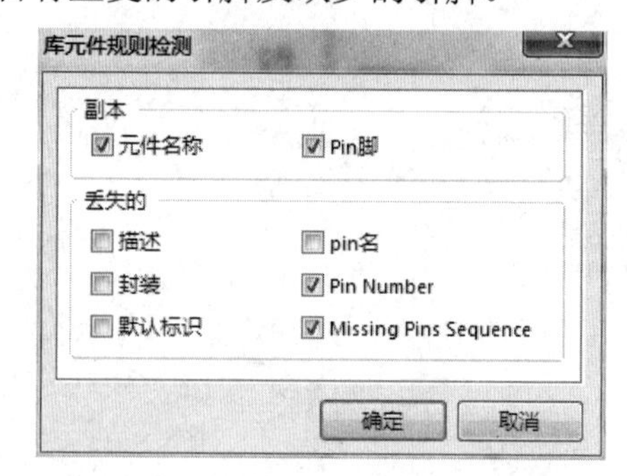

图 4-42 “库元件规则检测”对话框

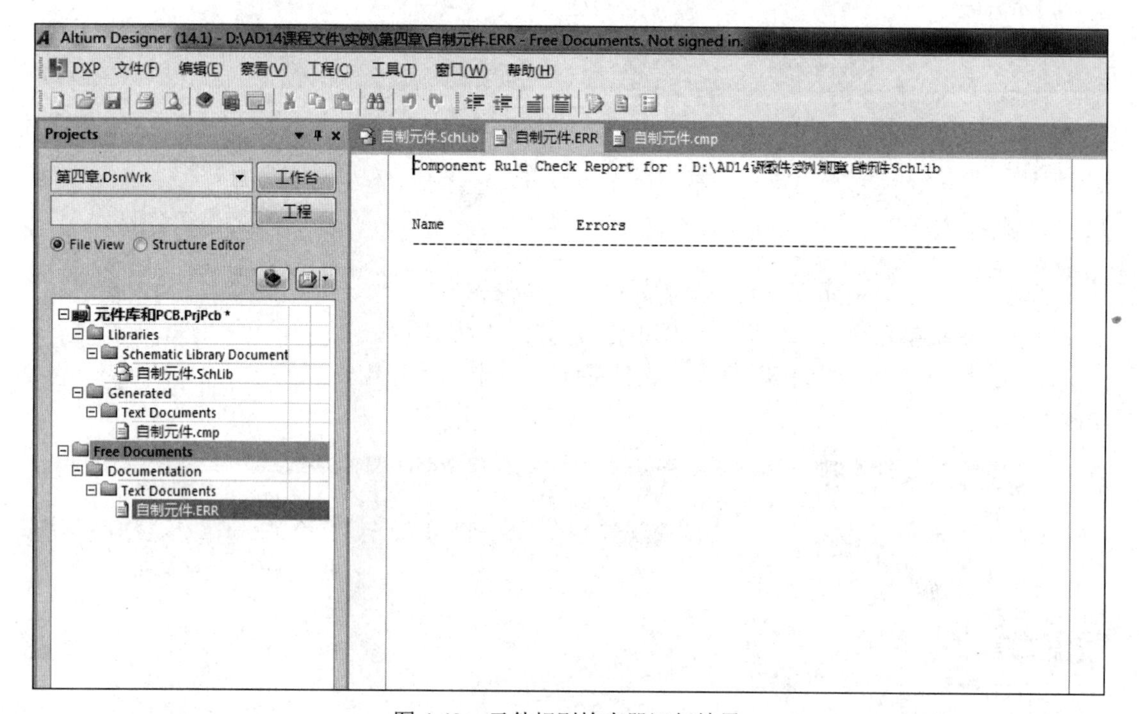

图 4-43 元件规则检查器运行结果

4.3.6 元件库的自动生成

假设目前已经有了设计完成的原理图，对里面的元件库需要进行收藏或者调用怎么处理呢？通常直接利用 Altium Designer 14 提供的自动生成元件库的功能进行生成。

（1）打开需要导出元件库的原理图。

（2）选择菜单命令“设计”→“生成原理图库”，出现如图 4-44 所示的提示。

（3）因为有些元件有相同的参考库，但是由于元件内部信息不一样，所以会提示相应的选择项，如图 4-45 所示。

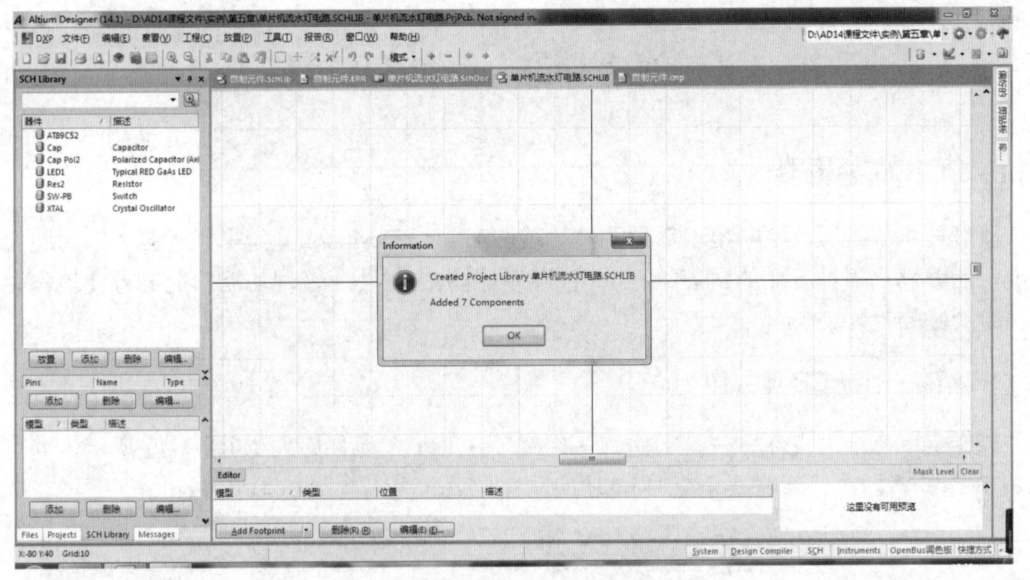

图 4-44　元件库的自动生成

① 处理仅是第一步骤而忽略其余：仅处理第一个元件，其他的忽略。

② 处理所有元件并给予唯一名称。

③ 中端库创建：中端库的生成。

因为参数可以在设计原理图的时候填写，一般选择第一项即可。

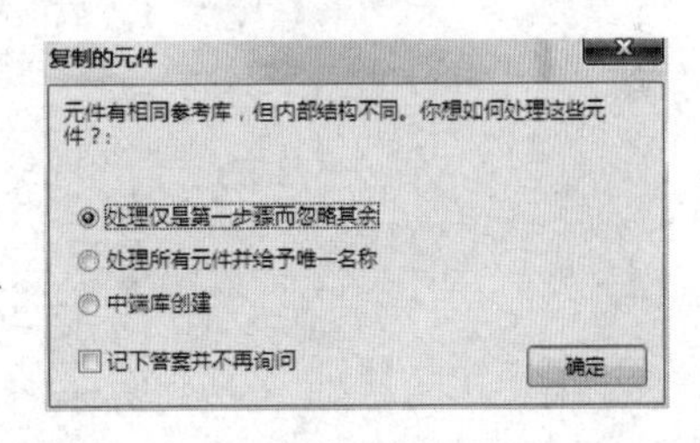

图 4-45　重复元件的处理方式选择

4.3.7　元件的复制

有时候要根据需求自己创建元件，由于之前已经积累了很多元件，可以把已存在的元件复制到一个元件库里面来。下面介绍一个快速复制元件的方法。

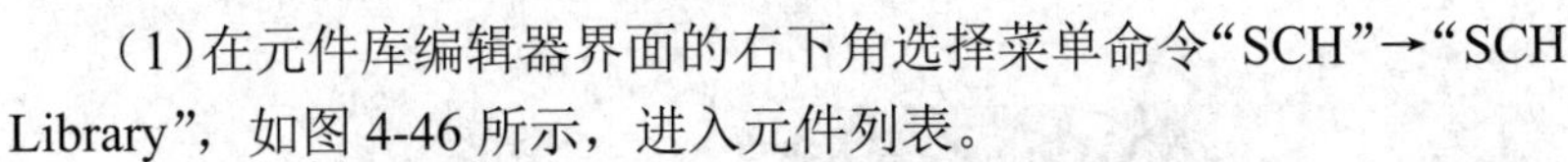

（1）在元件库编辑器界面的右下角选择菜单命令“SCH”→“SCH Library”，如图 4-46 所示，进入元件列表。

SCH Library
SCHLIB Filter
SCHLIB Inspector
SCHLIB List

图 4-46　菜单命令

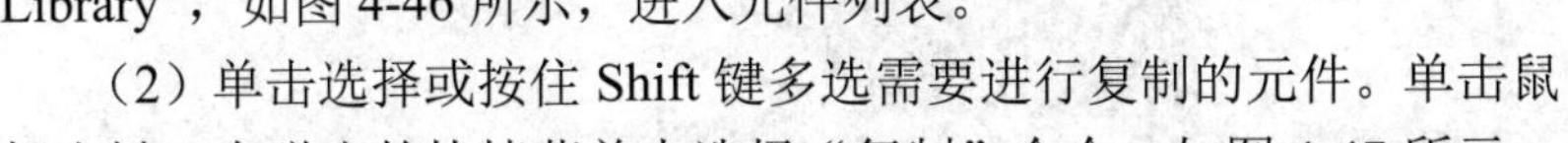

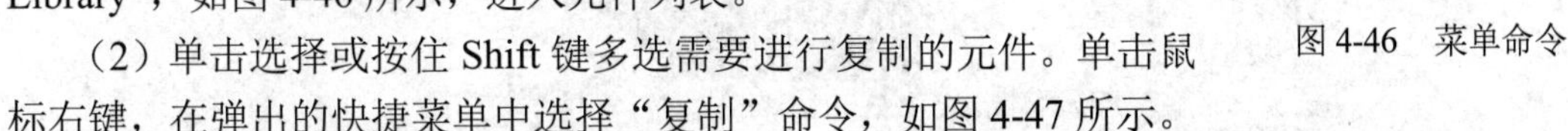

（2）单击选择或按住 Shift 键多选需要进行复制的元件。单击鼠标右键，在弹出的快捷菜单中选择“复制”命令，如图 4-47 所示。

（3）在需要复制到的元件库的元件列表中，单击鼠标右键，在弹出的快捷菜单中选择“粘贴”命令，如图 4-48 所示。

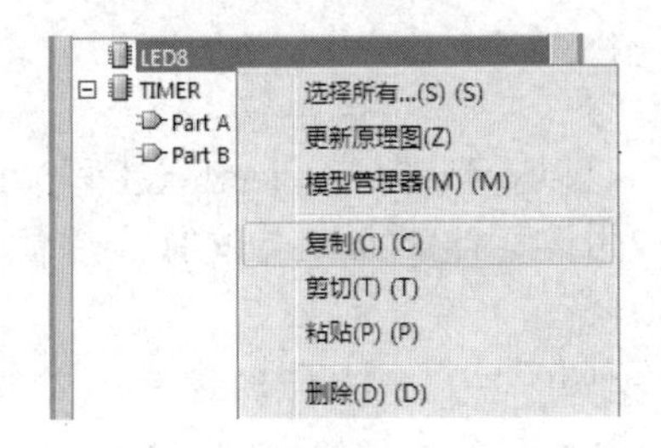

图 4-47　元件的复制

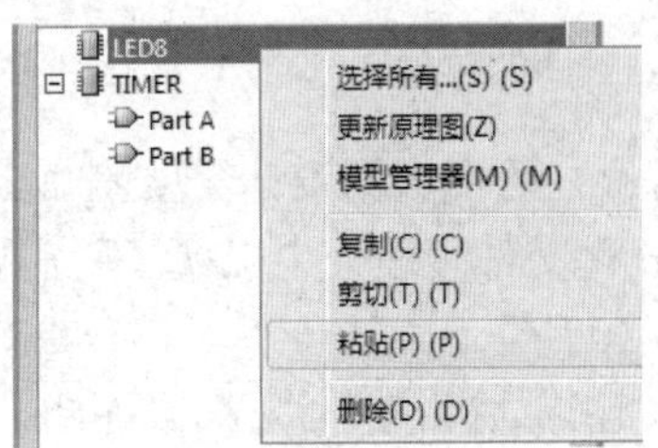

图 4-48　元件的粘贴

4.4 创建 PCB 元件库及封装

4.4.1 PCB 库编辑器

随着技术的发展，不断出现新型元件封装。Altium Designer 系统提供了强大的封装绘制功能，能够满足各种各样的封装绘制的需求，所提供的封装库管理功能，能够方便地保存和引用绘制好的封装。

1. 新建一个 PCB 库文件

选择菜单命令“文件”→“新建”→“库”→“PCB 元件库”，如图 4-49 所示，即可打开 PCB 库编辑器，并新建一个空白 PCB 库文件，更名为“自制 PCB 库.PcbLib”。

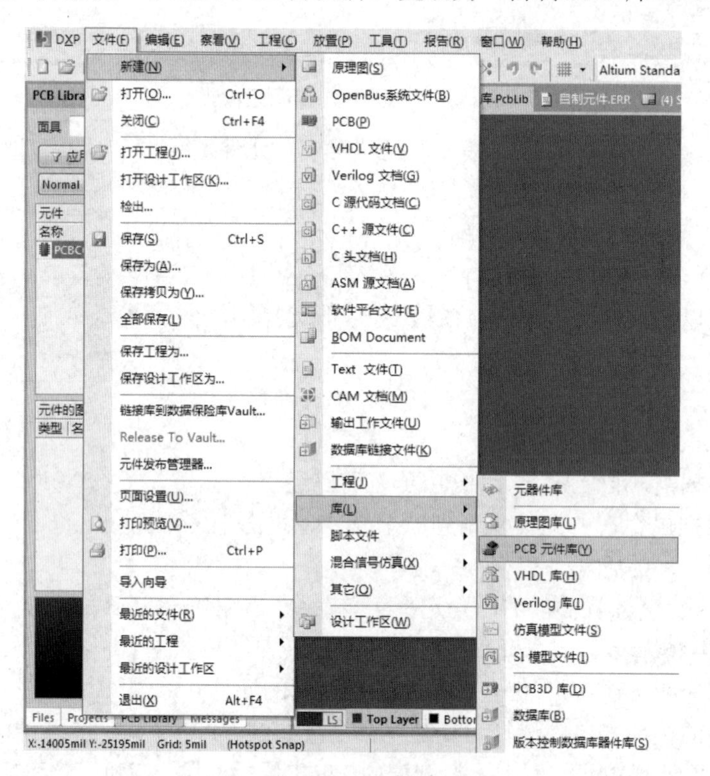

图 4-49 新建 PCB 库文件

2. 编辑库文件

保存（可以根据设计需要重命名）该 PCB 库文件，可以看到在“Project”（工程）面板的 PCB 库文件管理夹中出现了所需要的 PCB 库文件，双击该文件即可进入 PCB 库编辑器，如图 4-50 所示。

PCB 库编辑器的设置和 PCB 编辑器的设置基本相同。在 PCB 库编辑器中，“PCB Library”（PCB 元件库）面板提供了对封装库内的元件封装进行统一编辑、管理的接口。

“PCB Library”面板如图 4-51 所示，面板共分成 4 个区域，即“面具”栏、“元件”栏、

“元件的图元”栏、缩略图显示框。

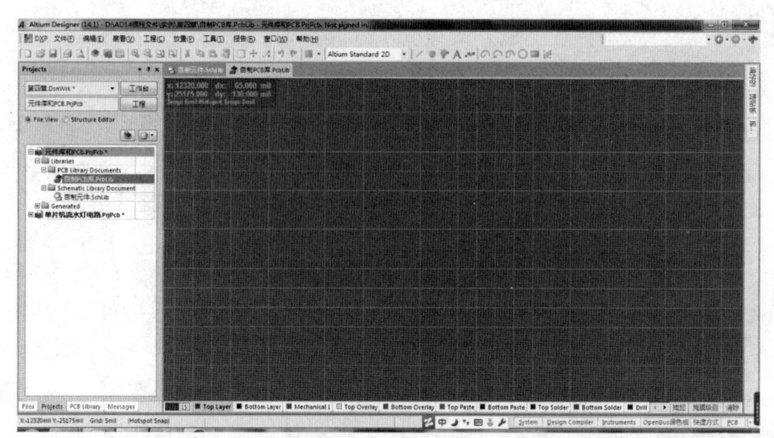

图 4-50　PCB 库编辑器

图 4-51　“PCB Library”面板

（1）“面具”栏用于对该库文件内的所有元件封装进行查找。

（2）“元件”栏显示该库文件中所有符合“面具”栏输入条件的元件封装名称，并注明其焊盘数、图元数等基本属性。单击元件列表内的元件封装名，在工作区内显示该封装，可进行编辑操作。双击元件列表内的元件封装名，在工作区内显示该封装，并且弹出如图 4-52 所示的“PCB 库元件”对话框，在对话框内可修改元件封装的名称和高度。高度是供 PCB 3D 仿真使用的。

在元件列表中单击鼠标右键，弹出快捷菜单，如图 4-53 所示，通过该菜单中的命令可以进行元件库的各种编辑操作。

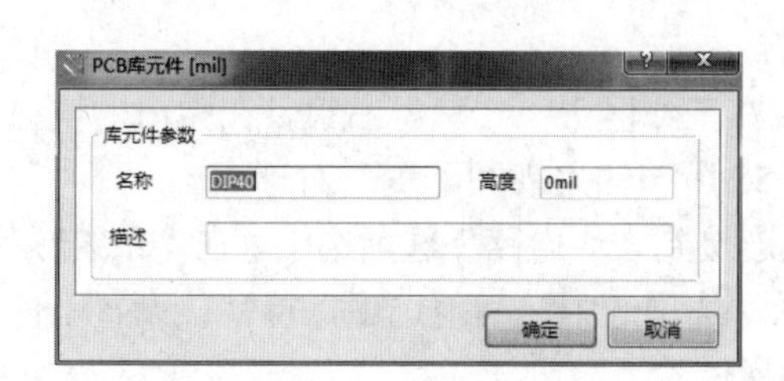

图 4-52　“PCB 库元件”对话框

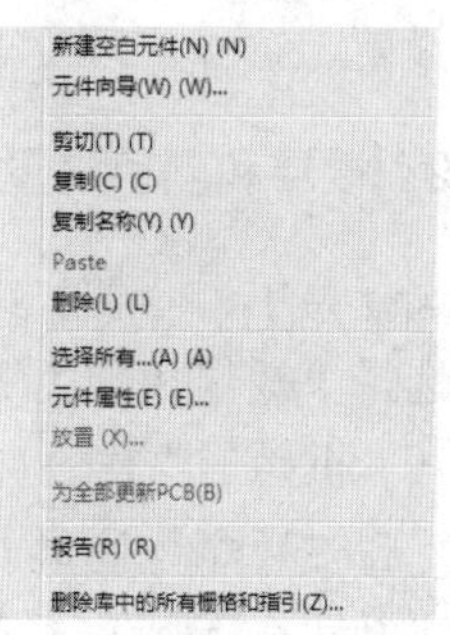

图 4-53　元件列表右键快捷菜单

4.4.2　PCB 库编辑器环境设置

进入 PCB 库编辑器后，需要根据要绘制的元件封装类型对编辑器环境进行相应的设置。PCB 库编辑器环境设置包括元件库选项、板层颜色、层叠管理和优先选项的设置。

1. 元件库选项设置

选择菜单命令“工具”→“器件库选项”，或在工作区中单击鼠标右键，在弹出的快捷菜单中选择“器件库选项”命令，即可打开如图 4-54 所示的“板选项”对话框，主要设置以下几项内容。

图 4-54 “板选项”对话框

（1）度量单位：设置 PCB 中的单位。

（2）标识显示：用于进行显示设置。

（3）布线工具路径：设置布线所在层。

（4）捕获选项：进行捕捉设置。

（5）图纸位置：设置 PCB 图纸的 *X*、*Y* 坐标和宽度、高度。

其他选项保持默认设置，单击“确定”按钮，退出对话框，完成“板选项”对话框的属性设置。

2. 板层和颜色设置

选择菜单命令“工具”→“板层和颜色”，或在工作区中单击鼠标右键，在弹出的快捷菜单中选择“板层和颜色”命令，即可打开如图 4-55 所示的“视图配置”对话框。

在“机械层”栏内，将“Mechanical 1”的“连接到方块电路”选项选中。在“系统颜色”栏内，将“Visible Grid 1”（可见网格）的“展示”选项选中。其他选项保持默认设置不变。单击“确定”按钮，完成“视图配置”对话框的属性设置。

3. 层叠管理设置

选择菜单命令“工具”→“层叠管理”，或在工作区中单击鼠标右键，在弹出的快捷菜单中选择“Layer Stack Manager”（层叠管理）命令，即可打开如图 4-56 所示的“Layer Stack Manager”（层叠管理）对话框。

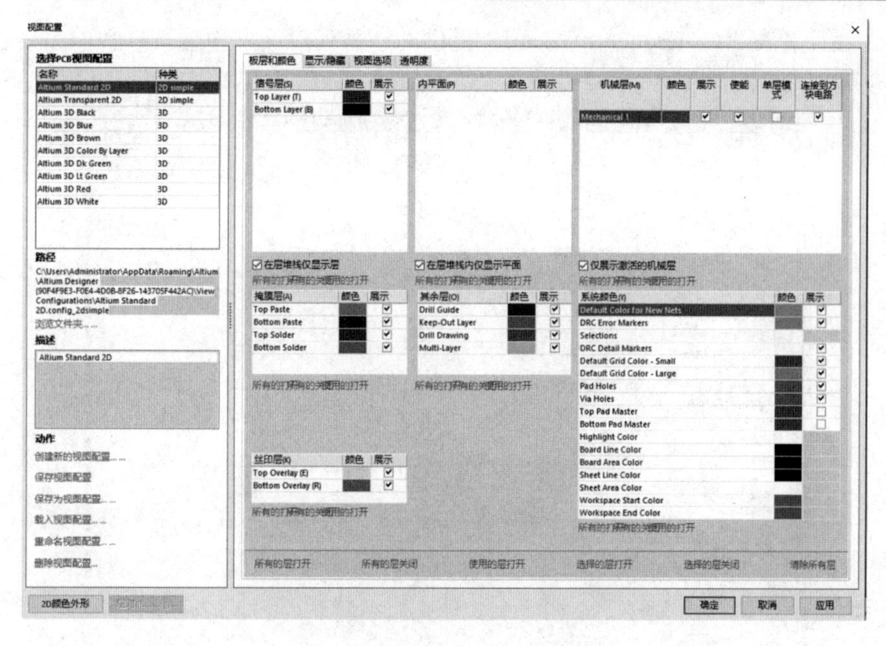

图 4-55 “视图配置”对话框

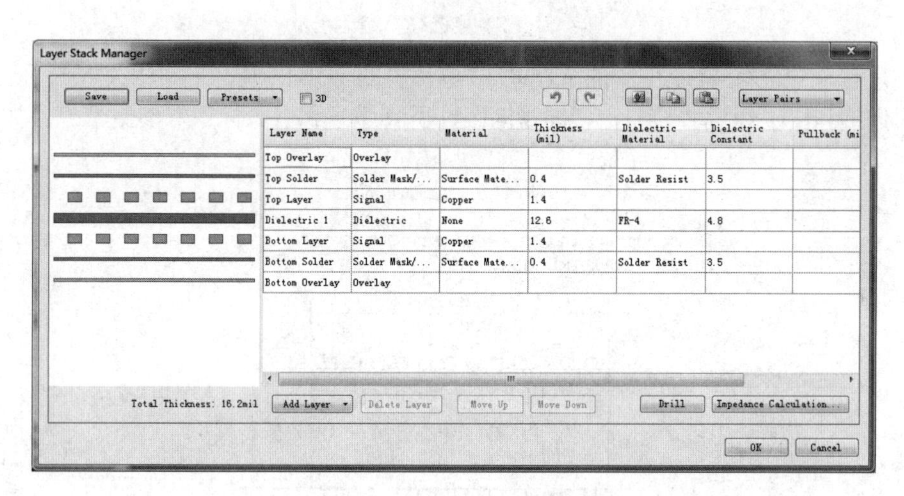

图 4-56 “Layer Stack Manager”（层叠管理）对话框

4．优先选项设置

选择菜单命令“工具”→“优先选项”，或在工作区中单击鼠标右键，在弹出的快捷菜单中选择“选项”→“优先选项”命令，即可打开如图 4-57 所示的“参数选择”对话框，进行相应设置。

至此，环境设置完毕。

4.4.3　用 PCB 向导创建 PCB 元件规则封装

对于一些引脚数目较多、形状又比较规则的封装，一般倾向于利用向导来创建封装。利用 Altium Designer 系统提供的“Component Wizard”（PCB 元件向导），可以创建规则的 PCB

元件封装。设计者在“Component Wizard”提供的一系列对话框中输入参数，系统根据这些参数自动创建一个元件封装。

图 4-57 “参数选择”对话框

例如，对于一个有 40 个引脚的 AT89C52 单片机的 PCB 封装，下载相关数据手册，数据手册上面详细列出了焊盘的长和宽、焊盘间距、引脚序号和引脚标识等参数信息，如图 4-58 所示。

40P6，40-pin，0.66"Wide，Plastic Dual Inline Package(PDIP)
Dimensions in Inches and(Millimeters
JEDEC STANDARD MS-011 AC

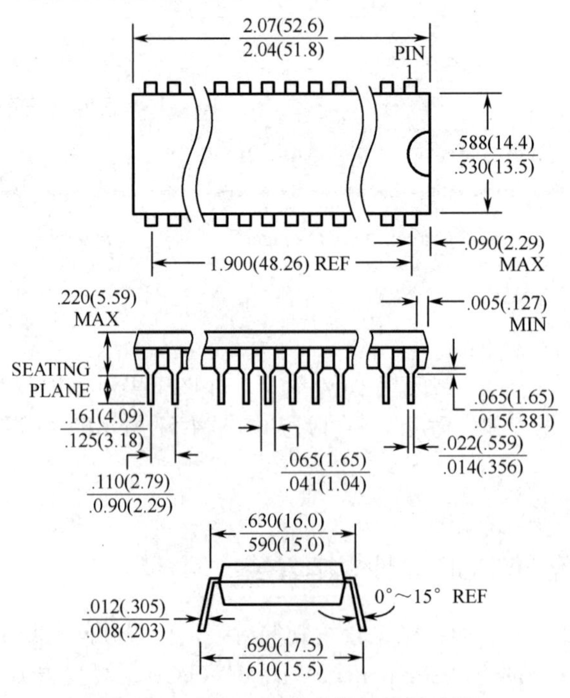

图 4-58 AT89C52 单片机的数据手册

根据 AT89C52 单片机数据手册来创建它的 PCB 封装，步骤如下：

（1）选择菜单命令“工具”→“元器件向导”，系统弹出“Component Wizard”界面，如图 4-59 所示。

（2）单击“下一步”按钮，选择元件封装模式，如图 4-60 所示。在模式列表中列出了 12 种封装模式，这里选择“Dual In-line Packages（DIP）”。另外，在“选择单位”栏内，选择“Metric（mm）”。

图 4-59 “Component Wizard”界面

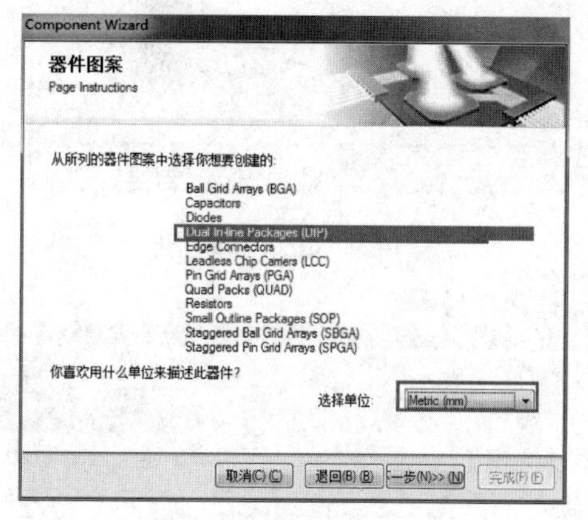

图 4-60　选择元件封装模式

（3）单击“下一步”按钮，进入定义焊盘尺寸界面，如图 4-61 所示。

焊盘参数：内径为 0.9mm，外径为 1.5mm，填入向导参数栏中。

（4）单击“下一步”按钮，进入定义焊盘间距界面，如图 4-62 所示。焊盘间距参数：纵向间距为 2.54mm，横向间距为 15.24mm，填入向导参数栏中。

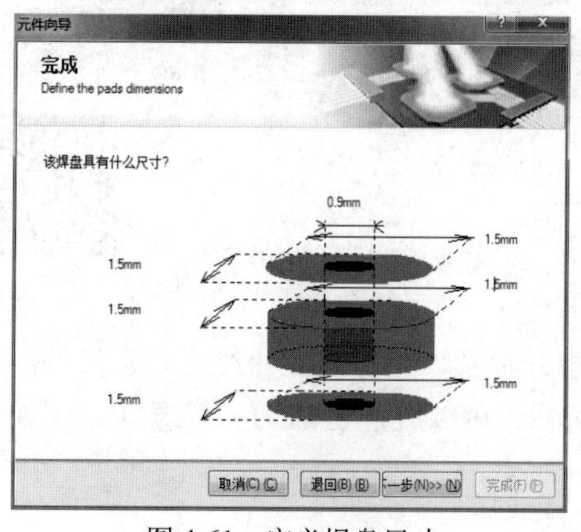

图 4-61　定义焊盘尺寸

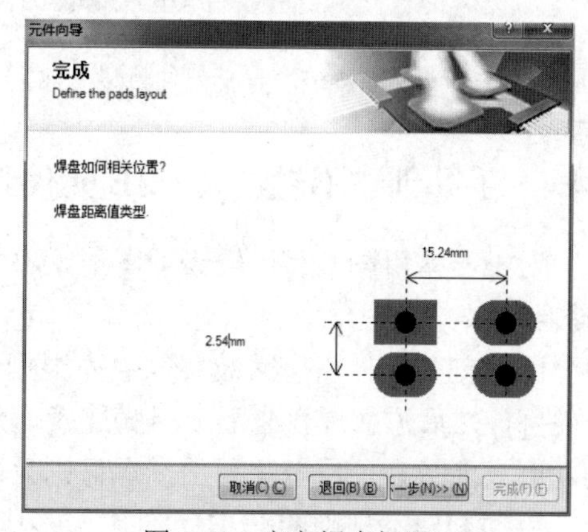

图 4-62　定义焊盘间距

（4）单击“下一步”按钮，进入定义轮廓宽度界面，如图 4-63 所示，这里应用默认值 0.2mm。

（5）单击“下一步”按钮，进入定义焊盘数量界面。注意焊盘数量不能为单数。这里设置焊盘数量为 40，如图 4-64 所示。

（6）单击“下一步”按钮，进入定义元件封装名称界面。在该界面中输入元件封装名称“DIP40”，如图 4-65 所示。

（7）单击“下一步”按钮，进入完成界面，在该界面中单击“完成”按钮，完成对 DIP40 元件封装的规则定义，同时在 PCB 元件编辑器界面中生成如图 4-66 所示的元件封装。

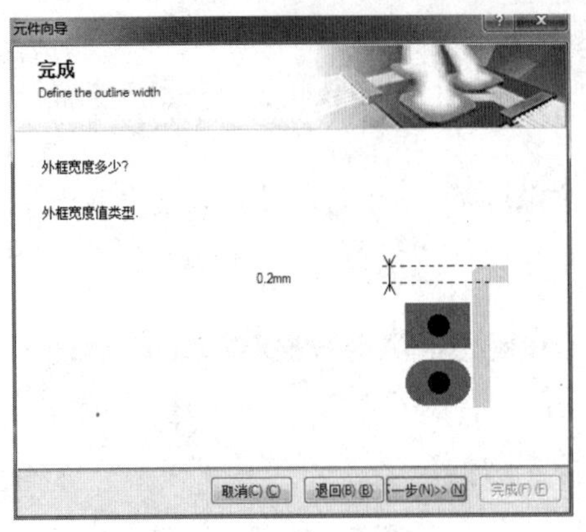

图 4-63　定义轮廓宽度

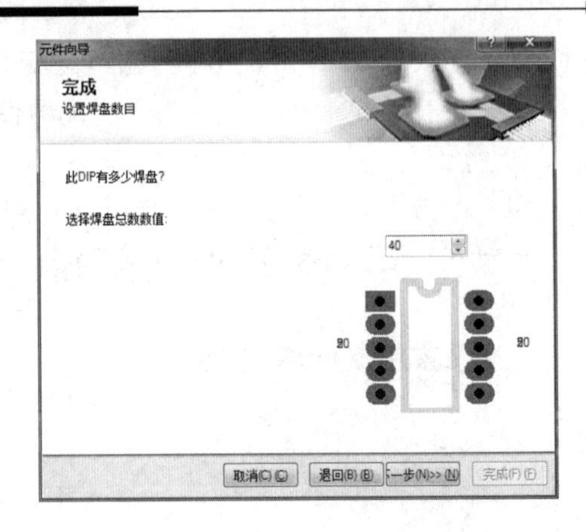

图 4-64　定义焊盘数量

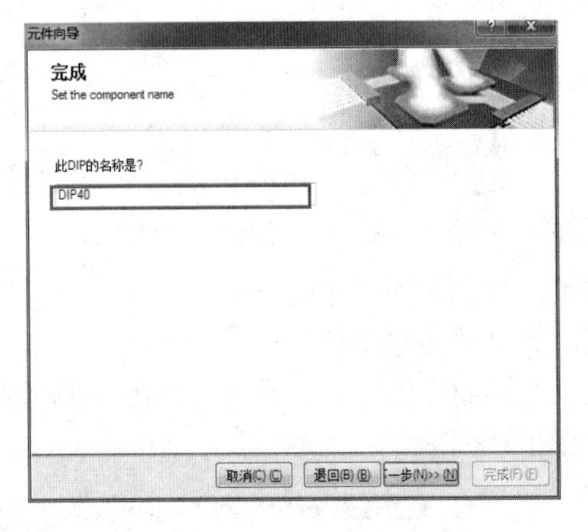

图 4-65　定义元件封装名称

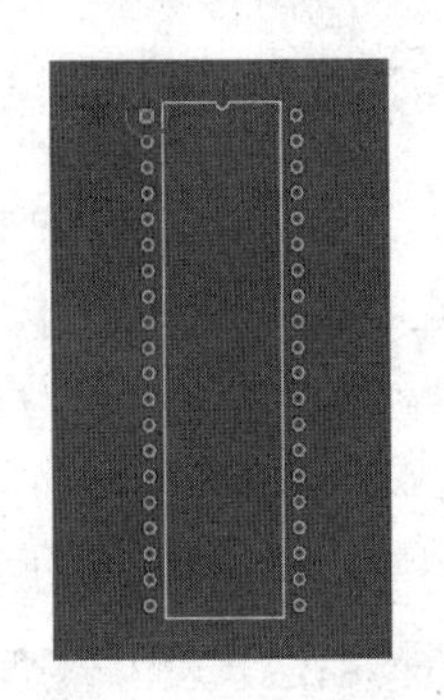

图 4-66　DIP40 元件封装

4.4.4　手动创建不规则的 PCB 元件封装

对于一些引脚数目比较少或者形状不规则的封装，一般倾向于手动创建引脚封装。

手动创建元件引脚封装，需要先根据该元件的实际参数，用直线或曲线来表示元件的外形轮廓，然后添加焊盘来形成引脚连接。元件封装的参数可以放置在 PCB 任意层上，但元件的轮廓只能放在顶层覆盖层上，焊盘则只能放在信号层上。

手动创建不规则的 PCB 元件封装步骤如下所述。

1. 创建新的空元件文档

打开 PCB 元件库“自制 PCB 库.PcbLib”，选择菜单命令“工具”→“器件库选项”，这时在“PCB Library”（PCB 元件库）面板内会出现一个名为“PCBCOMPONENT_1” 的空文件。双击“PCBCOMPONENT_1”，在弹出的对话框中将元件名称改为“LED8”，如图 4-67 所示。

查找相关手册，按如图 4-68 所示完成 LED8 封装的制作。

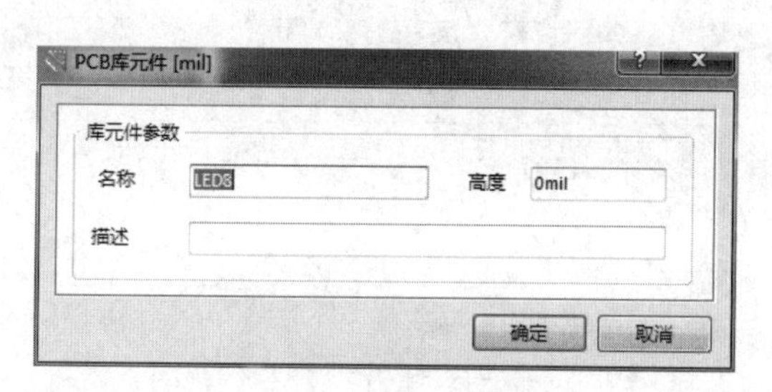

图 4-67　重命名元件

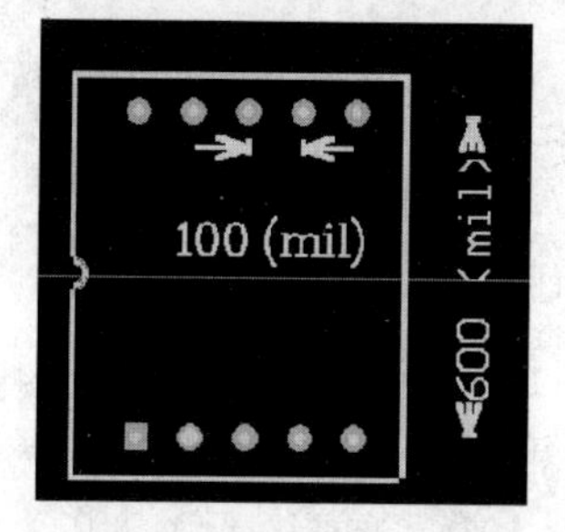

图 4-68　LED8 封装参考图

2. 元件库选项设置

选择菜单命令“工具”→“器件库选项”，或在工作区中单击鼠标右键，在弹出的快捷菜单中选择“器件库选项”命令，即可打开“板选项”对话框，如图 4-69 所示，按图进行属性设置。

图 4-69　“板选项”对话框

其他选项保持默认设置，单击“确定”按钮，完成“板选项”对话框的设置。

3. 工作区颜色设置

颜色可自由设置，这里不再详细叙述。

4. 优先选项设置

选择菜单命令“工具”→“优先选项”，或在工作区单击鼠标右键，在弹出的快捷菜单中选择“选项”→“优先选项”命令，即可打开“参数选择”对话框，如图 4-70 所示，按图进行属性设置。

图 4-70 “参数选择”对话框

单击“确定”按钮，退出对话框。

5. 设置元件参考点

选择菜单命令“编辑”→“设置参考点”→“定位”，在 PCB 封装编辑器中的合适位置单击鼠标，出现原点标记。这样在工作区的坐标原点处就会出现一个原点标记。

6. 放置焊盘

在“Top Layer”（顶层）选择菜单命令“放置”→“焊盘”，光标上将悬浮一个“十”字形光标和一个焊盘，单击鼠标确定焊盘的位置。按照同样的方法放置另外十个焊盘。

7. 编辑焊盘属性

按下 Tab 键进入“焊盘”属性对话框，如图 4-71 所示。

从LED8的封装数据可以看出，纵向焊盘与焊盘的中心间距为600mil，横向间距为100mil。可以通过设置跳转栅格来快速放置焊盘，单击工具栏上的▦·按钮，设置跳转栅格为 100mil，按照引脚序号和间距一一摆放焊盘。

放置完毕的焊盘如图 4-72 所示。

放置焊盘完毕后，需要绘制元件的轮廓线。所谓元件轮廓线，就是该元件封装在电路板

上占据的空间大小，轮廓线的形状和大小取决于实际元件的形状和大小，通常需要测量实际元件。

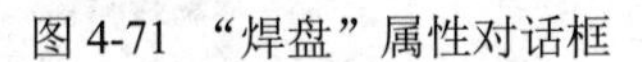

图 4-71　“焊盘”属性对话框

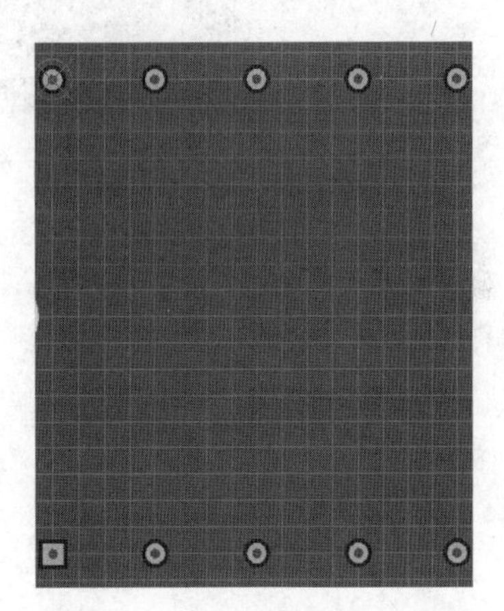

图 4-72　放置完毕的 10 个焊盘

8. 绘制一段直线

单击工作区窗口下方标签栏中的“Top Overlay”（顶层覆盖），将活动层设置为顶层覆盖层。选择菜单命令“放置”→“线”，光标变为“十”字形，单击鼠标确定直线的起点，再移动鼠标就可以拉出一条直线。用鼠标将直线拉到合适位置，在此单击鼠标确定直线终点。单击鼠标右键或按 Esc 键结束绘制，结果如图 4-73 所示。

9. 绘制一条弧线

选择菜单命令“放置”→“线”，光标变为“十”字形，将光标移至坐标原点，先单击鼠标确定弧线的圆心，然后将鼠标移至直线的任一个端点，单击鼠标确定圆弧的直径。再在直线两个端点处两次单击鼠标确定该弧线，结果如图 4-74 所示。单击鼠标右键或按 Esc 键结束绘制。

至此，手工封装就制作完成了，可以看到“PCB Library”面板的元件列表中多出了一个 LED8 的元件封装图，如图 4-75 所示。“PCB Library”面板中列出了该元件封装的详细信息，如图 4-76 所示。

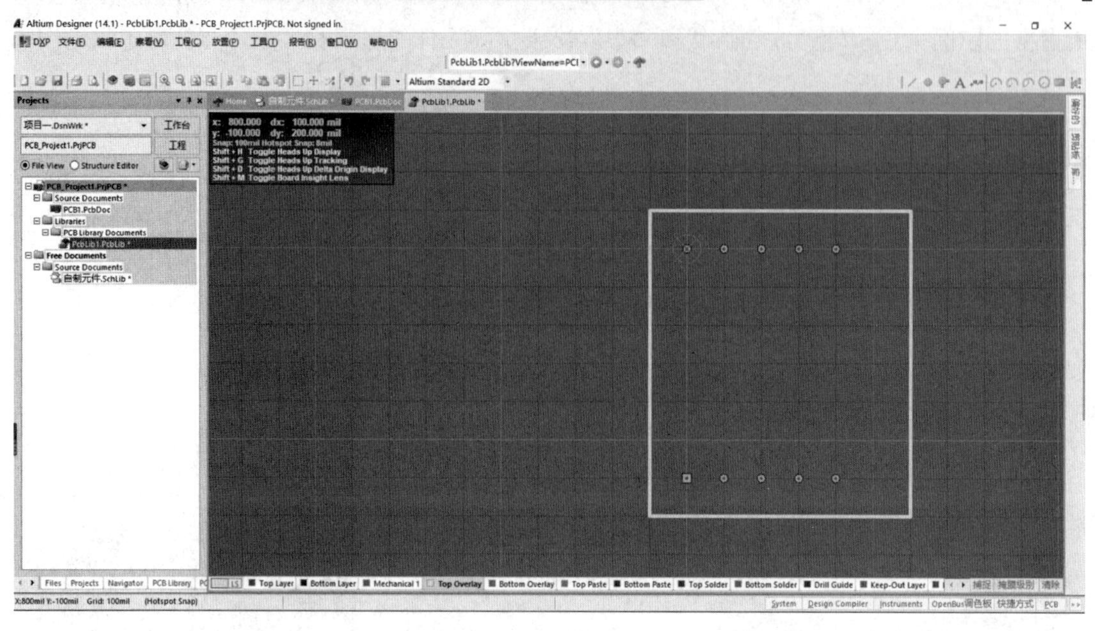

图 4-73　绘制轮廓线

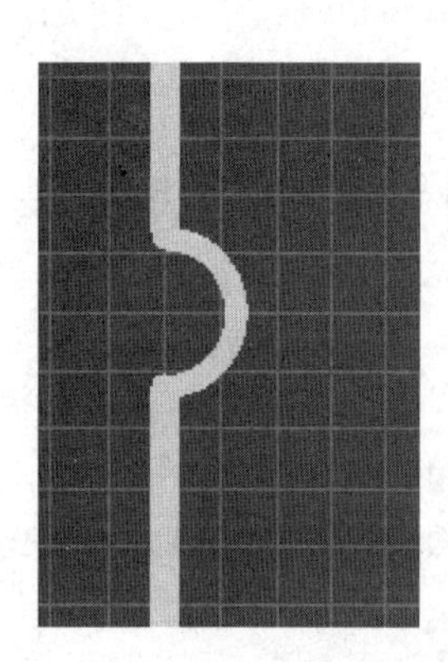

图 4-74　绘制完成的弧线

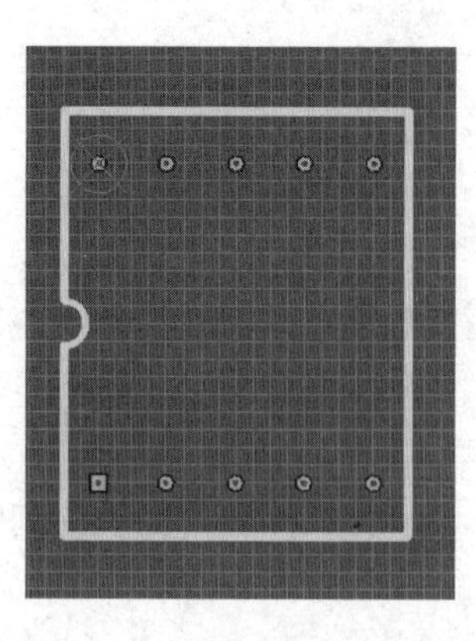

图 4-75　LED8 的元件封装图

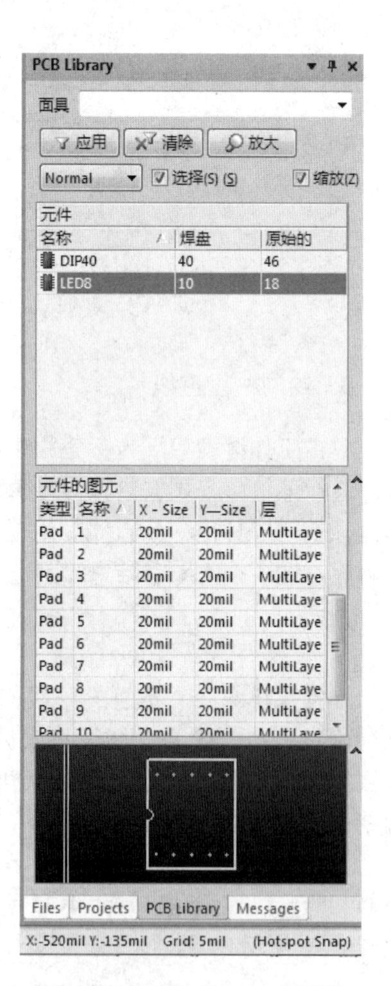

图 4-76　“PCB Library”面板

4.4.5　元件封装报表

元件封装报表是了解元件封装详细信息的重要资料。Altium Designer 14 的元件封装编辑器的“报告”菜单中，提供了元件封装和元件库封装的系列报表。通过报表可以了解某个元件封装的信息，对元件封装进行自动检查，也可以了解整个元件库的信息。为了检查已绘制好的元件封装，菜单中提供了“测量”命令。“报告”菜单如图 4-77 所示。

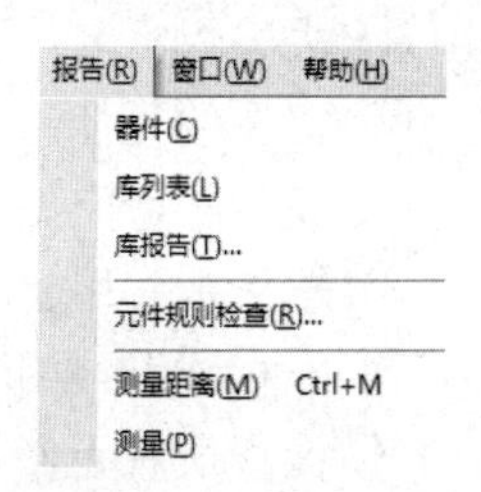

图 4-77　“报告”菜单

4.4.6　元件封装信息报表

在“PCB Library”面板的元件封装列表中选中一个元件后，选择菜单命令“报告”→“器件”，系统将自动生成该元件符号的信息报表，工作窗口中将自动打开生成的报表。如图 4-78 所示为查看元件封装信息时的界面。该报表文件中详细显示了新创建的元件封装的所有信息，包括元件封装名称、所在库、创建时间、尺寸大小、焊盘数量、直线（圆弧、文本等）的数量和所在层。

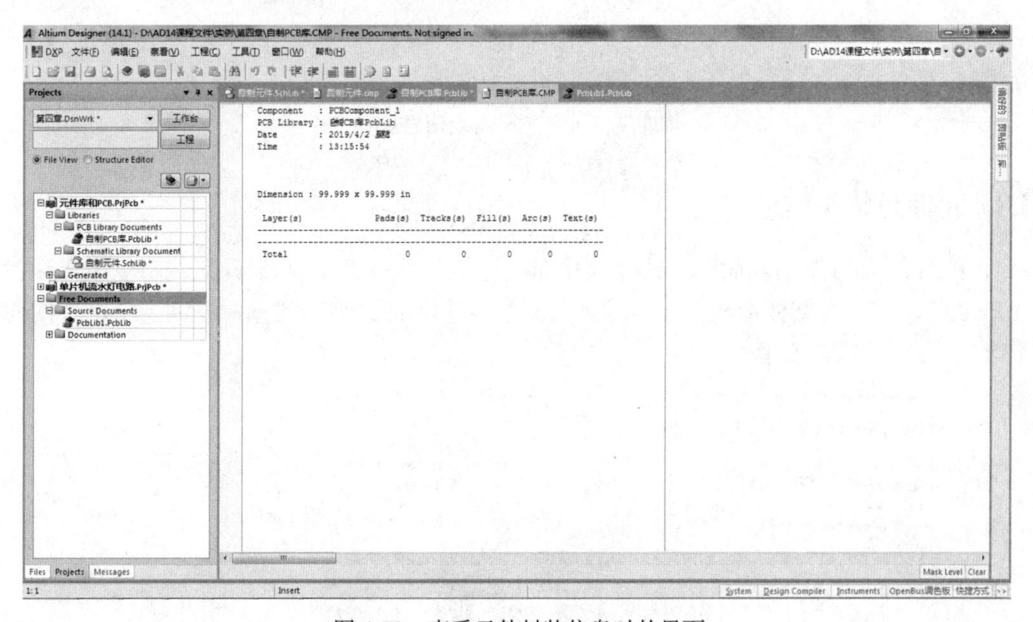

图 4-78　查看元件封装信息时的界面

4.4.7　元件封装规则检查报表

Altium Designer 14 提供了自动检测元件封装错误的功能。选择菜单命令“报告”→“元件规则检查”，系统将弹出如图 4-79 所示的对话框，在该对话框中可以设置元件符号错误检测的规则。

（1）“副本”选项组。

① 焊盘：用于检查元件封装中是否有重名的焊盘。

② 原始的：用于检查元件封装中是否有重名的边框。

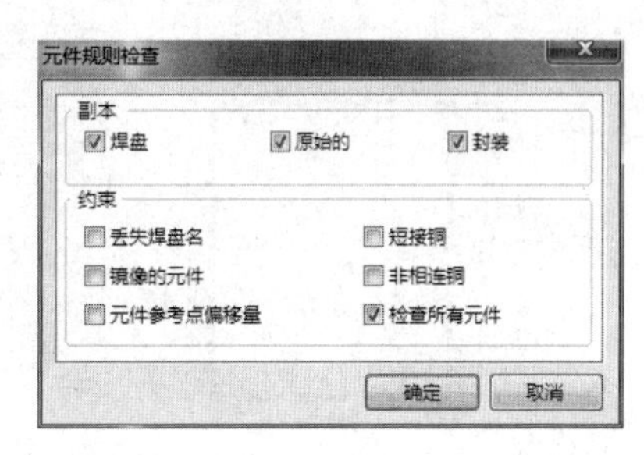

图 4-79　“元件规则检查”对话框

③ 封装：用于检查元件封装中是否有重名的封装。

（2）“约束”选项组。

① 丢失焊盘名：用于检查元件封装中是否缺少焊盘名称。

② 镜像的元件：用于检查元件封装库中是否有镜像的元件封装。

③ 元件参考点偏移量：用于检查元件封装中元件参考点是否偏离元件实体。

④ 短接铜：用于检查元件封装中是否存在短路的导线。

⑤ 非相连铜：用于检查元件封装中是否存在未连接的铜箔。

⑥ 检查所有元件：用于确定是否检查元件封装库中的所有封装。

保持默认设置，单击“确定”按钮，将自动生成如图 4-80 所示的元件符号错误信息报表。从报表可见，如果存在错误，将在“Warnings”栏中详细列举出来；如果没有错误，“Warnings”栏将是空的，不显示任何信息。

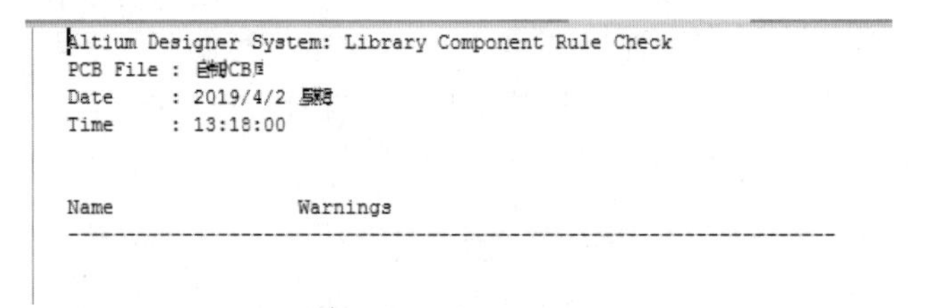

图 4-80 元件符号错误信息报表

4.4.8 元件封装库信息报表

在 PCB 元件编辑器界面中，选择菜单命令“报告”→“库列表”，系统将生成元件封装库报表文件，该报表文件中显示了当前元件封装库中元件封装的数量，并列出了所有的元件封装名称，如图 4-81 所示。

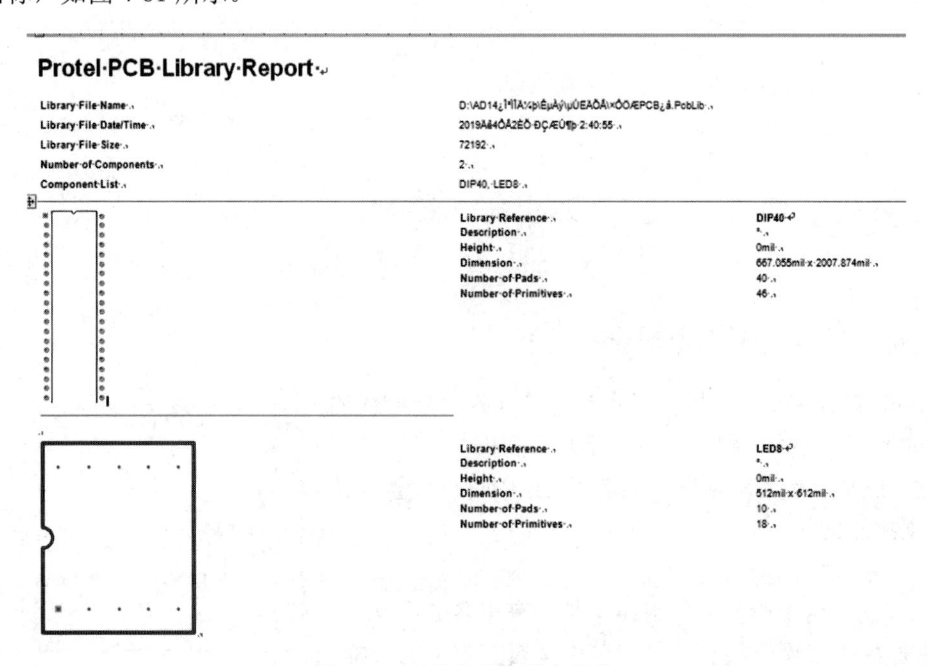

图 4-81 元件封装库报表文件

4.4.9　PCB 库的自动生成

Altium Designer 14 提供了从 PCB 文件生成封装库文件的功能，其可以自动生成元件封装库，并将 PCB 文件中所有用到的元件封装导入该封装库中。其操作步骤如下：

打开一个 PCB 文件，在 PCB 编辑器中选择菜单命令“设计”→“生成 PCB 库”，系统将创建一个与当前 PCB 文件同名的封装库，并将当前 PCB 文件中的所有封装添加到该库中。新生成的封装库处于打开状态，在封装库编辑器的“PCB Library”面板中可以查看所有封装，如图 4-82 所示。

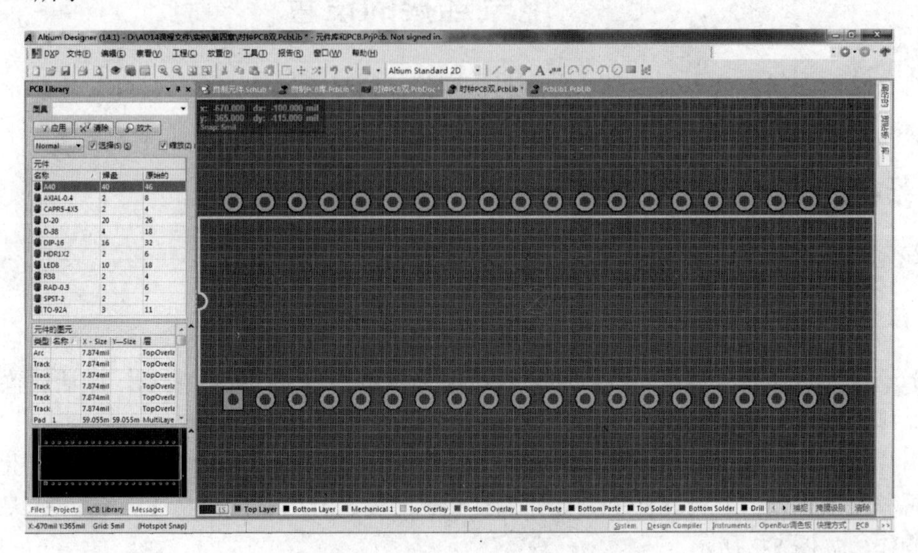

图 4-82　自动生成的 PCB 封装库

第五章　原理图的高级应用

5.1　电气连接的设置

元件放置好之后，就要对电气连接进行设置了，这样可以让没有关联的元件之间形成逻辑连成各个电路功能网。

5.1.1　绘制导线及设置导线属性

导线是用来连接电气元件、具有电气特性的连线。

1. 绘制导线

（1）选择菜单命令“放置”→“线”或者单击按钮≈，如图 5-1 所示，激活放置状态，使鼠标光标变成“十”字形。

（2）先选择一个元件的引脚处作为起点，将鼠标靠近引脚，光标会自动吸附到引脚上，单击，再移动鼠标到另外的元件引脚处作为终点，单击鼠标右键或者按 Esc 键，结束此次绘制导线操作，如图 5-2 所示。

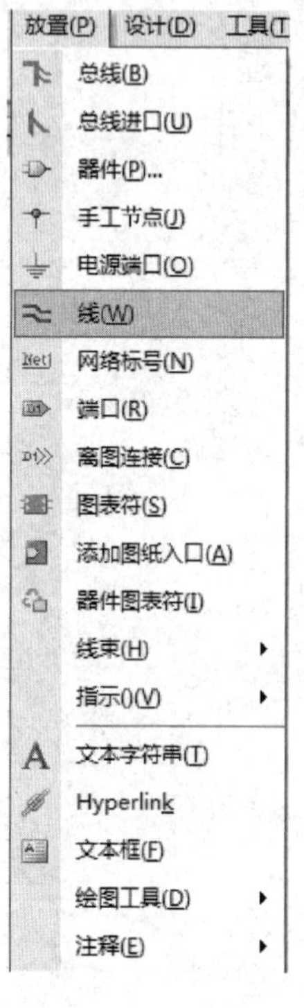

图 5-1　菜单命令

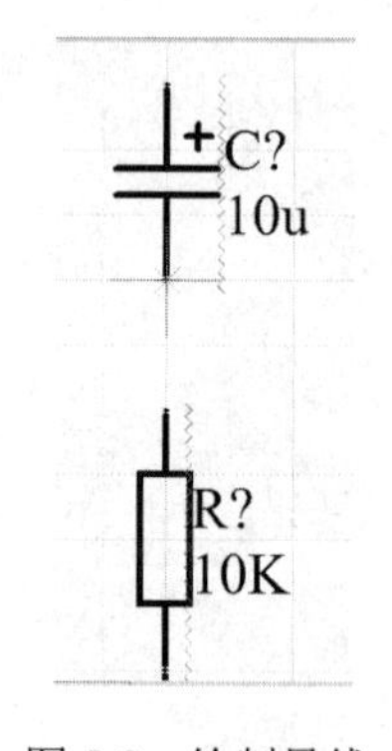

图 5-2　绘制导线

2. 导线属性设置

在导线放置状态下按下 Tab 键，可以对导线属性进行设置，如图 5-3 所示。

（1）颜色：设置颜色，主要是有针对性地对一些网络进行颜色设置，如一些大电流的走线设置为红色，方便设计者或者 PCB 工程师进行识别。

（2）线宽：设置线宽。

（3）锁定：为了不使导线随意移动，可以选择锁定操作，锁定之后每次移动都会提示是否进行解锁操作，如图 5-4 所示，可以有效减少误操作。

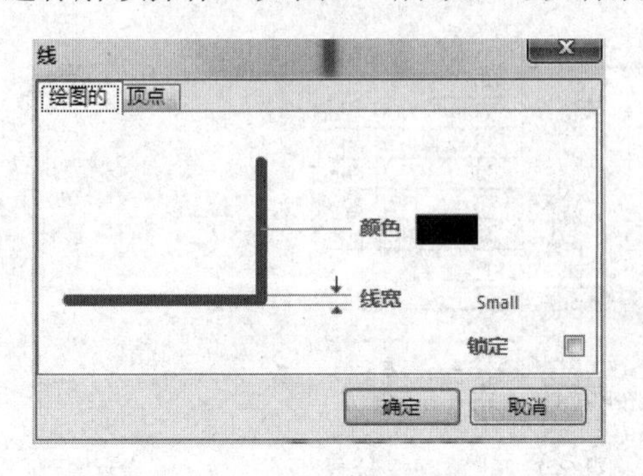

图 5-3　导线属性设置

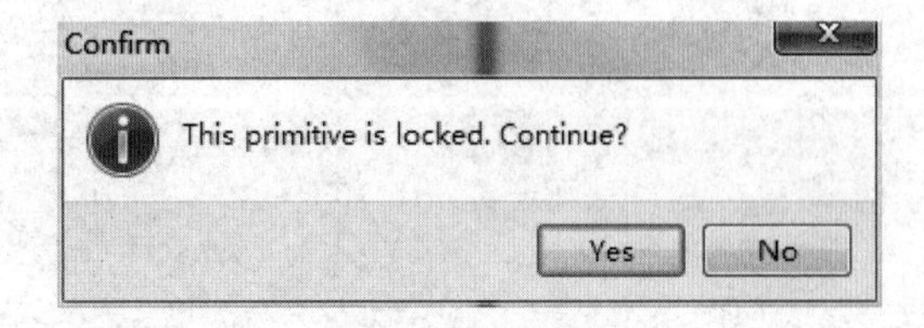

图 5-4　解锁提示

（4）布线角度切换：在布线状态下可以按组合键“Shift+空格键”切换布线角度，如图 5-5 所示，系统提供了 3 种布线角度以供切换。

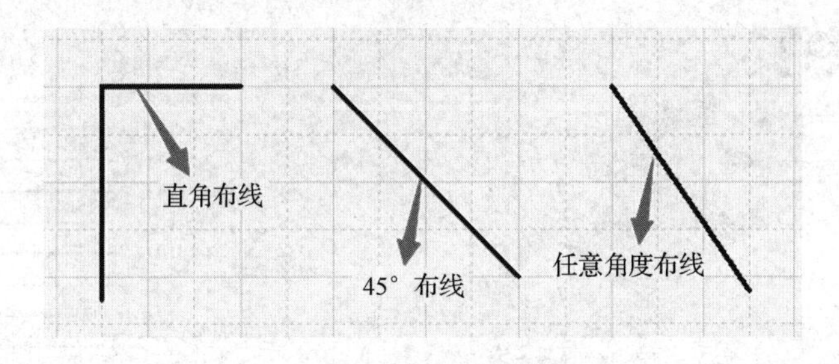

图 5-5　布线角度切换

5.1.2　放置网络标号

对于一些比较长的连接网络或者数量比较多的网络连接，绘制时如果全部采用导线连接的方式去连接，很难从表观上去识别连接关系，不方便设计。这个时候可以采取网络标号方式来协助设计，它也是网络连接的一种。

（1）选择菜单命令“放置”→“网络标号”或者单击按钮，如图 5-6 所示，激活放置状态。

（2）把网络标号放置到导线上，如图 5-7 所示，这个时候放置的网络标号都是流水号。

（3）在放置状态下按下 Tab 键，或双击放置好的网络标号，可以进行属性设置，如图 5-8 所示。可以对网络标号的颜色、名称、是否锁定进行设置。一般来说主要是设置好名称，增强原理图的可读性，如图 5-9 所示为设置完成的网络标号。

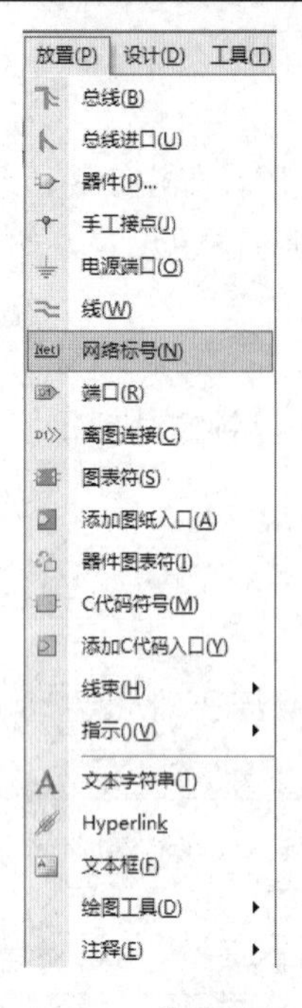

图 5-6 菜单命令

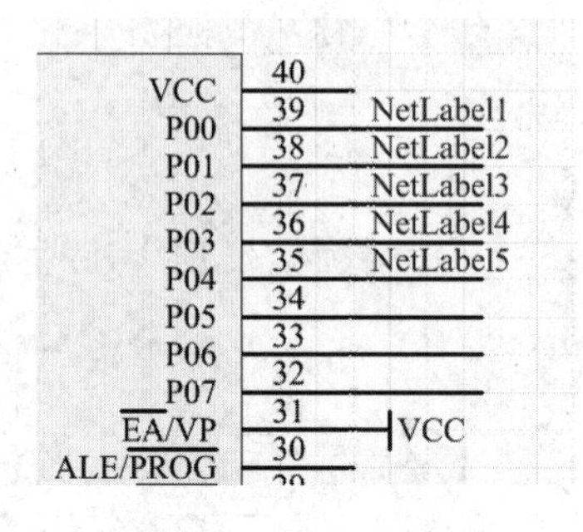

图 5-7 放置网络标号

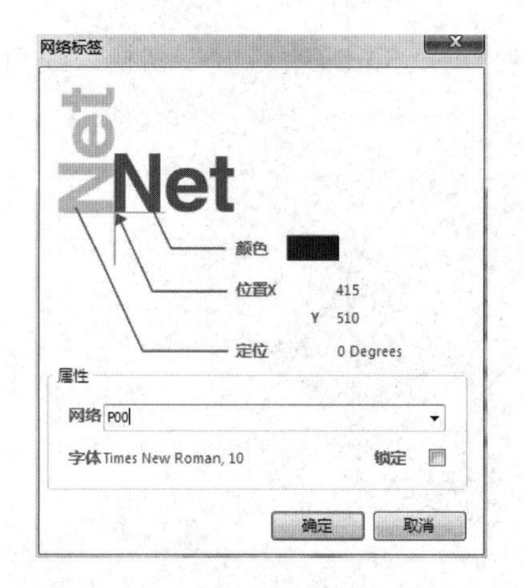

图 5-8 属性设置

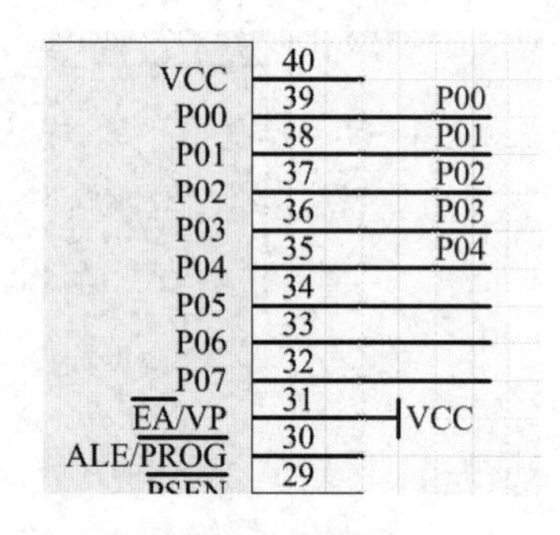

图 5-9 设置完成的网络标号

5.1.3 放置电源及接地

Altium Designer 专门提供了电源和接地的符号，是特殊的网络标号。这里针对两种常用的放置方法进行讲述。

1. 直接放置法

（1）单击按钮，可以直接放置接地符号。

（2）单击按钮，可以直接放置电源符号。

（3）单击“实体”工具栏中的按钮，可以打开如图 5-10 所示的常用电源端口菜单，选择需要放置的端口类型进行放置即可。

2. 菜单放置法

可以利用菜单命令及端口属性设置来放置需要的电源端口。

（1）选择菜单命令“放置”→“电源端口”，激活放置状态。

（2）在放置状态下按下 Tab 键，进入如图 5-11 所示的“电源端口”属性设置对话框。

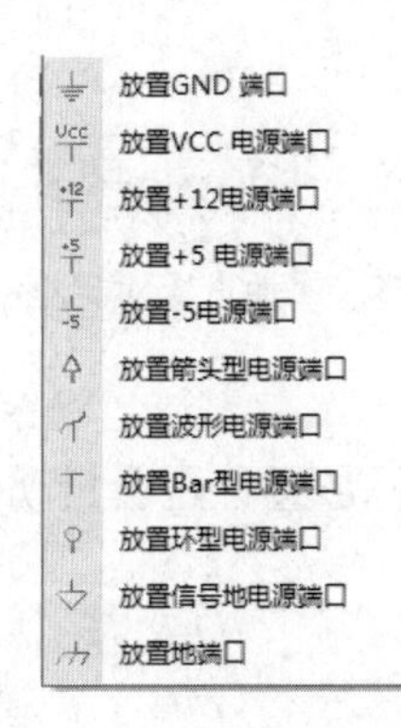

图 5-10 常用电源端口菜单

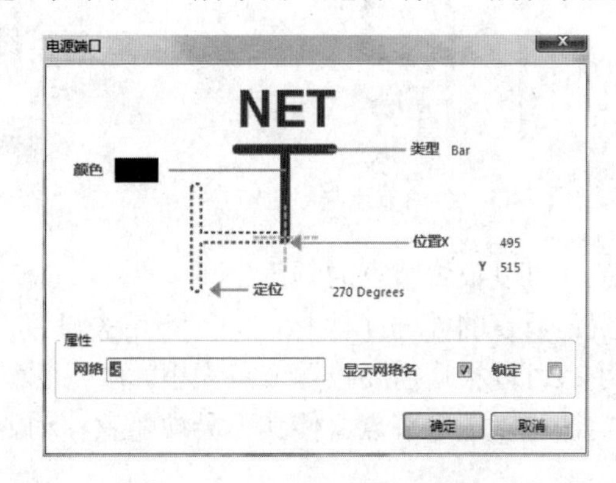

图 5-11 “电源端口”属性设置对话框

① 颜色：可以设置显示颜色。

② 类型：可以设置显示图形形状，Altium Designer 提供了多种图形形状供设计者选择，如图 5-12 所示。

名　称	图　形	名　称	图　形
Circle		Arrow	
Bar		Wave	
Power Ground		Signal Ground	
Earth			

图 5-12 常见电源端口显示图形形状

③ 位置：可以输入 X 和 Y 的坐标。

④ 定位：可以设置端口符号的放置角度。

⑤ 网络：可以设置端口网络名称，不管电源端口被设计者选择设计成什么形状，但是对线路起作用的还是此处的网络名称，它是网络连接关系的标识。

⑥ 显示网络名：可以使能显示网络名称或者隐藏网络名称。

⑦ 锁定：可以锁定电源端口，使其不会被随意移动。

5.1.4 放置节点

电气节点分为自动节点和手工节点，如图 5-13 所示。自动节点一般在绘制两条相交的导线时自动出现，移动时自动消失；相反，手工节点需要选择菜单命令“放置”→“手工节点”进行放置。

在放置状态下按下 Tab 键，可以进入节点属性设置对话框，如图 5-14 所示。

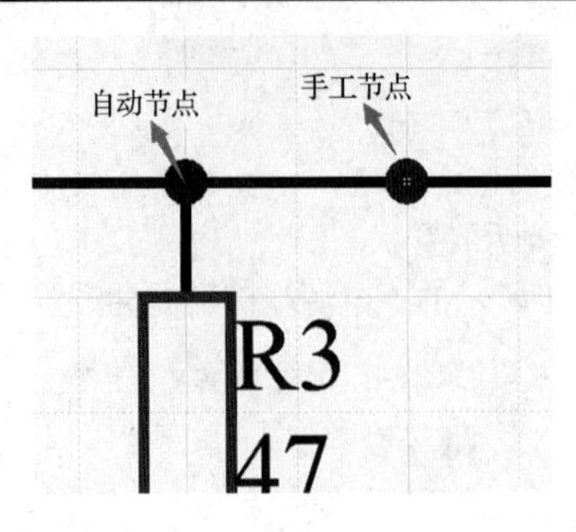

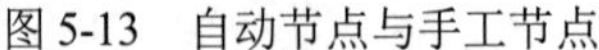
图 5-13　自动节点与手工节点

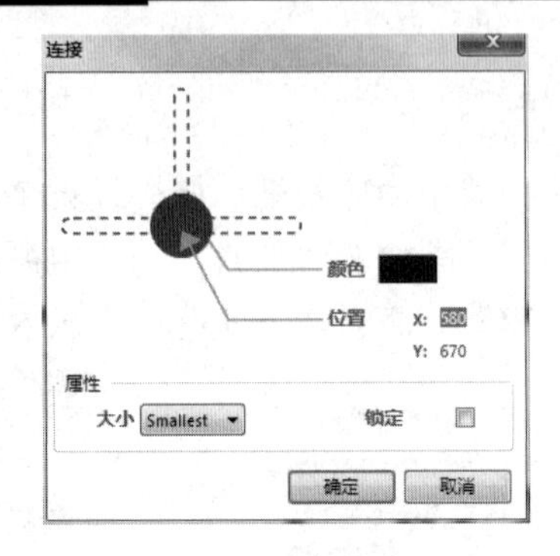

图 5-14　节点属性设置对话框

（1）颜色：可以设置节点的颜色。

（2）位置：节点的 X 与 Y 坐标，一般不用去设置，根据鼠标放置位置会自动变化。

（3）大小：可以根据需要设置节点大小。

（4）锁定：可以锁定节点，使其不会被随意移动。

5.1.5　放置页连接符

有时候要用到多张图纸功能，这时需要考虑图纸页和图纸页间的线路连接。在单张图纸中，可以通过简单的网络标号（Net Label）来实现网络连接；而在多张图纸中，简单的网络标号无法满足连接要求，需要用到页连接符。网络连接涉及的网络标识符（如图 5-15 所示）比较多，下面具体介绍。

表 示 形 式	名　　称
NetLabel	Net Label
Port	Port
OffSheet	Off Sheet Connector
VCC	Power Port
VCC	Sheet Entry

图 5-15　网络标识符

（1）Net Label：网络标号，在单张图纸内，它们可以代替导线来表示元件之间的连接；在多张图纸中，其功能未变，但只能表示单张图纸内部的连接。选择菜单命令“放置”→“网络标号”可以进行放置。

（2）Port：端口，既可以表示单张图纸内部的网络连接，也可以表示图纸页与图纸页之间的网络连接，常见于层次原理图设计中。选择菜单命令“放置”→“端口”可以进行放置。

（3）Off Sheet Connector：跨图纸接口，用于不同原理图页之间的电气连接，可以把连接的电气属性扩大到整个工程。选择菜单命令“放置”→“离图连接”可以进行放置。

（4）Power Port：电源端口，完全忽视工程结构，全局连接所有端口。选择菜单命令“放置”→“电源端口”可以进行放置。

（5）Sheet Entry：图纸入口，总是垂直连接到图表符所调用的下层图纸端口，常见于层次原理图设计中。选择菜单命令“放置”→“添加图纸入口”可以进行放置。

不管放置哪种网络标识符，在放置状态下按下 Tab 键都可以对其属性进行设置，这里以 Off Sheet Connector 为例进行说明，如图 5-16 所示。

① 类型：可以选择方向风格，如图 5-17 所示，方向向左可以形象地表示接收信号，方向向右可以形象地表示发射信号。

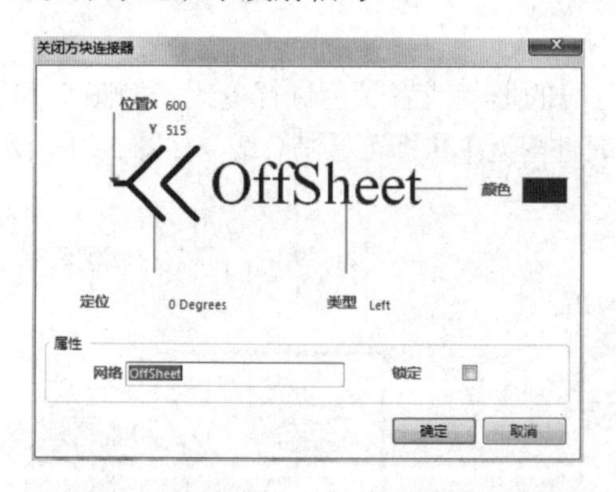

图 5-16　Off Sheet Connector 属性设置

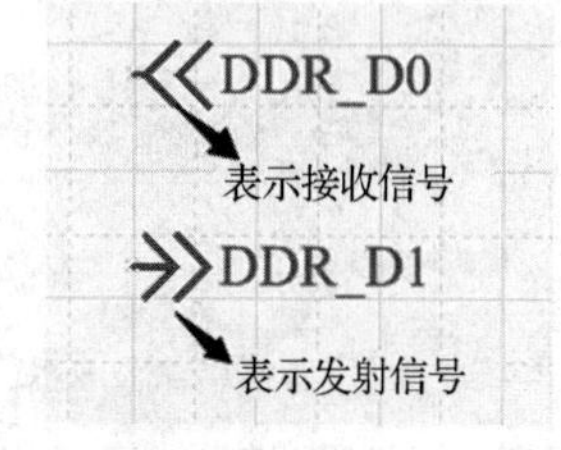

图 5-17　Off Sheet Connector 方向风格设置

② 网络：填写网络名称，这个非常重要，表示的是网络连接关系。

5.1.6　总线的放置

单纯的网络标号虽然可以表示图纸中相连的导线，但是由于连接位置的随意性，给工程人员分析图纸、查找相同的网络标号带来了一定的困难。

总线代表的是具有相同电气特性的一组导线，在具有相同电气特性的导线数目较多的情况下，可采用总线，以方便识图。总线以总线分支引出各条分导线，以网络标号来标识和区分各条分导线。因此，总线、总线分支、网络标号密不可分，如图 5-18 所示。

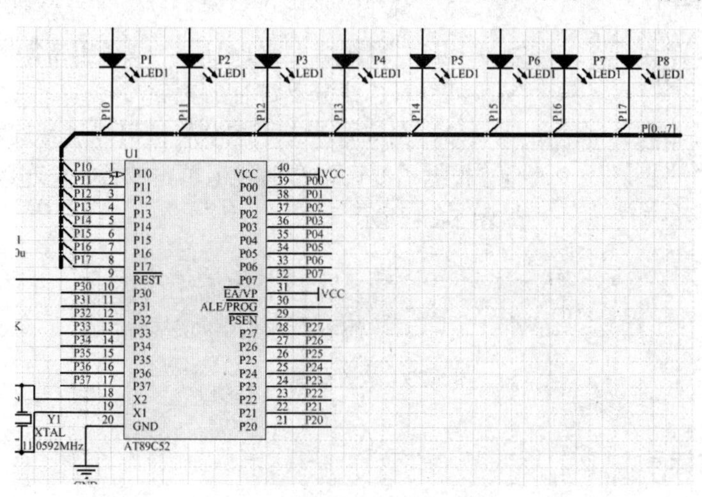

图 5-18　总线、分支、网络标号

1. 放置总线

（1）选择菜单命令“放置”→“总线”（组合键“P+B”），或者直接单击如图 5-19 所示的按钮，进入放置状态。

图 5-19　放置总线

（2）在放置状态下按下 Tab 键，可以对总线的形状或者颜色进行更改，如图 5-20 所示。

（3）和绘制导线类似，在需要绘制总线的元件附近单击即可绘制总线，如图 5-21 所示。

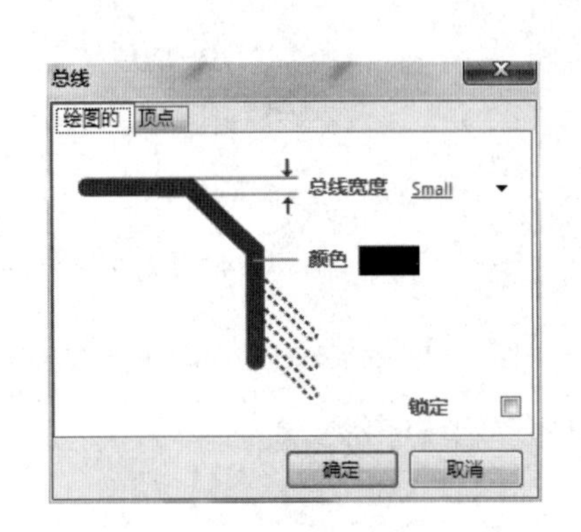

图 5-20　总线属性的更改

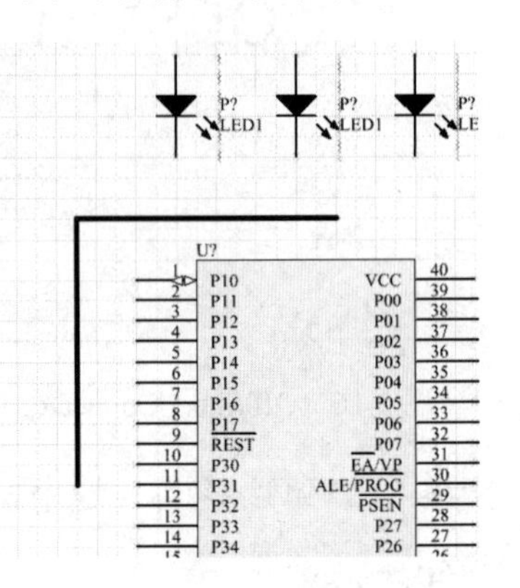

图 5-21　绘制总线

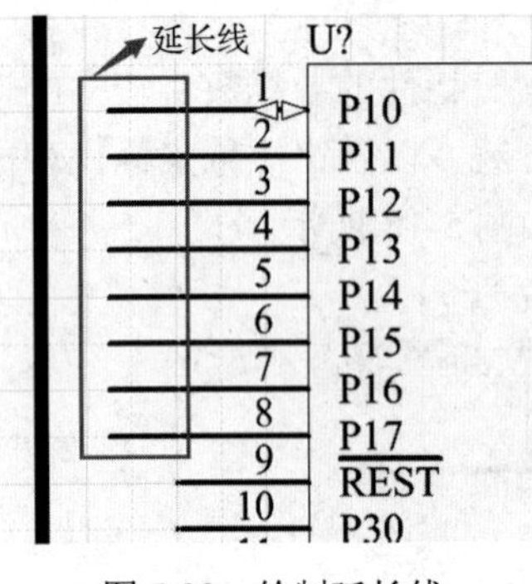

图 5-22　绘制延长线

2. 放置总线分支

（1）按下组合键“P+W”，在元件的引脚上画出一条延长线，如图 5-22 所示。

（2）总线必须配以总线分支，选择菜单命令“放置”→“总线进口”（组合键“P+U”），或者单击如图 5-23 所示的按钮，可以对总线分支进行放置。

（3）在放置状态下按空格键可以进行旋转以调整左右方向，根据需要可以在总线上单击放置，来连接总线和延长线，如图 5-24 所示。

图 5-23　放置总线分支

3. 放置网络标号

使用相同的网络标号可以使未连线的元件引脚、导线、电源及接地符号等形成电气连接。

（1）按下组合键“P+N”，激活网络标号的放置状态。

（2）按下 Tab 键更改网络名称。

（3）单击鼠标连续放置不同序号的网络标号，放置完成之后，单击鼠标右键退出放置状态，如图 5-25 所示。

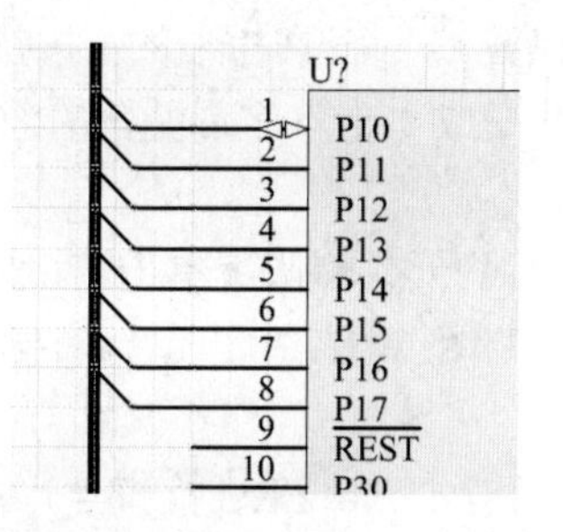

图 5-24　总线分支的放置及与导线的连接

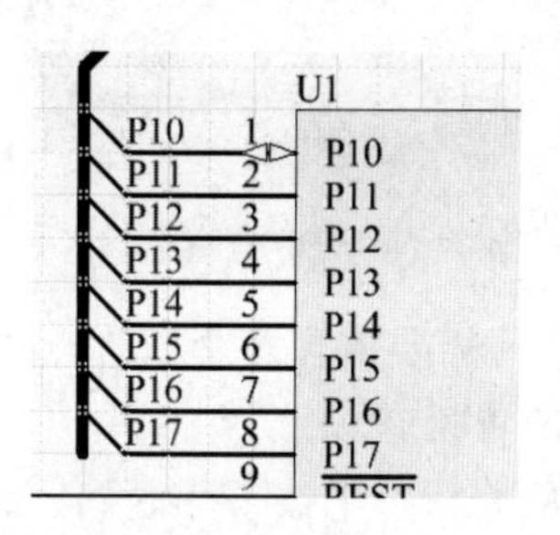

图 5-25　放置网络标号

4. 放置端口

具有相同输入/输出端口名称的电路在电气上也是连在一起的。在一条总线上放置一个端口，在另外一条总线上放置一个相同名称的端口，则表示两条总线在电气上是相连接的。

（1）按下组合键“P+R”或选择菜单命令“放置”→“端口”。

（2）按下 Tab 键设置属性（名称、左右方向、输入/输出）。

（3）先单击确定端口的一个端点，再单击确定其另一个端点，如图 5-26 所示。

（4）端口上面需要放置一个和端口名称一样的网络标号，如图 5-27 所示。

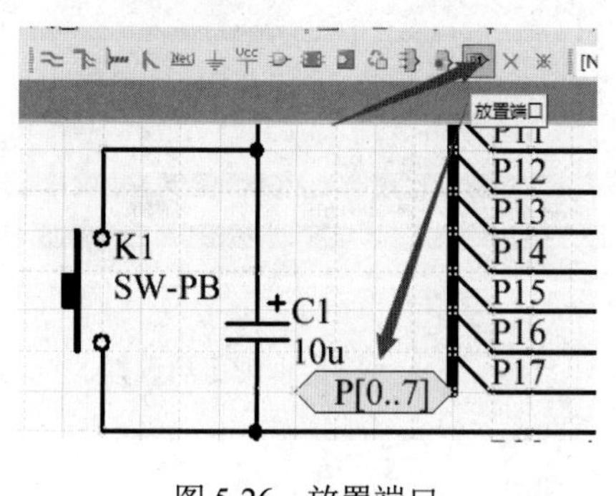

图 5-26　放置端口

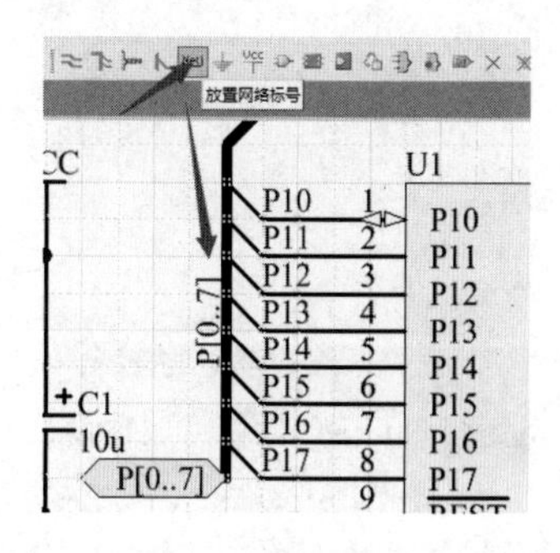

图 5-27　放置网络标号

5.1.7　放置差分标识

在电子设计当中，经常要用到差分走线，如 USB 的 D+与 D−差分信号、HDM 的数据差分与时钟差分等。那么，如何在原理图中添加差分标识呢？

（1）在原理图中，将要设置的差分对的网络名称的前缀取相同的名称，在前缀后面分别加“+”和“−”或者“_P”和“_N”，如“HDMI1+”和“HDMI1−”、“DATA1_P”和“DATAI_N”。

（2）选择菜单命令“放置”→“指示”→“差分对”，出现差分对指示标识，把其放置在差分线的两条线上，如图 5-28 所示。

图 5-28　差分标识的放置

5.1.8　放置 No ERC 检查点

No ERC 检查点即忽略 ERC 检查点，是指该点所附加的元件引脚在进行 ERC 时，如果出现错误或者警告，错误或者警告将被忽略过去，不影响网络报表的生成。忽略 ERC 检查点本身并不具有任何的电气特性，主要用于检查原理图。

图 5-29　放置 No ERC 检查点

（1）单击“画线”工具栏中的按钮，如图 5-29 所示，鼠标指针变成“十”字形并附着忽略 ERC 检查点的形状。

（2）移动鼠标到元件引脚上单击，完成一个 No ERC 检查点的放置，需要放置多个检查点时可以继续移动鼠标并单击，单击鼠标右键或者按下 Esc 键可以退出放置状态。

（3）在放置状态下按下 Tab 键，或者放置完成之后双击 No ERC 检查点，可设置它的属性，如图 5-30 所示，“图形属性”的设置不是重点，主要针对其“电气属性”进行设置。

① 抑制所有违规：不管什么错误都不再报错。

② 抑制特殊的违反：选择性地抑制违规，Altium Designer 提供了 20 种选择，用户可以根据自己的需要去选择，如图 5-31 所示。

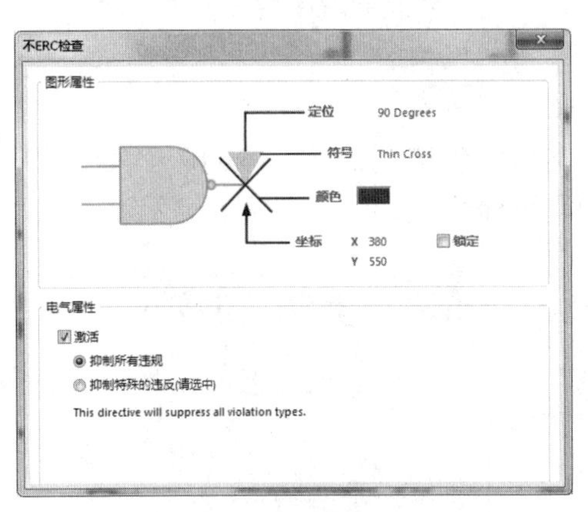

图 5-30　No ERC 检查点属性设置

电气属性

激活
抑制所有违规
抑制特殊的违反(请选中)
This directive will suppress 20 violation types and 153 connection errors.
显示：违反类型　连接矩阵

抑制违反类型	报告模式	抑制
Violations Associated with Buses		☑
Bus indices out of range	警告	☑
Bus range syntax errors	错误	☑
Illegal bus range values	错误	☑
Mismatched bus label ordering	警告	☑
Mismatched bus widths	警告	☑
Mismatched bus-section index ordering	警告	☑
Mixed generic and numeric bus labeling	警告	☑
Violations Associated with Components		☑
Sheet symbol with duplicate entries	错误	☑
Violations Associated with Documents		☑
Port not linked to parent sheet symbol	错误	☑

图 5-31　抑制违规选择

5.1.9　放置注释文字与其属性设置

1. 注释文字的放置

（1）选择菜单命令“放置”→“文本字符串”，或单击辅助工具栏中的按钮，在打开的工具条中单击按钮，出现大“十”字形，“十”字形中心带有系统默认的文字“Text”，如图 5-32 所示。

（2）将光标移到需要放置注释文字的位置，单击放置注释文字，可以连续放置，每单击一次放置一个注释文字。

（3）右击取消放置注释文字状态。

2. 注释文字属性设置

（1）在放置注释文字状态下按下 Tab 键或双击放置好的“Text”，弹出“标注”对话框，如图 5-33 所示。

（2）在“标注”对话框的文本编辑框中输入注释文字。

（3）在“标注”对话框中可以选择字体、颜色及文字对齐方式。

图 5-32　放置注释文字

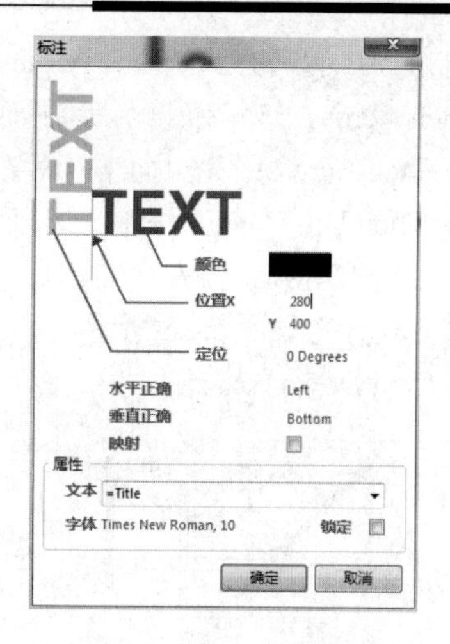

图 5-33 “标注”对话框

（4）注释文字的另外一种编辑方法是在图纸上直接进行编辑，如修改元件标称值。

（5）当放置的注释文字内容较多时，应选择放置文本框，放置方法和属性设置类似。

5.2　元件的全局编辑

5.2.1　元件的重新编号

绘制原理图常需利用复制功能，复制完之后会存在位号重复或者同类型元件编号杂乱的问题，使后期对 BOM 表的整理十分不便。重新编号可以对原理图中的位号进行复位和统一，为设计及维护提供方便。

Altium Designer 提供了非常方便的元件编号功能，选择菜单命令“工具”→“注解”（组合键“T+A+A”），进入“注释”对话框，如图 5-34 所示。

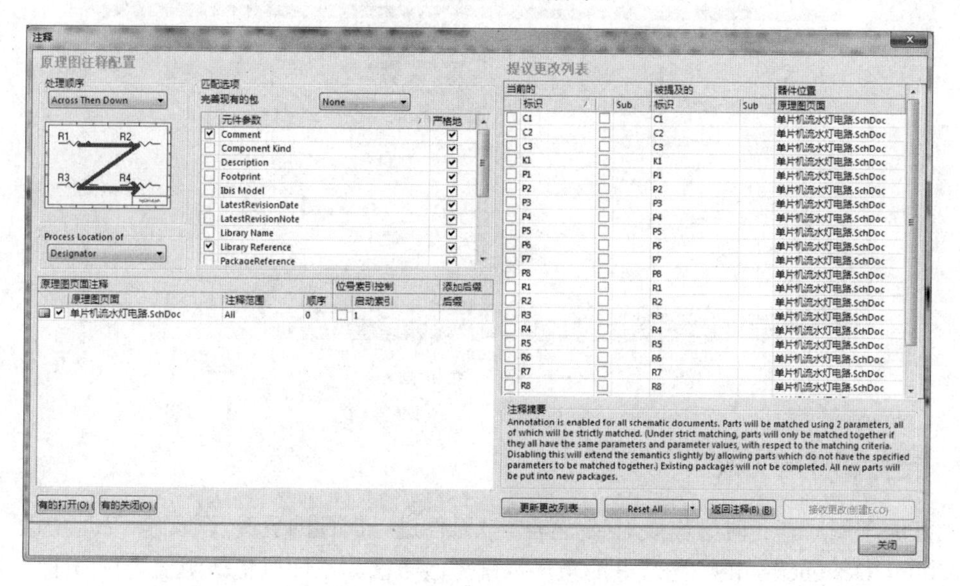

图 5-34 “注释”对话框

（1）处理顺序：编号方式选择，Altium Designer 提供了 4 种编号方式。

① Up Then Across：先下而上，后左而右。

② Down Then Across：先上而下，后左而右。

③ Across Then Up：先左而右，后下而上。

④ Across Then Down：先左而右，后上而下。

4 种编号方式分别如图 5-35 所示。可以根据自己的需求进行选择，不过建议常规选择第 4 种“Across Then Down”方式。

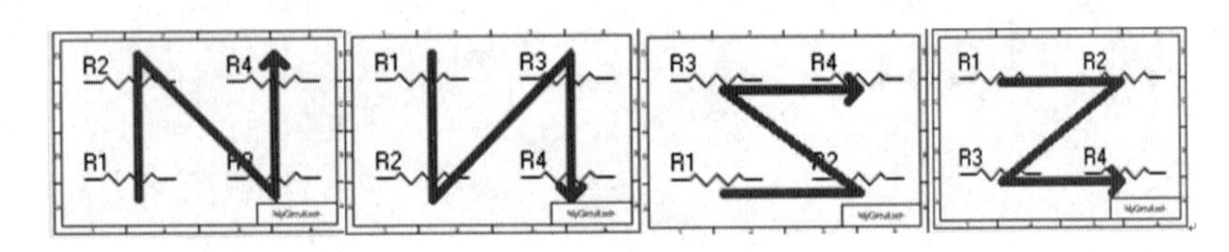

图 5-35　4 种编号方式

（2）匹配选项：编号过滤适配，按照默认设置即可。

（3）原理图页面注释：需要编号的原理图页，用来设定工程中参与编号的原理图页，如果想对此原理图页进行编号，在前面进行勾选，不勾选表示不参与。

（4）提议更改列表：变更列表，列出元件当前编号和新编号。

（5）编号功能按钮如下：

①“Reset All”按钮：复位所有的元件编号，使其变成“字母+?”格式。

②“更新更改列表”按钮：对元件列表进行编号变更，系统就会根据之前选择的编号方式进行编号。

③“接收更改”按钮：使编号变更，实现原理图的变更，会出现工程变更单，如图 5-36 所示，将变更选项提供给用户进行再次确认。

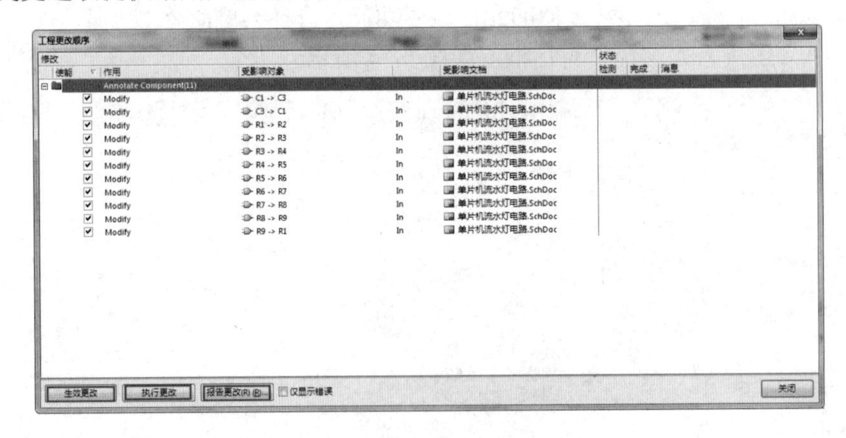

图 5-36　工程变更单

5.2.2　元件属性的更改

画好原理图后，有时又需要对某些同类型元件进行属性的更改，一个一个地更改比较麻烦，Altium Designer 提供了比较好的全局批量更改方法。下面以更改阻值为例来进行说明，其他属性更改，如更改封装、Comment 等信息，可以参考这个方法。

（1）选中 120Ω的电阻 R2，右击，在弹出的快捷菜单中选择“查找相似对象”命令，如图 5-37 所示，进入“发现相似目标”对话框，如图 5-38 所示。

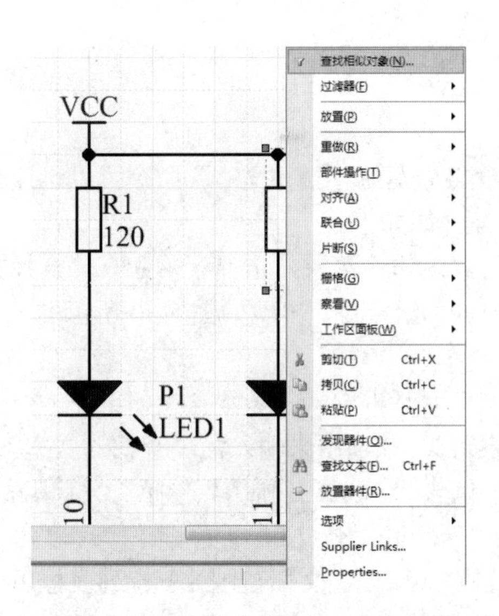

图 5-37　选择“查找相似对象”命令

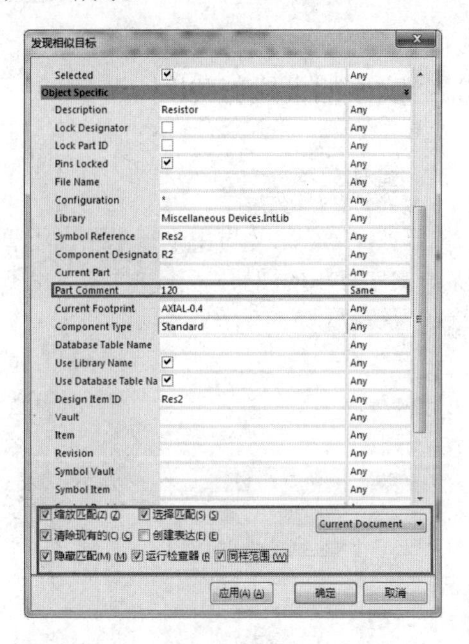

图 5-38　“发现相似目标”对话框

① 在“Part Comment”栏中选择“Same”，表示适配 120Ω的电阻。

② 选择“发现相似目标”对话框下端的“选择匹配”选项，此处一定记得要勾选，否则更改不成功。

③ 选择“运行检查器”选项。

④ 可以选择的适配文档。

- Current Document：当前原理图页。
- Open Document：打开的原理图页。
- Project Documents：工程里面的所有原理图页。

（2）适配后会弹出“SCH Inspector”属性对话框，在“Part Comment”栏中可以全局更改参数值，如图 5-39 所示。

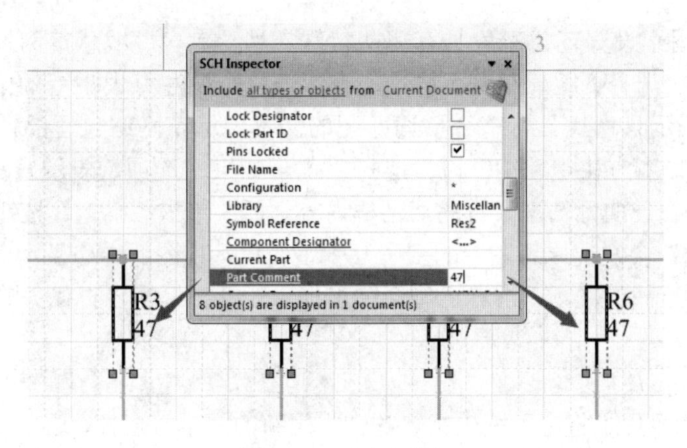

图 5-39　更改参数值

5.3 查找与替换操作

5.3.1 文本的查找与替换

1. 查找文本

“查找文本”命令可用于在电路图中查找指定的文本，运用“查找文本”命令可以迅速找到某一文字标识的图案。“查找文本”命令的使用方法介绍如下。

图 5-40 “发现原文”对话框

（1）首先打开“编辑”菜单，选择菜单命令“查找文本”，或按下“Ctrl+F”组合键，出现如图 5-40 所示的“发现原文”对话框。

在“发现原文”对话框中，各参数含义如下。

①“文本被发现”：该项用来输入需要查找的文本。

②“范围”：包含“Sheet 范围”“选择”“标识符”3 项。

(a)“Sheet 范围”（原理图文档范围）下拉列表框用于设置查找的电路图范围，包含 4 个选项，即“Current Document”（当前文档）、“Project Document”（项目文档）、“Open Document”（打开的文档）和“Document On Path”（设置文档路径）。

(b)“选择”下拉列表框用于设置需要查找的文本对象的范围，共包含“All Objects”（所有项目）、“Selected Objects”（选择项目）和“Deselected Objects”（撤销选择项目）3 个选项。

“All Objects”表示对所有的文本对象进行查找，“Selected Objects”表示对选中的文本对象进行查找，而“Deselected Objects”表示对没有被选中的文本对象进行查找。

(c)“标识符”下拉列表框用于设置查找的电路图标识符范围，该下拉列表框包含 3 个选项，即“All Identifiers”（所有 ID）、“Net Identifiers Only”（网络 ID）和“Designators Only”（仅标号）。

③“选项”：用于设置查找对象具有哪些特殊属性，包含“敏感案例”“仅完全字”“跳至结果”3 个选项。选择“敏感案例”选项，表示查找时要注意大小写的区别；而选择“仅安全字”选项，表示只查找具有整个单词匹配的文本，标识网络包含的内容有网络标号、电源端口、I/O 端口和方块电路 I/O 口；选择“跳至结果”选项，表示查找后跳到结果处。

（2）用户按照自己实际情况设置完对话框内容之后，单击“确定”按钮，开始查找。

如果查找成功，会发现原理图中的视图发生了变化，视图的中心显示出要查找的文本。如果没有找到需要查找的文本，屏幕上则会弹出提示对话框，警告查找失败。

2. 替换文本

“替换文本”命令用于将电路图中指定的文本用新的文本替换掉，这项操作在需要将多处

相同文本修改成另一文本时非常有用。首先选择“编辑”菜单，从中选择“替换文本”菜单命令，或者按组合键“Ctrl+H”，这时屏幕上就会出现如图 5-41 所示的“发现并替代原文”对话框。

从图 5-40 和图 5-41 可见，“发现原文”和“发现并替代原文”两个对话框非常相似，部分功能是相同的，不同的有以下 2 项。

（1）“替代”：用于输入替换原文本的新文本。

（2）“替代提示”：用于设置是否显示确认替换提示对话框，如果选择该选项，表示在进行替换之前显示，反之不显示。

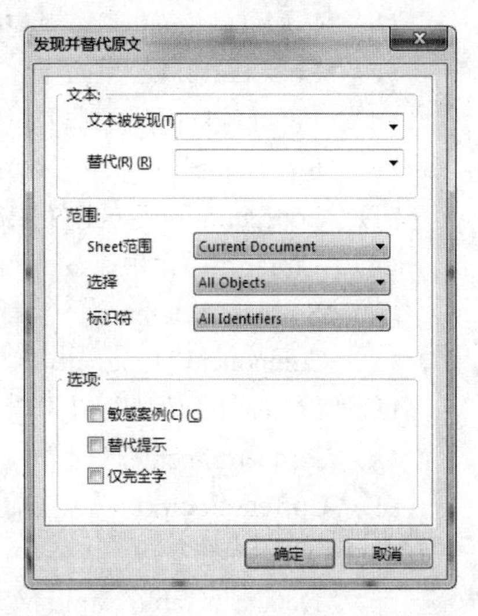

图 5-41 “发现并替代原文”对话框

3. 发现下一处

“发现下一处”命令用于查找下一处指定的文本，也可以利用快捷键 F3 应用这项命令，这个命令比较简单，这里就不多介绍了。

5.3.2 相似对象的查找

原理图编辑器提供了寻找相似对象的功能，具体的操作步骤如下所述。

图 5-42 “发现相似目标”对话框

（1）选择菜单命令“编辑”→“查找相似对象”，指针将变成“十”字形出现在工作窗口中。

（2）移动指针到某个对象上，单击鼠标左键，系统将弹出如图 5-42 所示的“发现相似目标”对话框，在该对话框中列出了该对象的一系列属性，通过对各项属性中寻找匹配程度的设置，可以决定搜索的结果。在“发现相似目标”对话框中，包括如下选项组。

①“Kind”（种类）选项组：用来显示对象类型。

②“Design”（设计）选项组：用来显示对象所在的文档。

③“Graphical”（图形）选项组：用来显示对象的图形属性。

（a）“X1”：X1 的坐标值。

（b）“Y1”：Y1 的坐标值。

（c）“Orientation”（方向）：放置方向。

（d）“Locked”（锁定）：确定是否锁定。

（e）“Mirrored”（镜像）：确定是否镜像显示。

（f）“Show Hidden Pins”（显示隐藏引脚）：确定是否显示隐藏引脚。

（g）“Show Designator”（显示标号）：确定是否显示标号。

④“Object Specific”（对象特性）选项组：用来设置对象特性。

（a）“Description”（描述）：对象的基本描述。

（b）“Lock Designator”（锁定标号）：确定是否锁定标号。

（c）“Lock Part ID”（锁定元件 ID）：确定是否锁定元件 ID。

（d）“Pins Locked”（引脚锁定）：确定是否锁定引脚。

（e）“File Name”（文件名称）：文件名称。

（f）“Configuration”（配置）：文件配置。

（g）“Library”（元件库）：库文件。

（h）“Symbol Reference”（符号参考）：符号参考说明。

（i）“Component Designator”（组成标号）：对象所在的元件标号。

（j）“Current Part”（当前元件）：对象当前包含的元件。

（k）“Part Comment”（元件注释）：关于元件的说明。

（l）“Current Footprint”（当前封装）：当前元件封装。

（m）“Comment Type”（元件类型）：当前元件类型。

（n）“Database Table Name”（数据库中表的名称）：数据库中表的名称。

（o）“Use Library Name”（所用元件库的名称）：所用元件库名称。

（p）“Use Database Table Name（所用数据库表的名称）”：当前对象所用的数据库中表的名称。

（q）“Design Item ID”（设计 ID）：元件设计 ID。

⑤ 在每一栏属性后都有另一栏，在该栏上单击鼠标左键，将弹出下拉列表框，可以选择搜索时对象和被选择的对象在该项属性上的匹配程度，包含以下 3 个选项。

（a）“Same”（相同）：被查找对象的该项属性必须与当前对象的属性相同。

（b）“Different”（不同）：被查找对象的该项属性必须与当前对象的属性不同。

（c）“Any”（忽略）：查找时忽略该项属性。

（3）单击“应用”按钮，在工作窗口中将屏蔽所有不符合条件的对象，并跳转到最近一个符合要求的对象上，此时可以逐个查看这些相似的对象。

5.4 操作实例——单片机流水灯电路

1. 电路图

通过所学知识绘制如图 5-43 所示的电路，电路元件表如图 5-44 所示。

2. 详细步骤

（1）新建文件。新建项目为“项目五”，再新建一个 PCB 工程文件和原理图文件，并进行命名。

（2）放置元件。首先搜索“AT89C52”元件并将其放置到原理图中，在“Miscellaneous Devices.IntLib”元件库中找到电阻、电容、发光二极管、晶振、按键等元件，放置在原理图中，如图 5-45 所示。

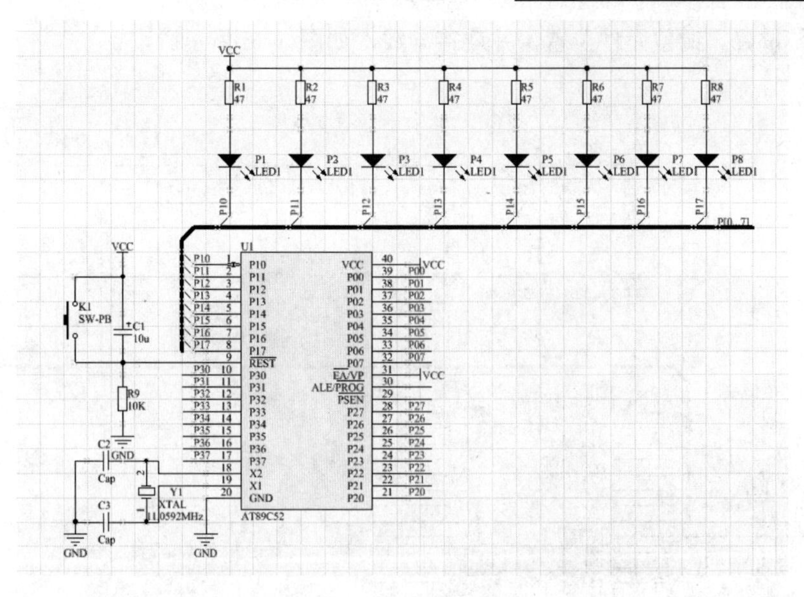

图 5-43 单片机流水灯电路

Comment	Description	Designator	Footprint	LibRef	Quantity
10u	Polarized Capacitor (Axi	C1	POLAR0.8	Cap Pol2	1
Cap	Capacitor	C2, C3	RAD-0.3	Cap	2
SW-PB	Switch	K1	SPST-2	SW-PB	1
LED1	Typical RED GaAs LED	P1, P2, P3, P4, P5, P6, P7,	LED-1	LED1	8
47	Resistor	R1, R2, R3, R4, R5, R6, R	AXIAL-0.4	Res2	8
10K	Resistor	R9	AXIAL-0.4	Res2	1
AT89C52		U1		AT89C52	1
XTAL	Crystal Oscillator	Y1	BCY-W2/D3.1	XTAL	1

图 5-44 单片机流水灯电路元件表

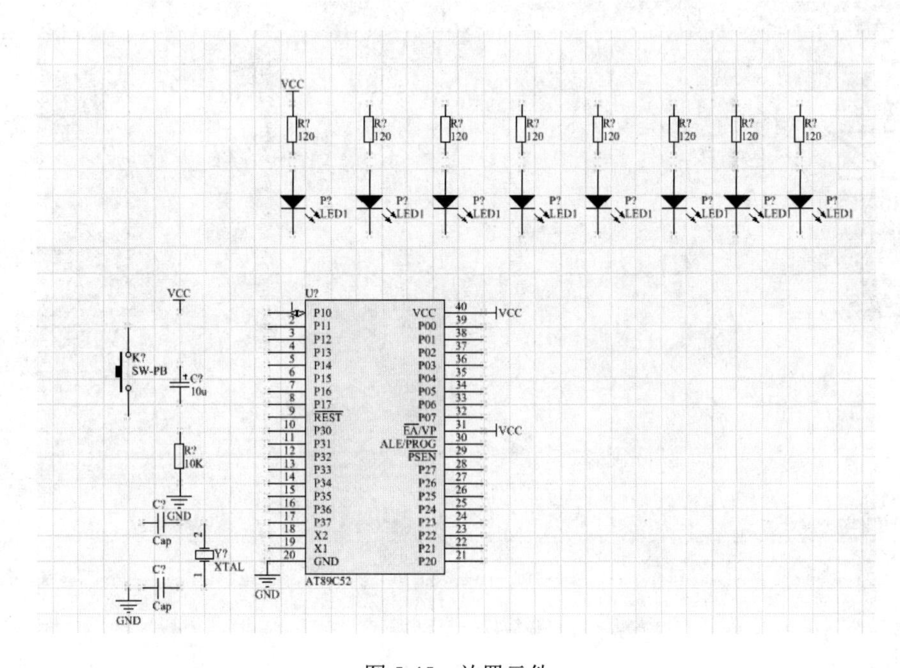

图 5-45 放置元件

（3）调整位置。调整元件位置，并连接导线，如图 5-46 所示。

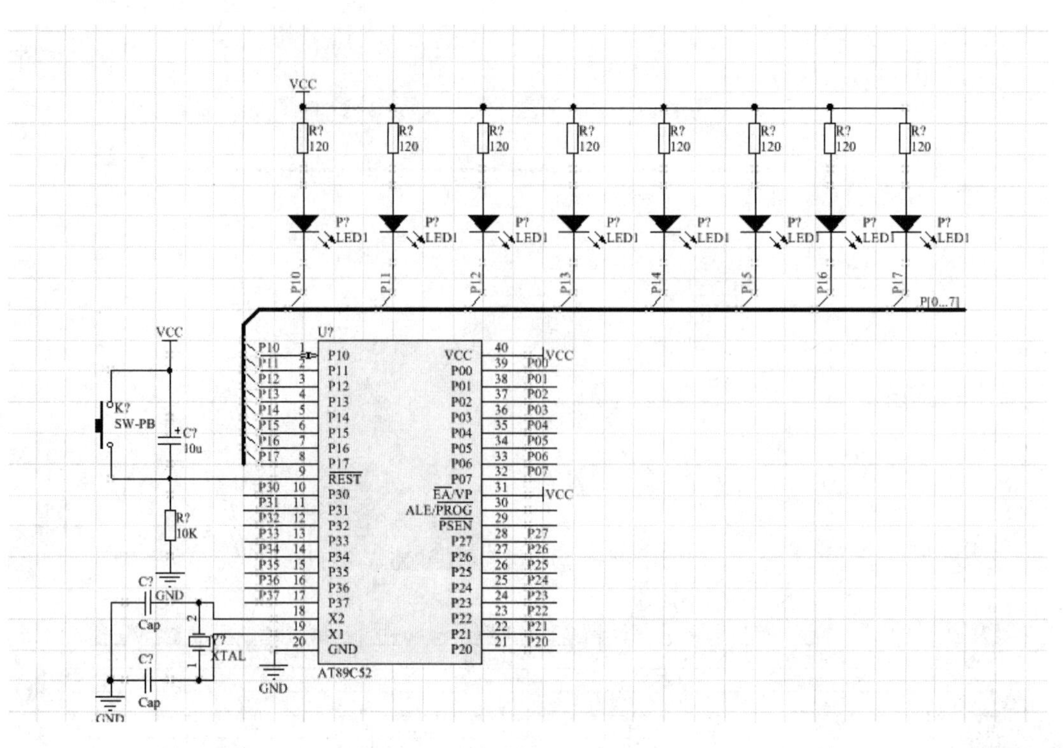

图 5-46　连接导线后的电路图

（4）元件编序。选择菜单命令“工具”→“注解”，弹出如图 5-47 所示的对话框，利用 5.2 节的方法对原理图文件进行自动编号。

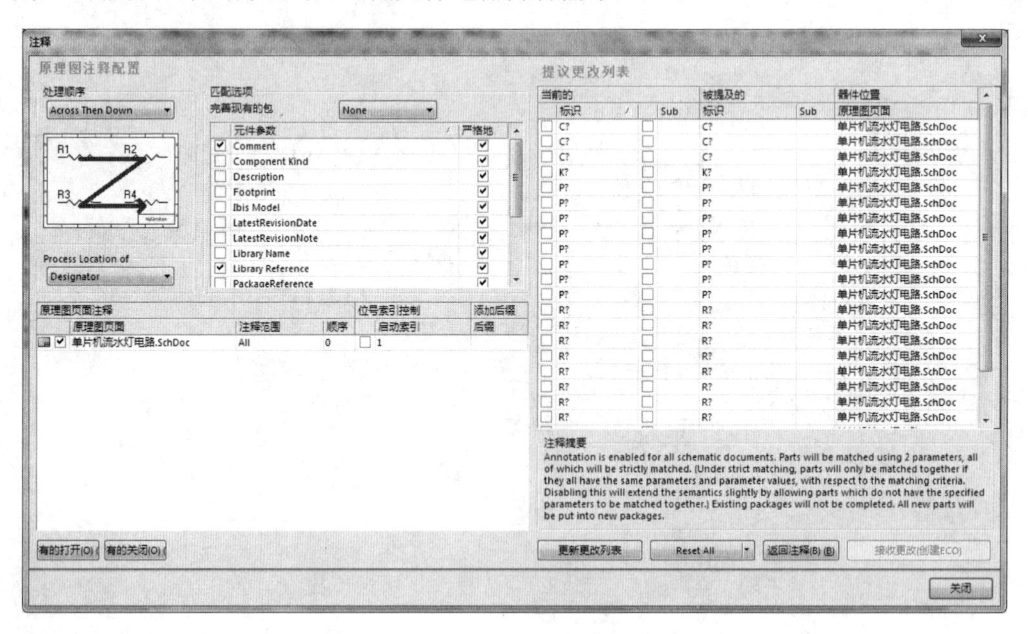

图 5-47　自动编序

修改结果如图 5-48 所示。

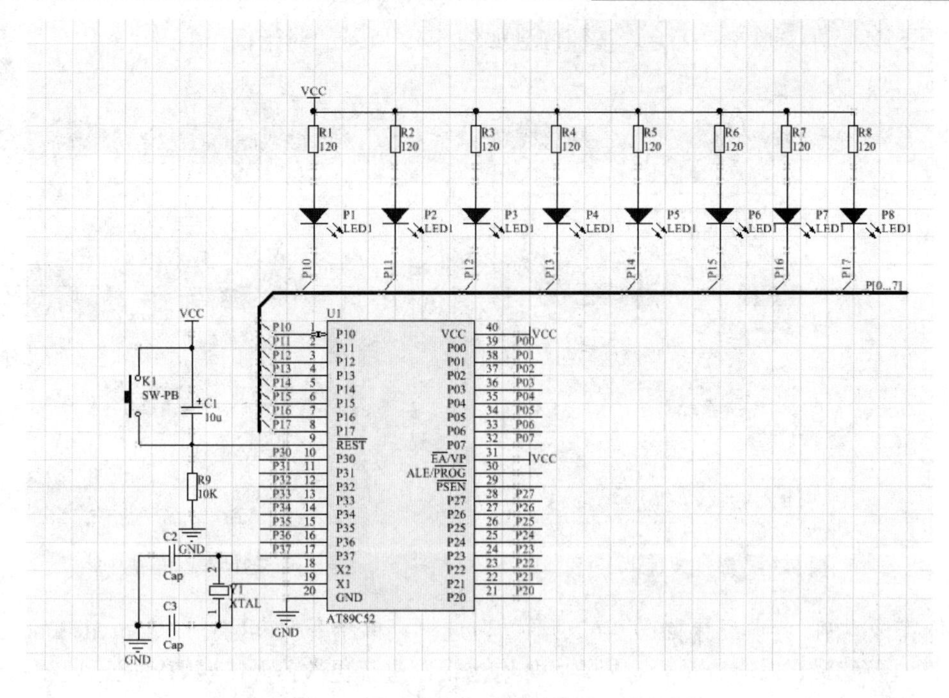

图 5-48 自动编号结果

（5）更改属性。根据图 5-43 所示的电路，更改元件属性。在图 5-48 中，R1～R8 的阻值为 47Ω，Y1 需添加一个属性显示其频率。双击“XTAL”元件或者在元件上右击，在弹出的快捷菜单中选择“特性”命令，弹出如图 5-49 所示的对话框。

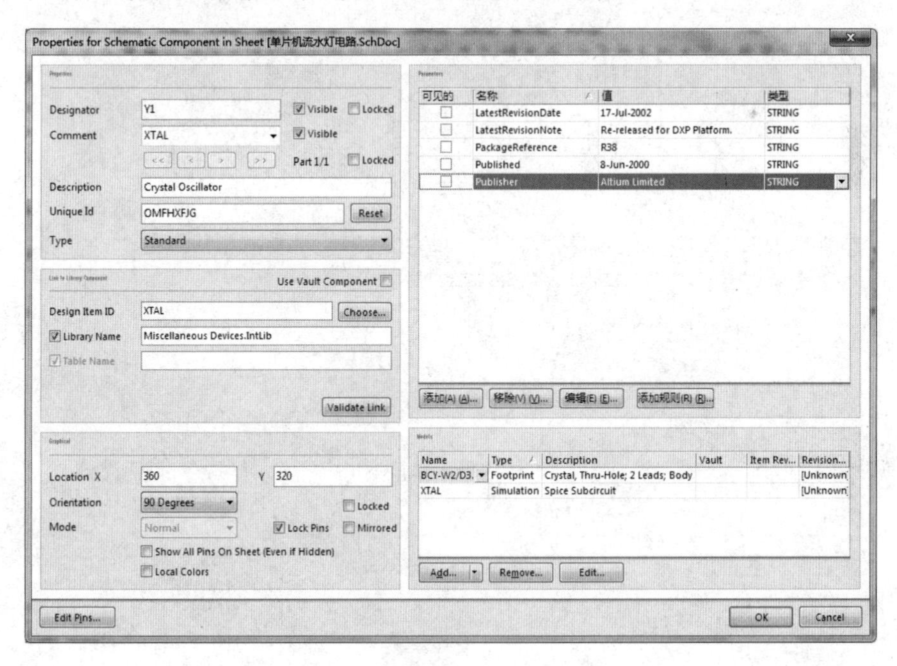

图 5-49 晶振属性设置对话框

在图 5-49 中，单击“添加”按钮，弹出如图 5-50 所示的对话框，在“名称”文本框中输入“Value”，“值”文本框中输入“11.0592MHz”，并选择“值”选项组中的“可见的”选项，如图 5-51 所示。单击“确定”按钮回到如图 5-49 所示的对话框，单击“确定”按钮完成属性的添加。

图 5-50　添加属性

图 5-51　添加结果

（6）完成绘制。绘制结果如图 5-52 所示。可选择菜单命令“工程”→“Compile Document”对原理图进行编译，以检查是否有错误，如有错误则进行更改，无错误则完成原理图的绘制。

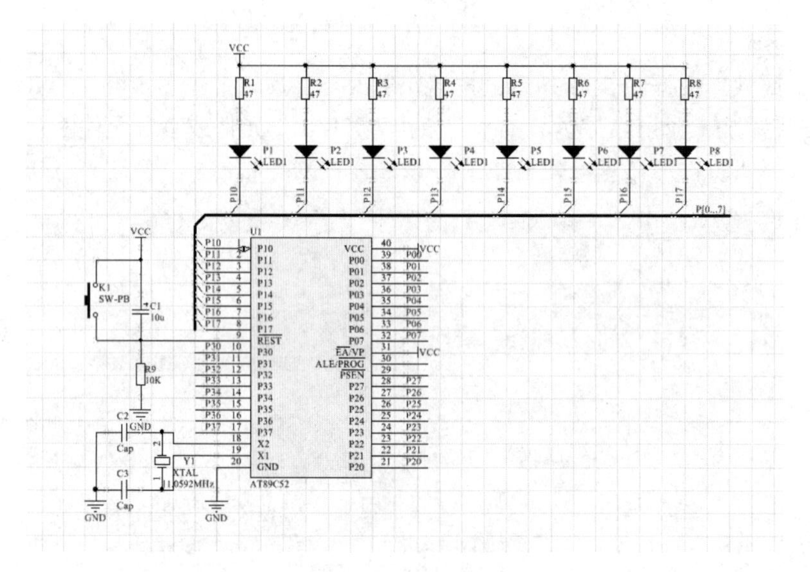

图 5-52　绘制结果

第六章　层次化原理图的设计

6.1　层次化原理图的基本概念

层次化原理图的设计理念是将实际的总体电路进行模块划分，划分的原则是每个电路模块都应具有明确的功能特征和相对独立的结构，而且还要有简单、统一的接口，便于模块间的连接。

针对每个具体的电路模块，可以分别绘制相应的电路原理图，该原理图一般称为子原理图，而各个电路模块之间的连接关系则采用顶层原理图来表示。顶层原理图主要由若干个原理图符号即图纸符号组成，用来表示各个电路模块之间的系统连接关系，描述整体电路的功能结构。这样，把整个系统电路分解成顶层原理图和若干个子原理图以分别进行设计。

Altium Designer 14 系统提供的层次化原理图设计功能非常强大，用户可以将整个电路系统划分为若干个子系统，每个子系统可以划分为若干个功能模块，而每个功能模块还可以再细分为若干个基本的小模块，这样依次细分下去，就把整个系统划分为多个层次，将电路设计化繁为简。

6.2　层次化原理图的设计方法

层次化原理图的设计方法实际上是一种模块化的设计方法。设计时，用户可以从电路系统开始，逐级向下进行子系统设计，也可以从子系统开始，逐级向上进行设计，还可以调用相同的原理图重复使用。

1. 自上而下的层次化原理图设计方法

所谓自上而下就是由电路系统方块图（称母图）产生子系统原理图（称子图）。因此，采用自上而下的方法来设计层次化原理图，首先得放置电路系统方块图，其流程如图 6-1 所示。

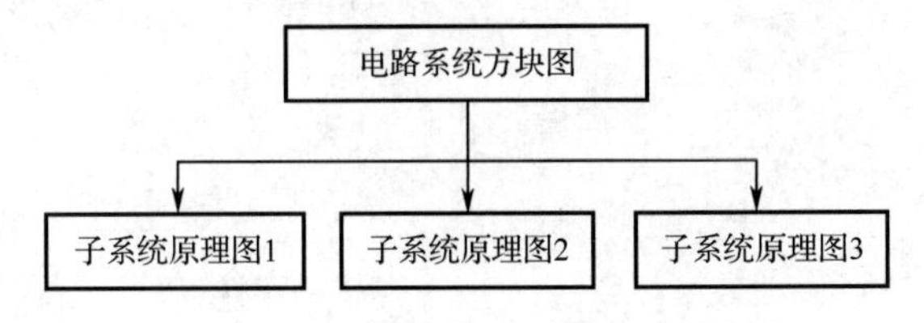

图 6-1　自上而下的层次化原理图设计流程

2. 自下而上的层次化原理图设计方法

所谓自下而上就是由子系统原理图产生电路系统方块图。因此，采用自下而上的方法来

设计层次化原理图，首先需要绘制子系统原理图，其流程如图 6-2 所示。

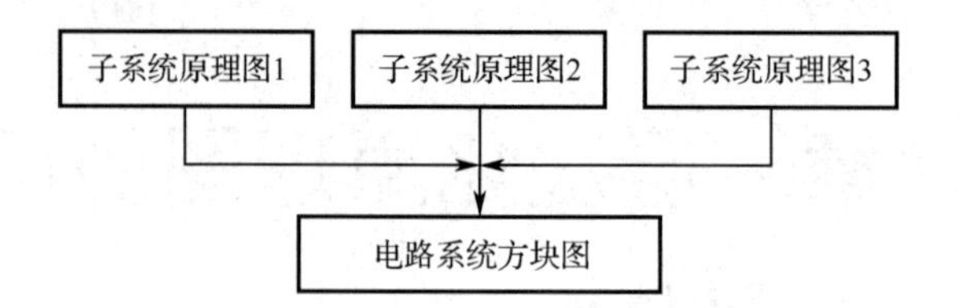

图 6-2　自下而上的层次化原理图设计流程

6.3　自上而下的层次化原理图设计

自上而下的层次化原理图设计就是先绘制出顶层原理图，然后将顶层原理图中的各个图对应的子原理图分别绘制出来。采用这种方法设计时，首先要根据电路的功能把整个电路分为若干个功能模块，然后把它们正确地连接起来。

下面通过一个例子，介绍自上而下层次化原理图设计的具体步骤。

1. 绘制顶层原理图

创建“项目六.DsnWrk”工作台，保存到“项目六”文件夹中。

（1）选择菜单命令“文件”→“New”→“Project”→“PCB 工程”，新建项目文件，另存为“层次电路.PrjPcb”。

（2）选择菜单命令“文件”→“New”→“原理图”，在新项目文件中新建一个原理图文件，将原理图文件另存为“时钟.SchDoc”，设置原理图图纸参数。

选择菜单命令“设计”→“文档选项”，在弹出的对话框中设置图纸大小为 A4，水平放置，工作区颜色为 204 号色，边框颜色为 88 号色，更改系统字体为 8 号字体，栅格范围为 10，如图 6-3 所示。

在“文档选项”对话框中打开“参数”选项卡进行设置，如图 6-4 所示。设置结果如图 6-5 所示。

图 6-3　“文档选项”对话框中的图纸设置

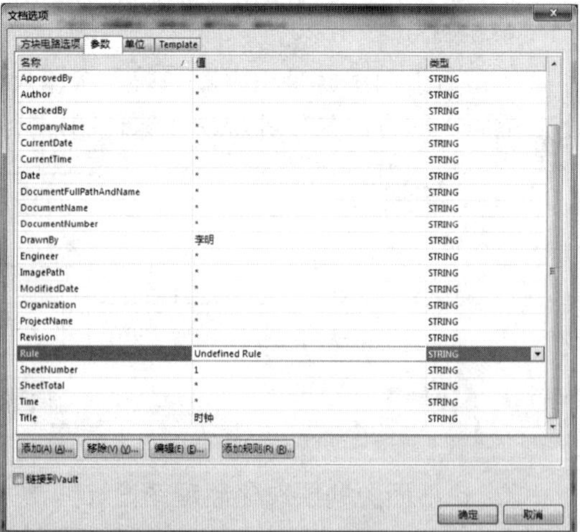

图 6-4　“参数”选项卡

（3）选择菜单命令“放置”→“图表符”，或单击“布线”工具栏中的 按钮，放置方块电路图，此时光标变成“十”字形，并带有一个方块电路。

（4）移动光标到指定位置，单击鼠标确定方块电路的一个顶点，然后拖动鼠标，在合适位置再次单击鼠标确定方块电路的另一个顶点，如图 6-6 所示。

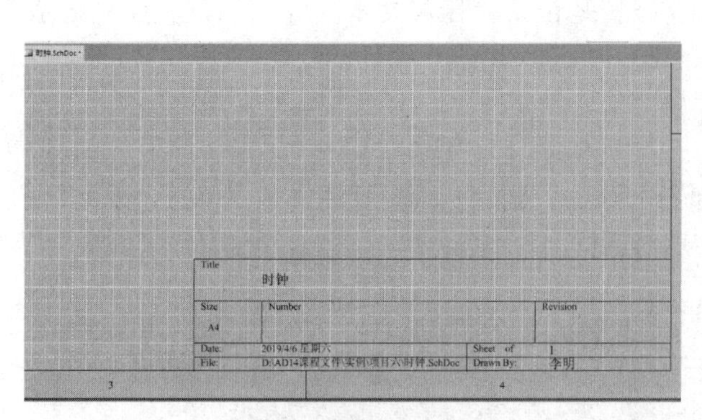

图 6-5　图纸设置结果

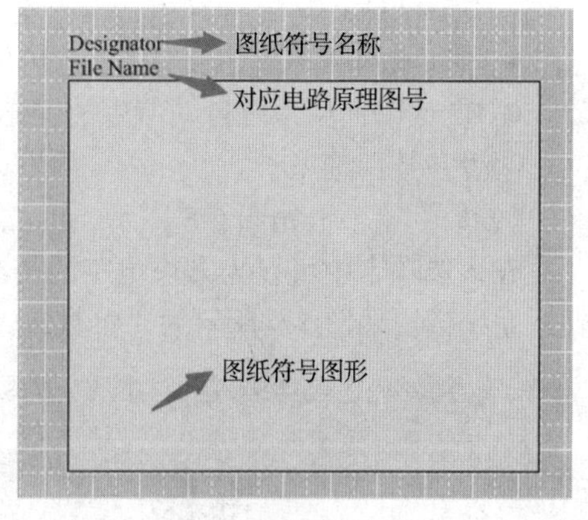

图 6-6　放置方块电路

此时系统仍处于绘制方块电路状态，用同样的方法绘制另一个方块电路。绘制完成后，单击鼠标右键退出绘制状态。

（5）双击绘制完成的方块电路图，弹出“方块符号”对话框，如图 6-7 所示。在该对话框中设置方块电路图属性。

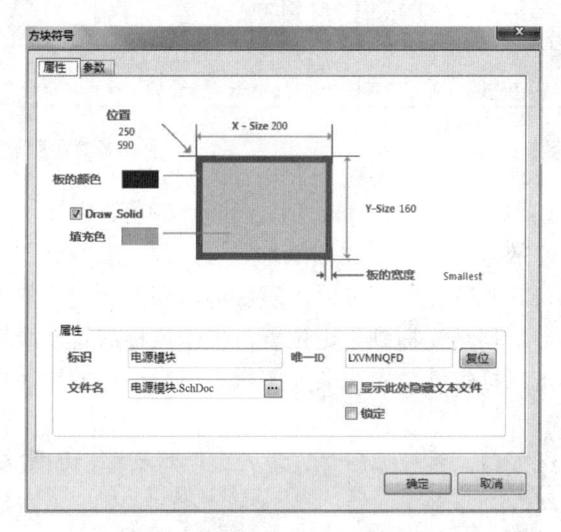

图 6-7　“方块符号”对话框

①“属性”选项卡。

- 位置：用于表示方块电路左上角顶点的位置坐标，用户可以输入坐标值进行设置。
- X-Size、Y-Size：用于设置方块电路的长度和宽度。
- 板的颜色：用于设置方块电路边框的颜色。单击颜色块，可以在弹出的对话框中设置颜色。
- Draw Solid：若选中该选项，则方块电路内部被填充。否则，方块电路是透明的。
- 填充色：用于设置方块电路内部的填充颜色。

- 板的宽度：用于设置方块电路边框的宽度，有 4 个选项供选择，“Smallest”“Small”“Medium”（中等的）和“Large”。
- 标识：用于设置方块电路的名称。这里输入“电源模块”。
- 文件名：用于设置该方块电路所代表的下层原理图的文件名，这里输入“电源模块.SchDoc”。
- 显示此处隐藏文本文件：该选项用于设置是否显示/隐藏文本区域。将其选中，则显示。
- 唯一 ID：由系统自动产生的唯一的 ID，用户不用进行设置。

②“参数”选项卡。

“参数”选项卡如图 6-8 所示。

在该选项卡中可以为方块电路的图纸符号添加、删除和编辑标注文字。单击“添加”按钮，系统弹出如图 6-9 所示的“参数属性”对话框。

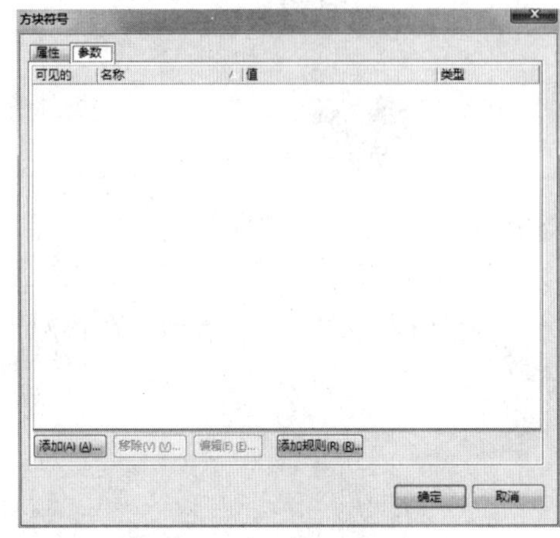

图 6-8 “参数”选项卡

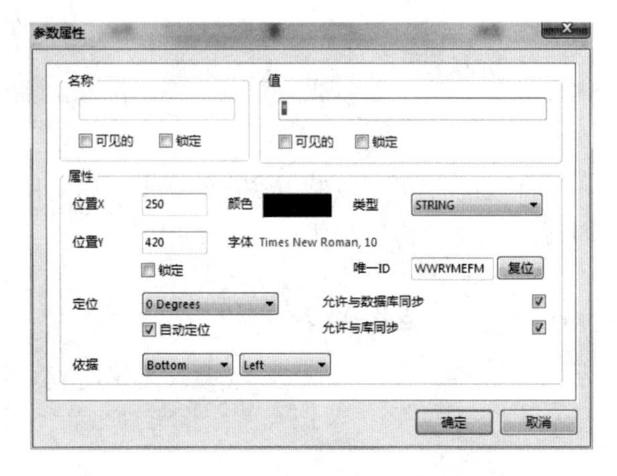

图 6-9 “参数属性”对话框

在该对话框中可以设置标注文字的名称、值、位置、颜色、字体、定位、类型等。

（6）选择菜单命令“放置”→“添加图纸入口”，或单击“布线”工具栏中的按钮，放置方块电路的图纸入口。此时光标变成“十”字形，在方块电路的内部单击鼠标后，光标上出现一个图纸入口符号。移动光标到指定位置，单击鼠标放置一个图纸入口，此时系统仍处于放置图纸状态，单击鼠标继续放置需要的图纸入口。全部放置完成后，单击鼠标右键退出放置状态。

（7）双击放置的图纸入口，系统弹出“方块入口”对话框，如图 6-10 所示。在该对话框中可以设置图纸入口的属性。

- 填充色：用于设置图纸入口内部的填充颜色。单击颜色块，可以在弹出的对话框中设置颜色。
- 文本颜色：用于设置图纸入口名称文本的颜色，同样，单击颜色块，可以在弹出的对话框中设置颜色。
- 边：用于设置图纸入口在方块图中的放置位置。单击其后面的下拉三角按钮，有 4 个选项供选择，“Left”“Right”“Top”“Bottom”，如图 6-11 所示。
- 类型：用于设置图纸入口的箭头方向。单击其后面的下拉三角按钮，有 8 个选项供选择，如图 6-12 所示。

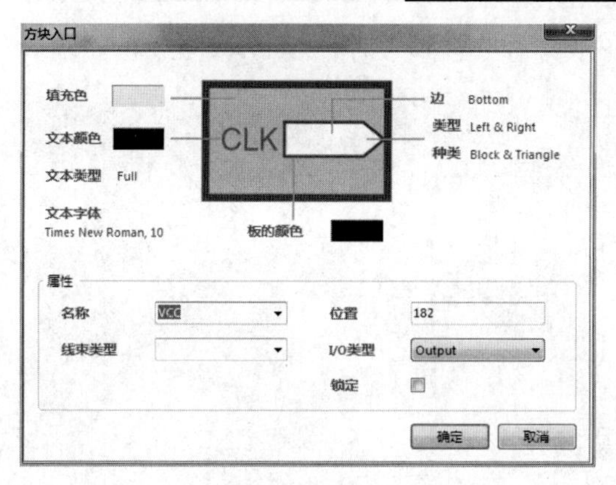

图 6-10　图纸入口属性设置对话框

- 板的颜色：用于设置图纸入口边框的颜色。
- 名称：用于设置图纸入口的名称。
- 位置：用于设置图纸入口距离方块图上边框的距离。
- I/O 类型：用于设置图纸入口的输入/输出类型。单击其后面的下拉三角按钮，有 4 个选项供选择，“Unspecified”“Output”“Input”“Bidirectional”，如图 6-13 所示。

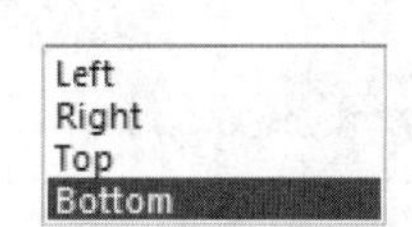

图 6-11　“边”选项

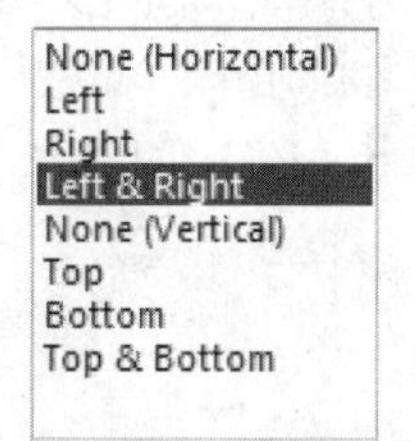

图 6-12　“类型”选项

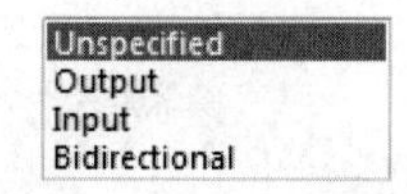

图 6-13　“I/O 类型”选项

完成属性设置的原理图如图 6-14 所示。设置所有图纸入口参数如表 6-1 所示。

表 6-1　图纸入口参数

图纸符号名称	入口名称	输入/输出属性
电源模块	VCC	Output
	GND	Output
显示模块	VCC	Input
	B[0…5]	Input
	A[0…6]	Input
主控模块	RESET	Input
	GND	Input
	VCC	Input
	B[0…5]	Output
	A[0…6]	Output
复位模块	VCC	Input
	GND	Input
	RESET	Output

按以上方法将其他图纸符号放置到“时钟.SchDoc”中，如图 6-15 所示。

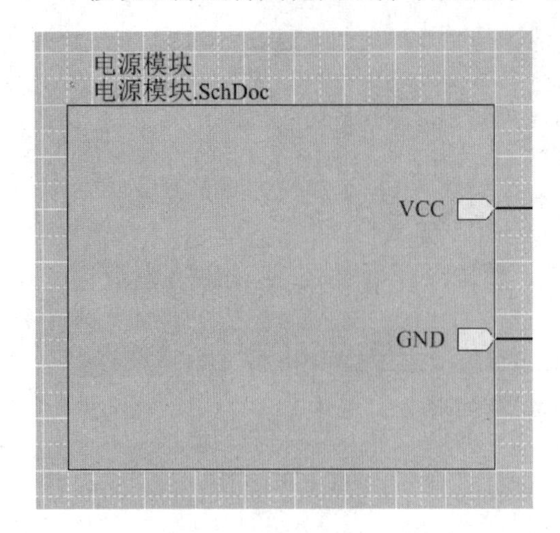

图 6-14　完成属性设置的原理图

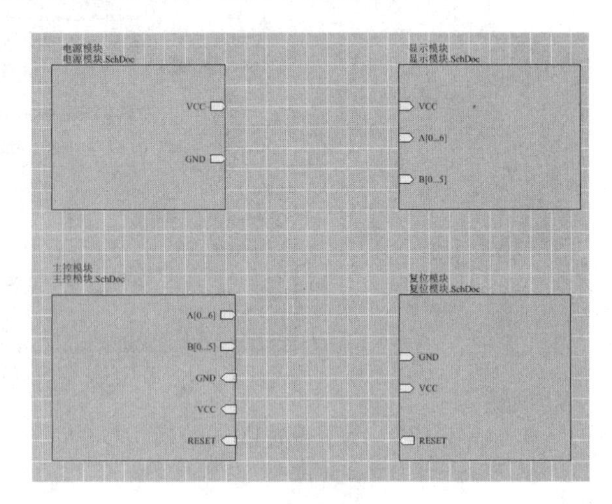

图 6-15　放置其他图纸符号

（8）单击“布线”工具栏中的“放置线”按钮，或单击“实用”工具栏中的→按钮，将同名的图纸入口连接起来（A[0..6]和 B[0..5]除外）。

单击“布线”工具栏的“放置总线”按钮或“布线”工具栏中的按钮，分别将 A[0..6]和 B[0..5]两个入口连接起来放置网络标号 A[0..6]和 B[0..5]，完成顶层原理图设计，如图 6-16 所示。

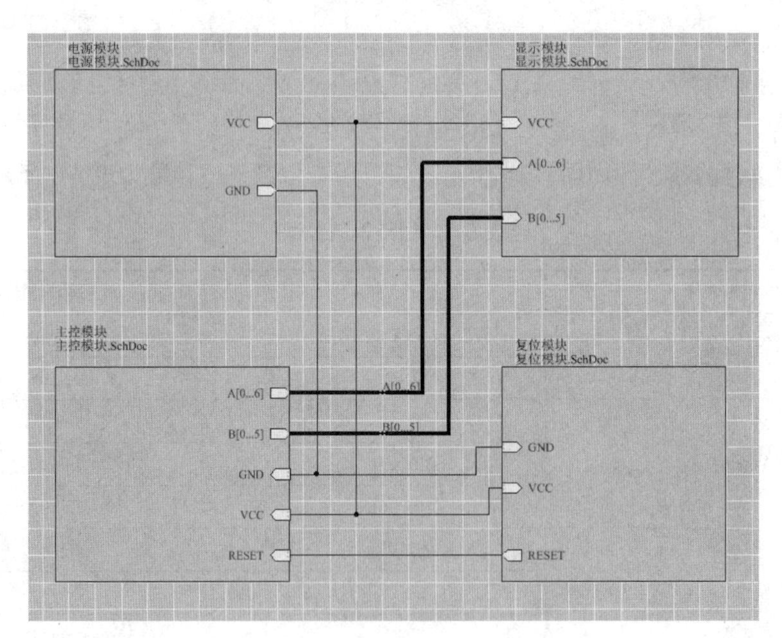

图 6-16　绘制完成的顶层原理图

2. 绘制子原理图

完成了顶层原理图的绘制以后，我们要把顶层原理图中的每个方块对应的子原理图绘制出来，其中每个子原理图中还可以包括方块电路。

（1）选择菜单命令“设计”→“产生图纸”，光标变成“十”字形。移动光标到方块电路内部空白处，单击鼠标。

（2）系统会自动生成一个与该方块电路同名的子原理图文件，并在原理图中生成 2 个与方块电路对应的输入/输出端口，如图 6-17 所示。

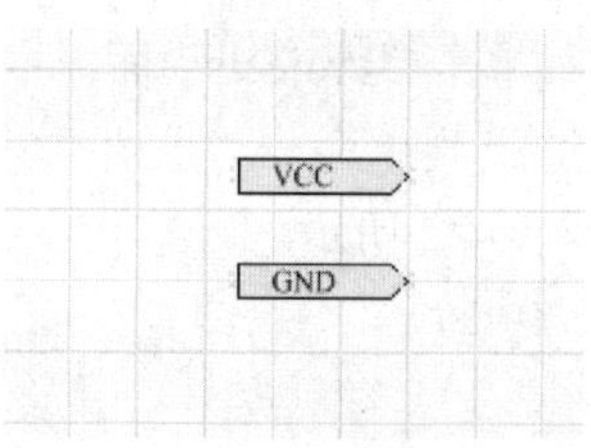

图 6-17　自动生成的子原理图

（3）绘制子原理图，绘制方法与前面讲过的绘制原理图的方法相同。绘制完成的子原理图（电源模块）如图 6-18 所示。

（4）采用同样的方法绘制其他三个模块，绘制完成的原理图如图 6-19、图 6-20、图 6-21 所示。

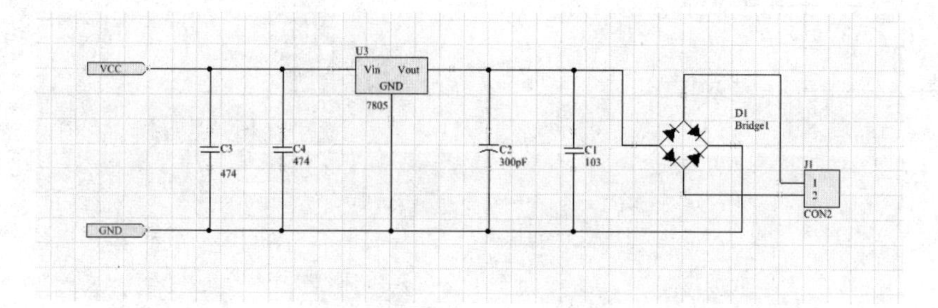

图 6-18　子原理图（电源模块）

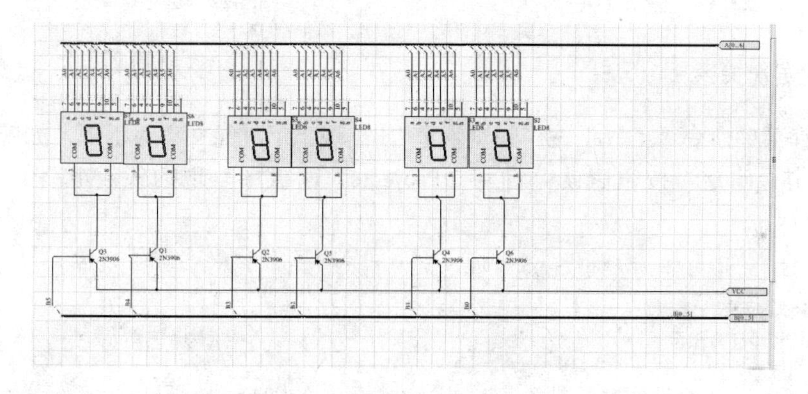

图 6-19　子原理图（显示模块）

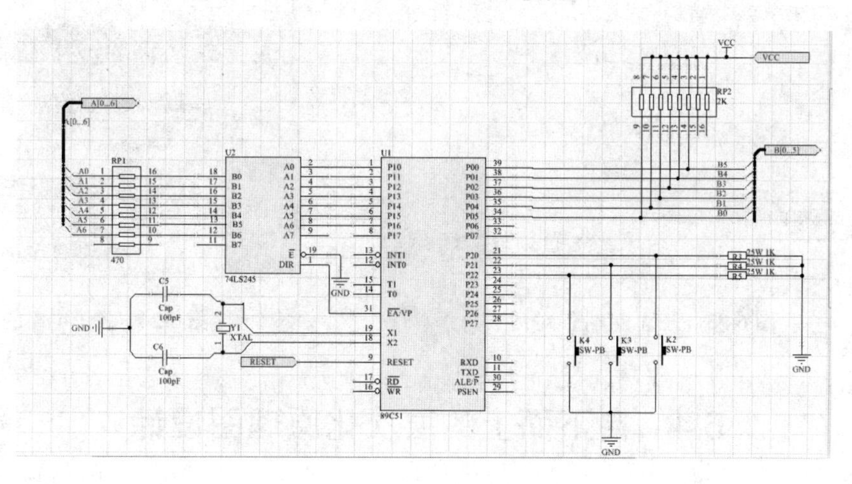

图 6-20　子原理图（主控模块）

3. 保存图纸

单击“Projects”面板中的“工作台”按钮，在弹出的快捷菜单中选择“全部保存”命令，或选择菜单命令“文件”→“全部保存”，将各子电路文件保存到“项目六”文件夹中，如图 6-22 所示。

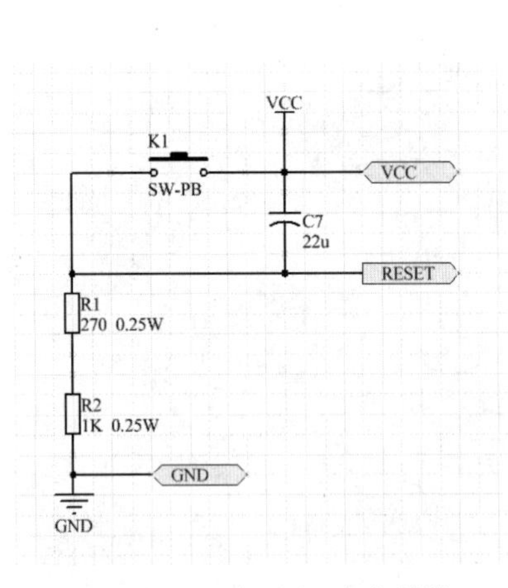

图 6-21　子原理图（复位模块）

图 6-22　保存电路图

4. 确定层次关系

（1）选择菜单命令“工程”→“阅览管道”，出现“工程元件”对话框，如图 6-23 所示。

（2）单击“确定”按钮后就可看到“Projects”面板中呈现的各子电路的层次关系，如图 6-24 所示。

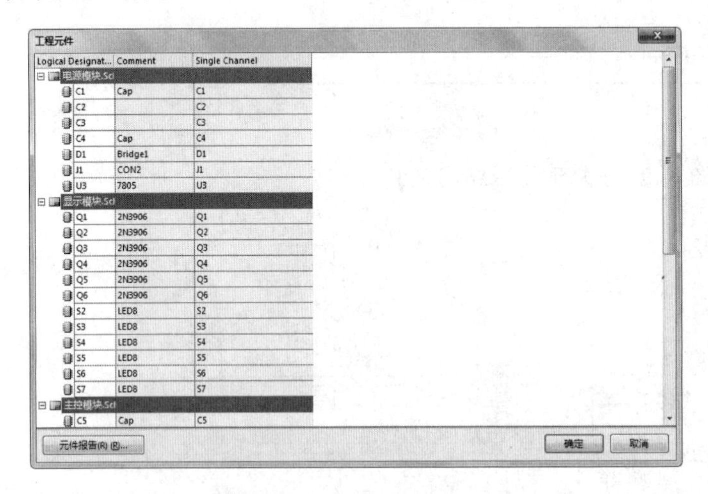

图 6-23　“工程元件”对话框

图 6-24　各子电路的层次关系

6.4　自下而上的层次化原理图设计

自下而上的层次化原理图的设计过程与自上而下的层次化原理图的设计类似，只不过

先设计底层原理图再生成母图。本节仍以 6.3 节中的例子说明自下而上的层次化原理图的设计过程。

1. 建立子图

（1）选择菜单命令“文件”→“New”→“Project”→“PCB 工程”，新建项目文件，另存为“层次电路 1.PriPcb”。

（2）选择菜单命令“文件”→“New”→“原理图”，在新项目文件中新建原理图文件，如图 6-25 所示。设置原理图图纸参数，和 6.3 节一样进行设置，这里不再重复。

在子图电源模块 1 原理图文件中，选择菜单命令“放置”→“端口”，在原理图上放置 2 个端口 VCC 和 GND，如图 6-26 所示，端口属性参考前述表 6-1 图纸入口参数表。

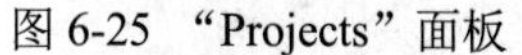
图 6-25 “Projects”面板

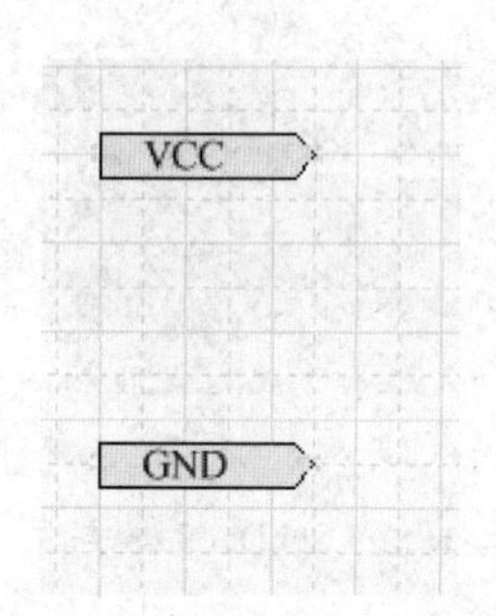

图 6-26　在子图电源模块 1 中放置端口

绘制原理图，用同样的方法画出显示模块 1、主控模块 1 和复位模块 1。

2. 生成母图

将“时钟 1.SchDoc”置为当前文件，选择菜单命令“设计”→“HDL 文件或图纸生成图表符”，弹出如图 6-27 所示的界面。

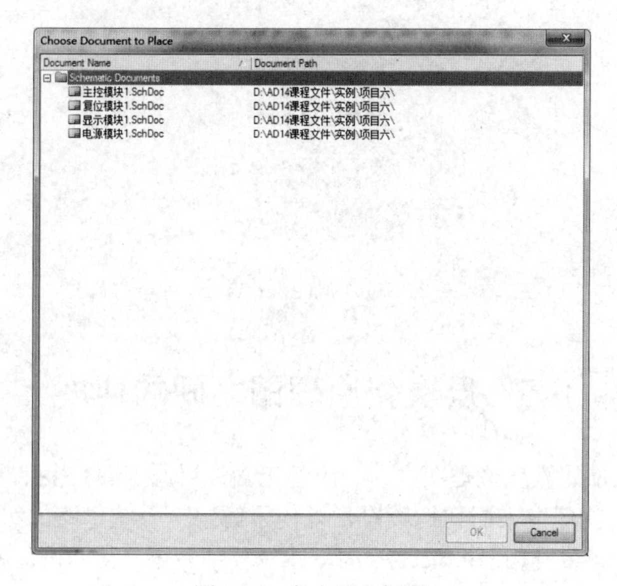

图 6-27　各电路方框图

选中“电源模块 1.SchDoc”，单击“确定”按钮，此时光标变为“十”字形并带有电路方框图，在“时钟 1.SchDoc”中合适的位置单击放置此电路方框图，如图 6-28 所示，重复执行上述动作，将显示模块 1、复位模块 1、主控模块 1 的电路方框图也放置在“时钟 1.SchDoc”中，如图 6-29 所示。调整方框图，并将方框图用导线连接起来。

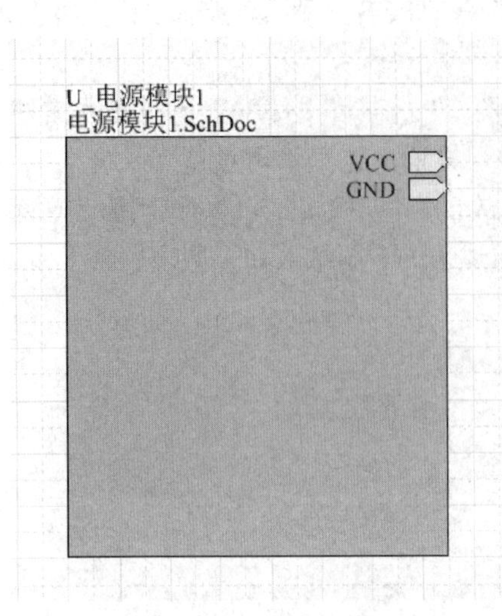

图 6-28 “电源模块 1.SchDoc”的方框图

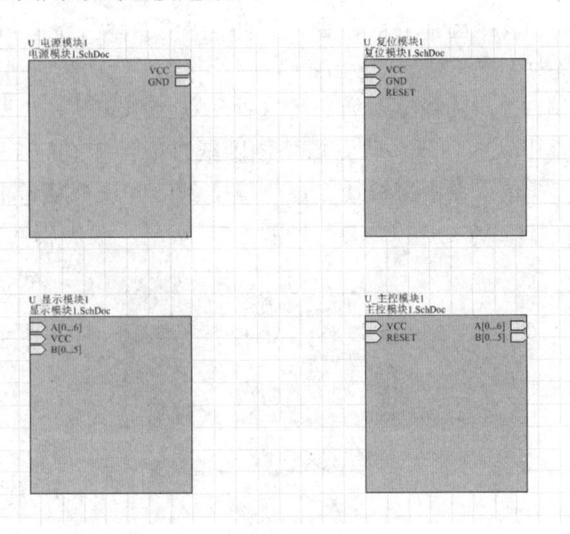

图 6-29 “时钟 1.SchDoc”的方框图

3. 确定层次关系

以上操作完成以后，子图和母图的层次关系并未确定，选择菜单命令“工程”→“Compile PCB Project 层次电路.PrjPcb”，系统进行编译，如果无错误则编译成功并自动确定层次关系，如图 6-30 所示。

图 6-30 确定层次关系

6.5 层次化原理图之间的切换

在一个绘制完成的层次化原理图中，一般都包含顶层原理图和多张子原理图。在进行设计时，常常需要在这些图中来回切换查看，以便了解整个系统电路的结构情况。在 Altium Designer 14 系统中，可以利用“Projects”面板或者菜单命令，帮助设计者在层次化原理图之间进行切换，实现多张原理图的同步查看和编辑。

6.5.1　利用“Projects”面板切换

打开“Projects”面板，如图 6-31 所示。单击面板中相应的原理图文件名，在原理图编辑区内就会显示对应的原理图。

图 6-31　“Projects”面板

6.5.2　利用菜单命令进行切换

1. 由顶层原理图切换到子原理图

（1）打开项目文件，选择菜单命令“工程”→“Compile PCB Project 时钟.ProPcb”，编译整个电路系统。

（2）打开顶层原理图，选择菜单命令“工具”→“上/下层次”，如图 6-32 所示。

单击主工具栏中的 （上/下层次）按钮，指针变成“十”字形。移动指针至顶层原理图中的要切换的子原理图对应的方块电路上，单击其中一个图纸入口，如图 6-33 所示。

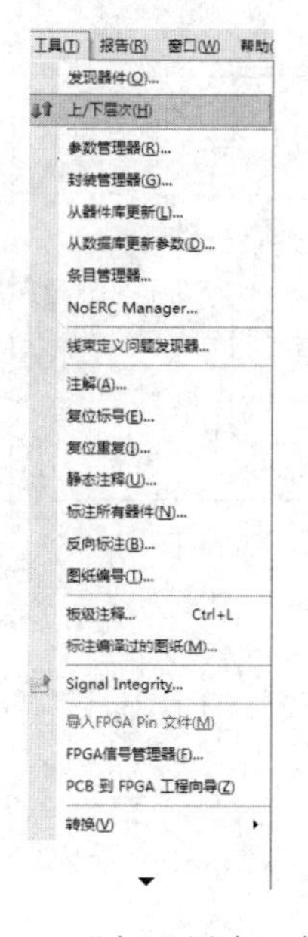

图 6-32　“上/下层次”命令

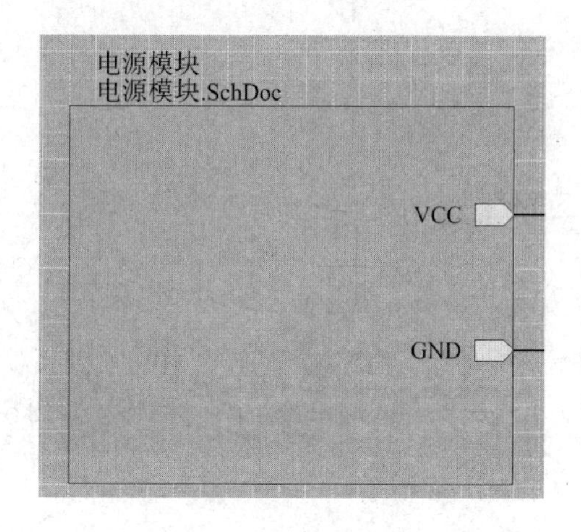

图 6-33　图纸入口

（3）用户可以直接单击项目窗口中的层次结构中所要编辑的文件名。

单击文件名后，系统自动打开子原理图，并将其切换到原理图编辑器区。此时，子原理图中与前面单击的图纸入口同名的端口处于高亮状态，如图 6-34 所示。

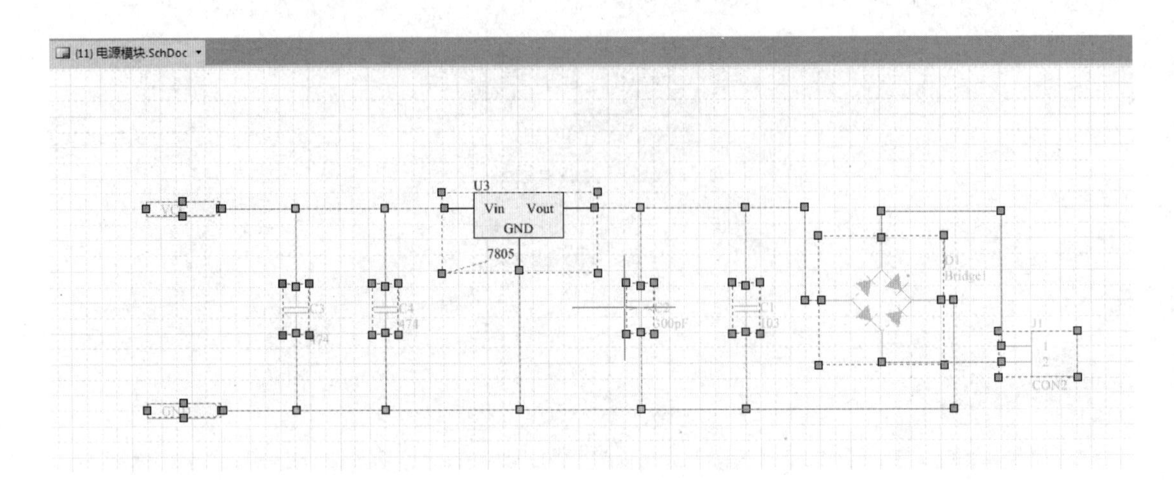

图 6-34　切换到子原理图

2. 由子原理图切换到顶层原理图

（1）打开一个子原理图，选择菜单命令“工具”→“上/下层次”，或者单击主工具栏中（上/下层次）按钮，指针变成“十”字形。

（2）移动指针到子原理图的一个输入/输出端口上，如图 6-35 所示。

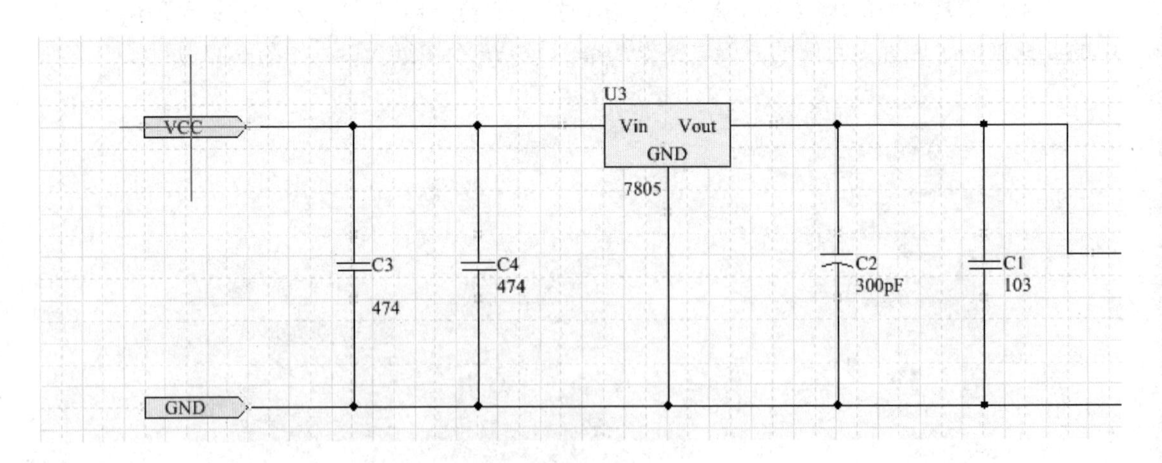

图 6-35　选择子原理图的一个输入/输出端口

（3）单击该端口，系统将自动打开并切换到顶层原理图，此时，顶层原理图中与前面单击的输入/输出端口同名的端口处于高亮状态，如图 6-36 所示。

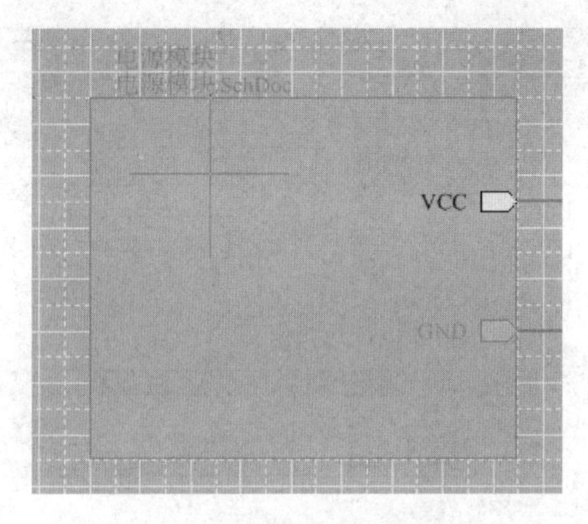

图 6-36 切换到顶层原理图

6.6 层次化原理图中的连通性

在单个原理图中，两点之间的电气连接可以直接使用导线，也可以通过设置相同的网络标号来完成；而在层次化原理图中，则涉及了不同图纸之间的信号连通性。这种连通性具体包括横向连接和纵向连接两方面：对于位于同一层次上的子原理图来说，它们之间的信号连通就是一种横向连接，而不同层次之间的信号连通则是纵向连接。不同的连通性可以采用不同的网络标识符来实现，常用到的网络标识符有如下几种。

1. 网络标号

网络标号一般仅用于单个原理图内部的网络连接。对层次化原理图而言，在整个工程中完全没有端口和图纸入口的情况下，Altium Designer 系统会自动将网络标号提升为全局的网络标号，在匹配的情况下可进行全局连接，而不再限于单张图纸。

2. 端口

端口主要用于多张图纸之间的交互连接。层次化原理图，既可用于纵向连接，又可用于横向连接。用于纵向连接时，只能连接子图纸和上层图纸之间的信号，并且需和图纸入口匹配使用；而当设计中只有端口，没有图纸入口时，系统会自动将端口提升为全局端口，从而忽略多层次的结构，把工程中的所有匹配端口都连接在一起，形成横向连接。

打开某个 PCB 工程，选择菜单命令“工程”→“工程参数”，在打开的“Options for PCB Project”对话框中选择“Options”选项卡，若将“网络识别符范围”设置为“Global（Netlabels and ports global）”（如图 6-37 所示），网络标号与端口都会以水平方式在全局范围内连接到相匹配的对象。

3. 图纸入口

图纸入口只能位于图表符内，且只能纵向连接到图表符所调用的下层文件的端口处。

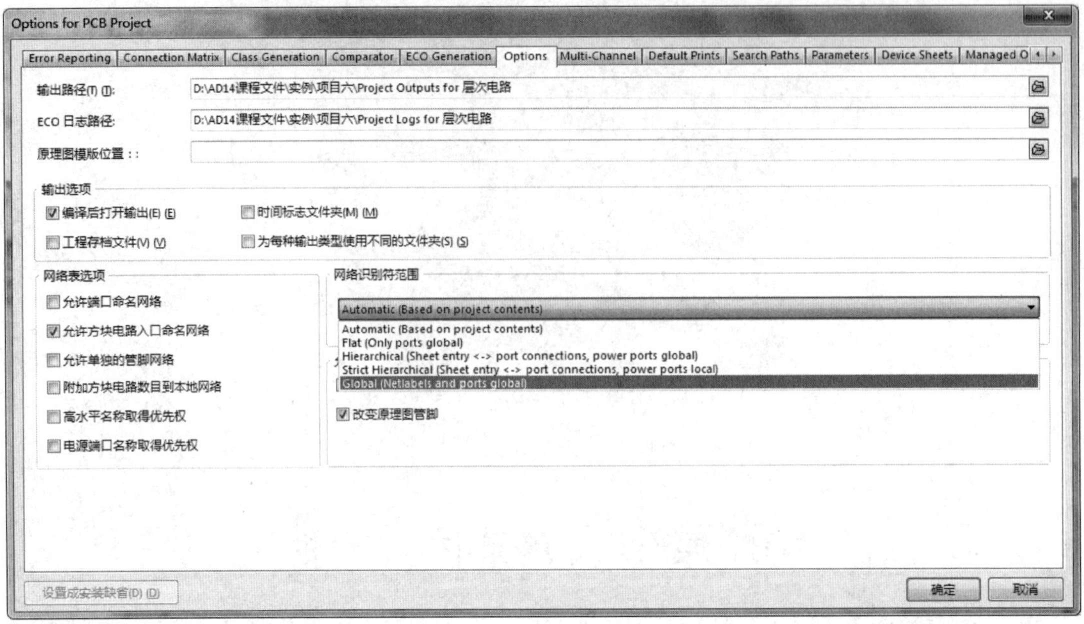

Options for PCB Project

Error Reporting | Connection Matrix | Class Generation | Comparator | ECO Generation | Options | Multi-Channel | Default Prints | Search Paths | Parameters | Device Sheets | Managed O

输出路径(T) (T): D:\AD14课程文件\实例\项目六\Project Outputs for 层次电路

ECO 日志路径: D:\AD14课程文件\实例\项目六\Project Logs for 层次电路

原理图模版位置：:

输出选项

☑ 编译后打开输出(E) (E)　　☐ 时间标志文件夹(M) (M)

☐ 工程存档文件(V) (V)　　☐ 为每种输出类型使用不同的文件夹(S) (S)

网络表选项

☐ 允许端口命名网络

☑ 允许方块电路入口命名网络

☐ 允许单独的管脚网络

☐ 附加方块电路数目到本地网络

☐ 高水平名称取得优先权

☐ 电源端口名称取得优先权

网络识别符范围

Automatic (Based on project contents)

Automatic (Based on project contents)

Flat (Only ports global)

Hierarchical (Sheet entry <-> port connections, power ports global)

Strict Hierarchical (Sheet entry <-> port connections, power ports local)

Global (Netlabels and ports global)

☑ 改变原理图管脚

设置成安装缺省(D) (D)　　确定　　取消

图 6-37　网络识别符范围设置

4. 电源端口

不管工程的结构如何，电源端口总是会全局连接到工程中的所有匹配对象处。

5. 离图连接

若在某个图表符的“文件名”文本框内输入多个子原理图文件的名称，并用分号隔开，即能通过单个图表符实现对多个子原理图的调用，这些子原理图之间的网络连接可通过离图连接来实现。

6.7　层次化设计报表

使用多张原理图可进行较大的项目设计，所以关于层次化设计的报表主要反映各原理图之间的关系，以便于对整个设计项目进行检查。

层次化设计报表主要包括元件交叉引用报表、层次报表、端口引用参考报表。

6.7.1　元件交叉引用报表

元件交叉引用报表的主要内容包括元件标识、元件名称及元件所在电路原理图。该报表的生成步骤如下：

（1）打开设计项目“层次电路.PrjPcb”，并打开有关原理图。

（2）选择菜单命令“报告”→“Component Cross Reference”，系统扫描设计项目的所有文件，生成元件交叉引用报表，并打开报表管理器，如图 6-38 所示。

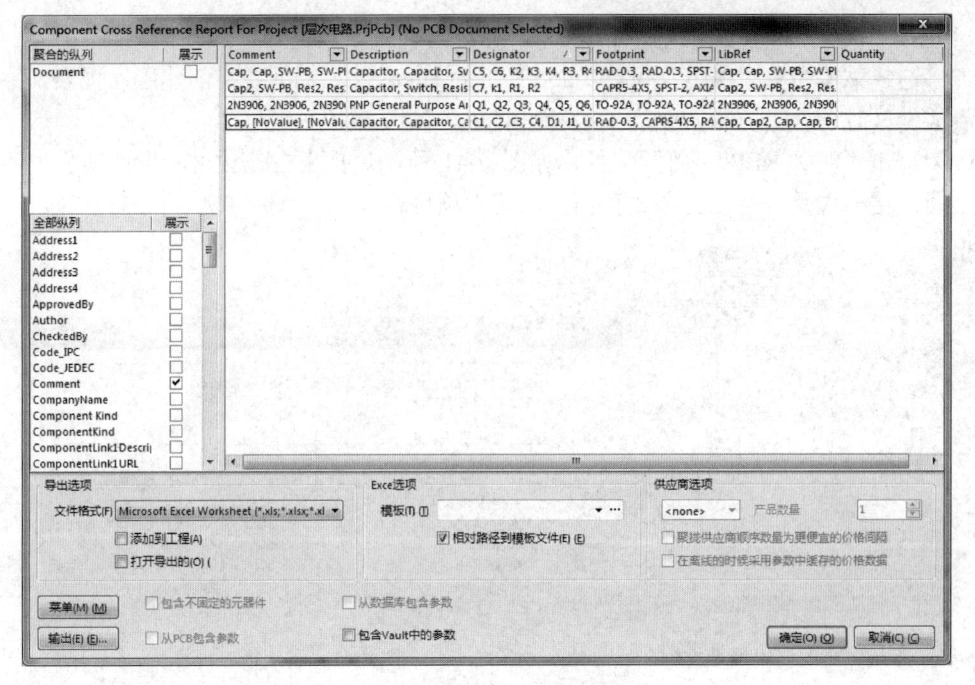

图 6-38　报表管理器

6.7.2　Excel 报表

（1）单击图 6-38 所示报表管理器中的“模板”下拉按钮，选择“Component Default Template.XLT”，选择“打开导出的”选项。

（2）单击“输出”按钮，启动 Excel 软件，如图 6-39 所示。

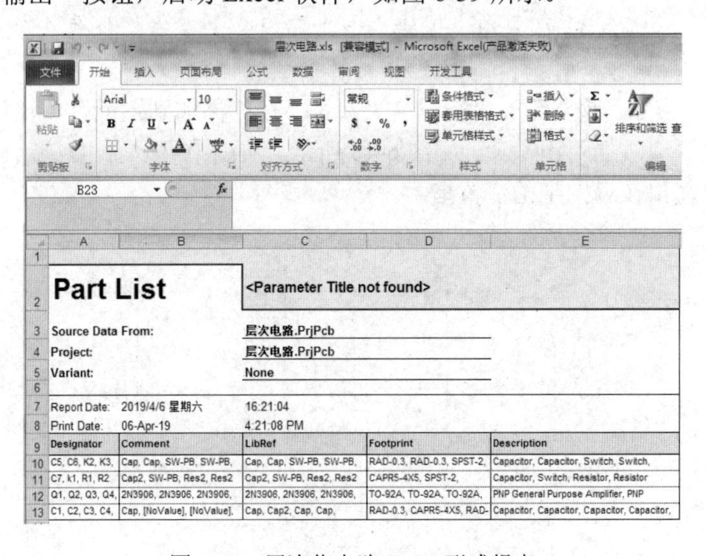

图 6-39　层次化电路 Excel 形式报表

6.7.3　层次报表

层次报表主要描述层次化设计中各电路原理图之间的层次关系。

（1）打开设计项目“层次电路.PrjPcb”，并打开有关原理图。

（2）选择菜单命令“报告”→“Report Project Hierarchy”，系统将创建层次报表，并将层次报表文件（时钟.REP）添加到当前设计项目中，如图 6-40 所示。

（3）双击“时钟.REP”，打开文件，如图 6-41 所示。报表中包含了本设计项目中各个原理图之间的层次关系，可以打印、存档，以便于项目管理。

图 6-40　系统生成的层次报表文件

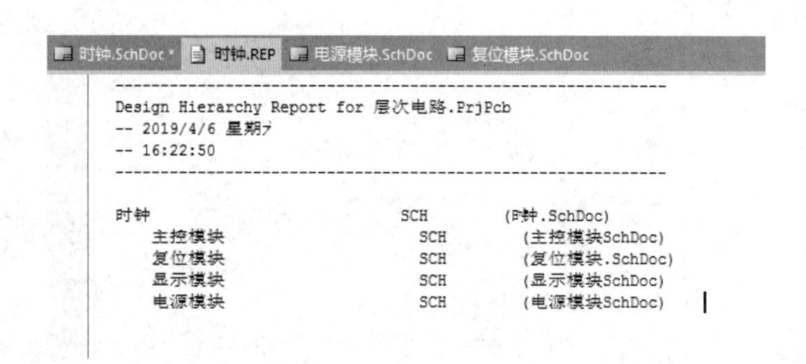


```
Design Hierarchy Report for 层次电路.PrjPcb
-- 2019/4/6 星期六
-- 16:22:50

时钟                        SCH      (时钟.SchDoc)
    主控模块                 SCH       (主控模块SchDoc)
    复位模块                 SCH       (复位模块.SchDoc)
    显示模块                 SCH       (显示模块SchDoc)
    电源模块                 SCH       (电源模块SchDoc)
```

图 6-41　层次报表内容

6.7.4　端口引用参考

添加到图纸(A)
添加到工程(D)
从图纸移除(S)
从工程中移除...(P)

图 6-42　菜单命令

端口引用参考用来指示层次化设计时使用的各种端口的引用关系。它没有一个独立的文件输出，而是将引用参考作为一种标识添加在子图的输入/输出端口旁边。

（1）打开设计项目“层次电路.PrjPcb”，并打开有关原理图。

（2）在菜单“报告”→“端口交叉参考”下有 4 个命令，如图 6-42 所示。

（3）选择菜单命令“报告”→“端口交叉参考”→“添加到图纸”，系统为当前原理图文件中的输入/输出端口添加引用参考，如图 6-43 所示。从图中可以看出，端口引用参考实际上是子图输入/输出端口在母图中的位置指示。

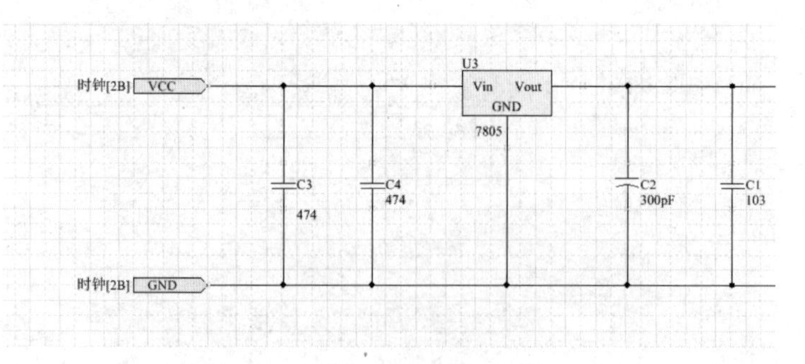

图 6-43　为端口添加引用参考的原理图

（4）选择菜单命令“报告”→“端口交叉参考”→“添加到工程”，系统为当前项目中所有原理图文件中的输入/输出端口添加引用参考。

（5）“从图纸移除”命令和“从工程中移除”命令用于删除端口引用参考。

第七章　PCB 设计基础

7.1　印制电路板的结构

印制电路板（Printed Circuit Board，PCB），简称印制板，是电子产品的重要部件之一。只要有电子元件的电气设备，为了实现各个元件之间的电气互连，都要使用印制板。印制电路板由绝缘板底、敷铜导线和焊盘组成，具有导电线路和绝缘板底的双重作用，它可以代替复杂的布线，实现电路中各元件之间的电气连接，不仅简化了电子产品的装配、焊接工作，减少了接线工作量，大大减轻了工人的劳动强度，而且缩小了整机体积，降低了产品成本，提高了电子设备的质量和可靠性。经过装配调试的整块印制电路板可以作为一个独立的备件，便于整机产品的互换与维修。目前，印制电路板已经极其广泛地应用在电子产品的生产制造中。

印制电路板的种类很多，分类方法也多种多样。根据敷铜板材料的不同可以将其分为纸制敷铜板、玻璃布敷铜板和挠性敷铜板。根据敷铜板导电层数的不同可以将其分为单面板、双面板和多层板，这种分类方法是一种最常见的分类方法，下面对这 3 种板层结构进行简要介绍。

7.1.1　单面板

单面板是只有一面敷铜而另一面没有敷铜的电路板，因此只能利用它覆了铜的一面设计电路导线和进行组件的焊接，没有敷铜的一面放置元器件。一般来说，单面板结构简单，不需要打孔并且成本较低，因此批量生产的简单电路设计通常会采用单面板的形式。

由于单面板只允许在在敷铜的一面上进行布线，并且不允许导线交叉，因此单面板的布线难度较大并且布通率很低。虽然说设计人员可以采用飞线的方法来对未布通的导线进行布线，但是飞线过多会增加焊接印制电路板的工作量，并且飞线很容易脱落，所以通常只有非常简单的电路才会采用单面板。

7.1.2　双面板

双面板是两个面都敷铜的电路板，通常称一面为顶层（Top Layer），另一面为底层（Bottom Layer）。双面都可以进行布线操作，一般将顶层作为放置元器件面，底层作为元器件焊接面。

7.1.3　多层板

随着集成电路技术的不断发展，元件的集成度越来越高，元件的引脚数目越来越多，印制电路板中的元件连接关系也越来越复杂，这时双面板已经不能满足布线的需要和电磁干扰的屏蔽要求，因此出现了多层板。所谓多层板就是指包含了多个工作层面的印制电路板，除顶层和底层之外，还包含若干个中间层，通常中间层可作为导线层、信号层、电源层和接地层等，层与层的连接通常通过过孔来实现。

一般情况下，多层板中的导电层数为 4、6、8、10。例如在 4 层板中，顶层和底层是信号层，顶层和底层之间是电源层和接地层。在多板层中，印制电路板的多层结构可以很好地解决电路中的电磁干扰问题，从而提高了电路系统的可靠性。由于多层板具有布线层数多、走线方便、布线率高、连线短以及面积小等优点，目前大多数较为复杂的电路系统均采用多层印制电路板结构。

多层板制作时是一层一层压合的，所以层越多，设计或制作过程越复杂，设计时间与成本都将大大提高。因此一般的电路设计用双面板或 4 层板即可满足设计需要，只有在较高级电路设计中，或者有特殊需要，比如对抗高频干扰要求很高的情况下才使用 6 层及 6 层以上的多层板。

PCB 的层与层之间是绝缘层，用于隔离布线层，它要求材料的耐热性和绝缘性要好。早期的板多使用电木材料，而现在多使用玻璃纤维材料。

在 PCB 电路板上布上铜膜导线后，还要在顶层和底层上印刷一层防焊层（Solder Mask），它是一种特殊的化学物质，通常为绿色。该层不粘焊锡，防止在焊接时相邻焊接点的多余焊锡短路。防焊层将铜膜导线覆盖住，防止铜膜过快在空气中氧化，但是在焊点处要留出位置，并不覆盖焊点。对于双面板或者多层板，防焊层分为顶面防焊层和底面防焊层两种。

在电路板制作最后阶段，一般要在防焊层之上印上一个文字符号，比如组件名称、组件符号、组件引脚和版权等，方便以后的电路焊接和查错。这一层为丝印层（Silkscreen Overlay），该层分为顶面丝印层（Top Overlay）和底面丝印层（Bottom Overlay）。

7.2 PCB 的元件封装

7.2.1 元件封装类型

目前，电子元件的种类非常多，如常用的电容、电阻、电感、接插件和集成电路（IC）等，与此相对应，电子元件的封装形式也非常多。但从大的方面来讲只有两类，分别是直插式封装和表贴式封装。

1. 直插式封装

直插式封装一般是针对针脚类元件而言的，如图 7-1 所示。使用此类元件时，元件被安置在板子的一面上，其针脚被插入焊盘导通孔中，并被焊在另一面上。由于这种封装的元件焊盘过孔贯穿整个印制电路板的所有板层，因此在“焊盘”属性对话框中，“层”栏应该选择“Multi-Layer”选项。目前，直插式封装仅用于一些分立元件（如电阻、电容和二极管）、接插件和功能简单的集成电路块，直插式的元件封装如图 7-2 所示。

2. 表贴式封装

表贴式封装一般是针对表面贴元件而言的，是目前最流行的元件封装形式，绝大部分的高性能集成电路都采用此封装形式，如图 7-3 所示。使用表贴式封装的元件时，元件和焊盘位于同一面，因此它的焊盘只能分布在电路板的顶层或者底层。由于焊盘只能分布在电路板

的表面上，因此在“焊盘”属性对话框中，“层”栏应该选择“Top Layer”或者“Bottom Layer”选项，表贴式元件封装如图 7-4 所示。

图 7-1 直插式封装

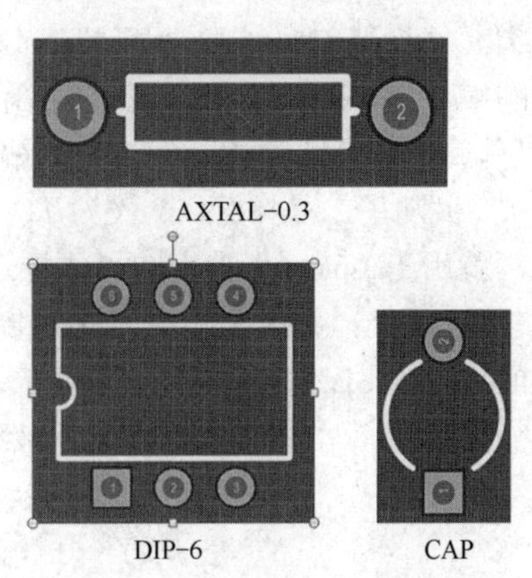

图 7-2 直插式的元件封装

图 7-3 采用表贴式封装的元件

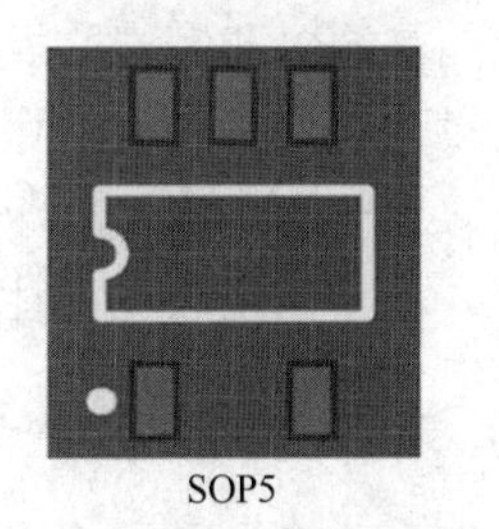

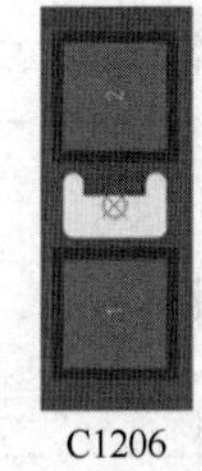

图 7-4 表贴式的元件封装

使用直插式封装的元件，大都采用人工焊接方式；而对于表贴式封装的元件，通常需要专用的焊接设备，如波峰焊机等。

7.2.2 元件封装的编号

在电路系统的设计过程中，元件封装的编号原则为：元件类型+引脚距离（或者引脚数目、引脚外形尺寸），所以知道了一个元件封装的编号就可以知道该元件封装的尺寸、引脚数等信息。如元件封装的编号为 AXIAL-0.3，表示此元件封装为轴向的，两引脚间的距离为 300mil；元件封装的编号为 DIP-16，表示元件封装为双列直插式，引脚数目为 16；元件封装的编号为 RB5-10.5，表示元件封装为极性电容类，两引脚间的距离为 5mm，元件的直径为 10.5mm。

7.2.3 常用元件的封装

对于大多数的电子元件来说，常见的分立元件封装主要包括二极管类、电容类和晶体管类元件封装；常见的集成电路类元件封装主要包括单列直插式和双列直插式等。

① 二极管类：二极管类元件封装的编号一般为 D1ODE-xx，其中“xx”表示二极管引脚间的距离。例如，元件封装编号为 DIODE-0.4，表示元件引脚间的距离为 400mil。

② 电容类：电容类元件封装可以分为两类，分别是非极性电容类和极性电容类元件封装。非极性电容类元件封装的编号为 RADxx，其中“xx”表示元件封装引脚间的距离；极性电容

类元件封装的编号为 RBxx-yy，其中“xx”表示元件引脚间的距离，“yy”表示元件的直径。

③ 电阻类：电阻类元件封装也可以分为两类，分别是普通电阻类和可变电阻类元件封装。普通电阻类元件封装的编号为 AXIAL-xx，其中“xx”表示元件引脚间的距离；可变电阻类元件封装的编号为 VRx，其中“x”表示元件的类别。

④ 晶体管类：晶体管类元件封装的编号一般为 TO-xx，其中“xx”与晶体管的外形尺寸及功率有关，大功率的晶体管，一般为 TO-3；中功率的晶体管，如果是扁平的，就用 TO-220；金属壳的，就用 TO-66；小功率的晶体管，用 TO-5、TO-46、TO-92A 等都可以。

⑤ 集成电路类：集成电路类元件封装主要包括两类，分别是单列直插式和双列直插式。元件封装的编号为 SLX-xx，其中“xx”表示单列直插式集成电路的引脚数；双列直插式元件封装的编号为 DIP-xx，其中“xx”表示双列直插式集成电路的引脚数。

7.3 PCB 的设计流程

电路系统设计的最终目的是设计出电子产品，而电子产品的物理结构是通过印制电路板来实现的，因此印制电路板的设计是整个电路系统设计中最为关键和重要的一步。同样，在进行印制电路板设计之前，有必要先来介绍一下印制电路板设计的一般流程。

印制电路板设计的一般流程如图 7-5 所示。

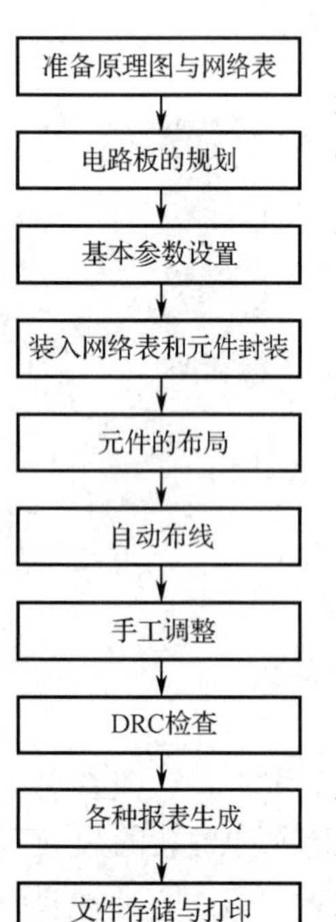

图 7-5 印制电路板设计的一般流程

1. 准备原理图与网络表

原理图和网络表的设计与生成是电路板设计的前期工作，在前面的章节中已经详细介绍过。但有时候，简单的电路板也可以不用绘制原理图，而直接进行 PCB 的设计。

2. 电路板的规划

电路板的规划是指在进行具体的 PCB 设计之前，设计人员根据电路系统的规模和复杂程度确定电路板的结构、尺寸、安装位置、安装方式、接口形式等参数。这是极其重要的工作，只有确定了这些，才能确定电路板的具体框架，方便后续设计工作的顺利进行。

3. 基本参数设置

在印制电路板的设计过程中，基本参数设置主要包括工作层面的设置和环境参数的设置。通常，一块印制电路板是由一系列层状结构构成的，不同的印制电路板具有不同的工作层面。因此，进行 PCB 设计基本设置的第一步就是根据电路设计的需要来选择和设置相应的工作层面。

环境参数的设置是印制电路板设计中非常重要的一步，主要包括度量单位的选择、栅格的大小、光标捕捉区域的大小以及设计规则等方面的设置。一般来讲设计人员可以在大多数参数选取系统默认值的基础上设置一些个性化参数来满足个人的设计习惯，个性化的环境参数设置可以大大提高印制电路板的设计效率。

4. 装入网络表和元件封装

网络表是由电路原理图生成的，它是 PCB 自动布线的灵魂，也是电路原理图设计系统与印制电路板设计系统之间的接口。只有将原理图生成的网络表装入到 PCB 设计系统中，设计人员才可以进行印制电路板的自动布线操作。元件封装就是指实际的电子元件或者集成电路的外观尺寸，它与原理图编辑器中的元件原理图符号是一一对应的，是使元件引脚和印制电路板上的焊盘保持一致的重要保证。

可见，装入网络表和元件封装是 PCB 设计过程中非常重要的一环。这里需要注意的是，在装入网络表和元件封装之前，设计人员必须先装载元件库，否则在装入网络表和元件封装的过程中会产生错误。

5. 元件的布局

设计人员正确装入原理图生成的网络报表后，PCB 设计系统会自动装入元件封装并且根据设计规则对元件进行自动布局。自动布局完成后，设计人员应该对不符合设计要求或者不尽人意的地方进行手工布局，以便于进行接下来的布线工作。一般情况下，元件布局应该从 PCB 的机械结构、散热性、抗电磁干扰能力以及布线的方便性等方面进行综合考虑和评估。元件布局的基本原则是先布局与机械尺寸有关的元件，然后布局电路系统的核心元件和规模较大的元件，最后布局电路板的外围元件。

6. 自动布线

Altium Designer 设计系统中的自动布线器采用了人工智能技术，它是一种先进的基于形状的对角线自动布线技术，布通率接近 100%。设计人员只需要在自动布线之前进行简单的布线参数和布线规则设置，自动布线器就会根据设置的设计法则和自动布线规则选取最优的自动布线策略来完成 PCB 的自动布线。

7. 手工调整

虽然说自动布线器具有极大的优越性并且布通率接近 100%，但是在某些情况下还是难以满足 PCB 设计的要求。这时，设计人员就需要采取手工调整的方法来对自动布线后的某些元件布线走向等方面进行调整，从而优化 PCB 的设计效果。

8. DRC 检查

完成 PCB 的自动布线后，设计人员还需要对 PCB 的正确性进行检查。如果采用人工的方法来进行检查，那么检查的效率会很低，因此 Altium Designer 系统提供了专门的检查工具。这个专门的检查工具主要用来对 PCB 进行设计规则检查，如果 PCB 中有不符合设计规则的地方，检查工具能够快速地检查出来，从而使得设计人员可以快速修改 PCB 设计中的问题。

9. 各种报表生成

利用系统提供的报表工具可以方便地生成各种包含 PCB 设计信息的报表文件，这些报表文件为设计人员和其他资源共享者提供了有关 PCB 设计过程和设计内容的详细资料。

10. 文件存储与打印

PCB 设计完成后，设计人员需要对 PCB 设计过程中产生的各种文件和报表进行存储和打印输出，以便对设计项目进行存档。实际上，这个过程就是一个对设计的各种文件进行输出的过程，也是设置打印参数和打印输出的过程。此外，设计人员还应该将 PCB 图导出，用来送交给制造商制作所需要的印制电路板。

对于上面介绍的 PCB 设计流程，读者应该熟练掌握。只有掌握了 PCB 设计的一般流程，设计人员才能够在设计过程中做到心中有数、有的放矢。

7.4 PCB 编辑器

7.4.1 PCB 编辑器界面

PCB 编辑器界面是编辑 PCB 文件的操作界面。只有熟悉了这个界面，才能进行印制电路板的设计操作。

在 Altium Designer 14 主窗口上，新建一个工作台，文件名为“项目七.DsnWrk”，保存到“项目七”文件夹中。选择菜单命令“文件”→“打开现有工程”，会显示一个对话框，按提示操作也可以打开已有的印制电路板文件。例如，打开第 3 章中创建的“集成功放电路.PchDoc”文件，可获得如图 7-6 所示的典型 PCB 编辑器界面。

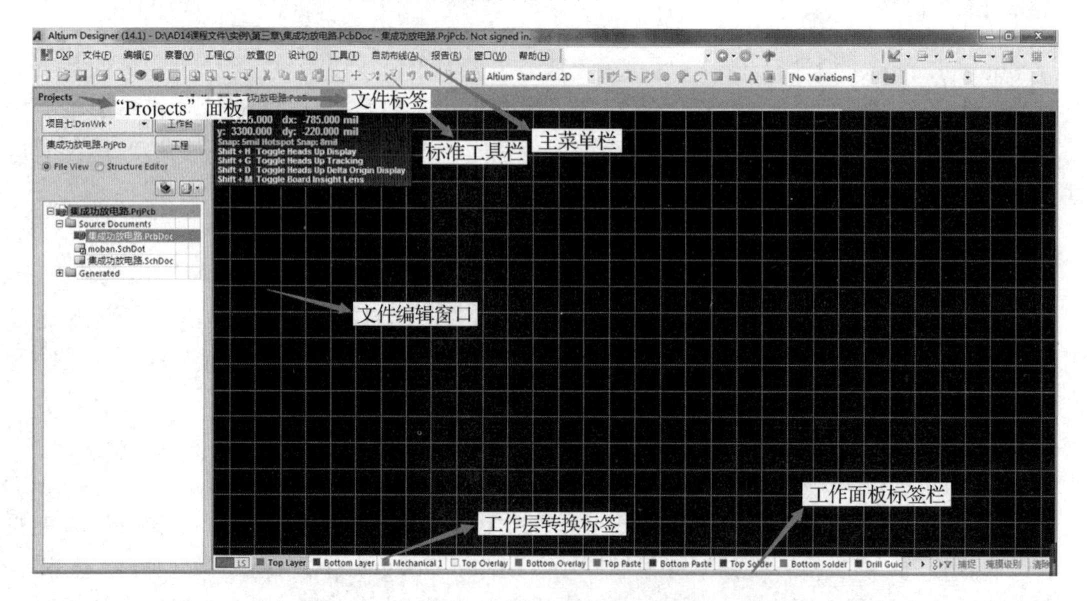

图 7-6 PCB 编辑器界面

（1）主菜单栏：菜单中包含系统中所有的操作命令，菜单中有下画线的字母代表快捷键。

（2）标准工具栏：主要用于文件操作，与 Windows 工具栏的使用方法相同。

（3）文件标签：激活的每个文件都会在编辑窗口顶部有相应的标签，单击标签可以对文件进行管理。

（4）工作面板标签栏：单击工作面板标签可以激活其相应的工作面板。

（5）文件编辑窗口：各类文件显示、编辑的地方，以图纸的形式出现，其大小可以设置。

（6）工作层转换标签：单击标签可以改变当前工作层。

7.4.2 PCB 对象编辑窗口

在 PCB 编辑器界面的右下角选择菜单命令“PCB”→“PCB”，可以调出 PCB 对象编辑窗口，如图 7-7 所示，该窗口主要涉及对 PCB 相关的对象进行编辑操作，如选择元件、差分的添加、铜皮的管理、孔分类信息等，可以专门以总体的形式进行处理。

7.4.3 PCB 设计常用面板

Altium Designer 14 提供了非常丰富的面板，为 PCB 设计效率的提高起到了很大的促进作用。

右击“System”标签，在弹出的快捷菜单中选择“Projects”“库”“Messages”等命令，可以打开相应的面板，如图 7-8 所示。

（2）右击“PCB”标签，在弹出的快捷菜单中选择“PCB Filiter”“PCB Inspector”等命令，可以打开相应的面板，如图 7-9 所示。

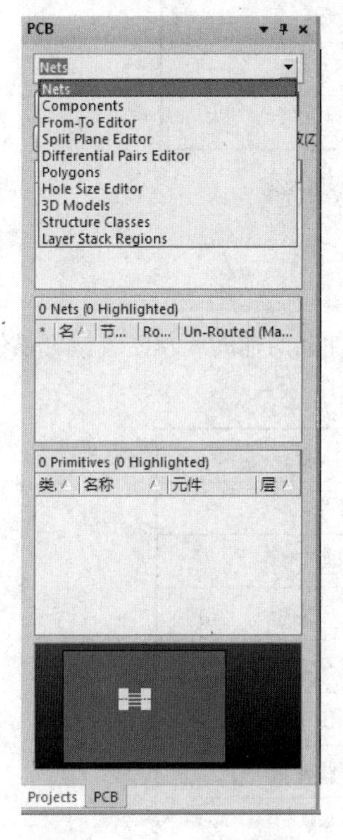

图 7-7 PCB 对象编辑窗口

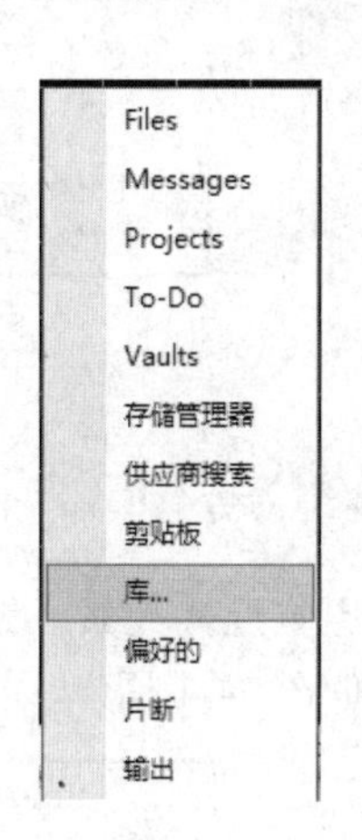

图 7-8 “System”快捷菜单

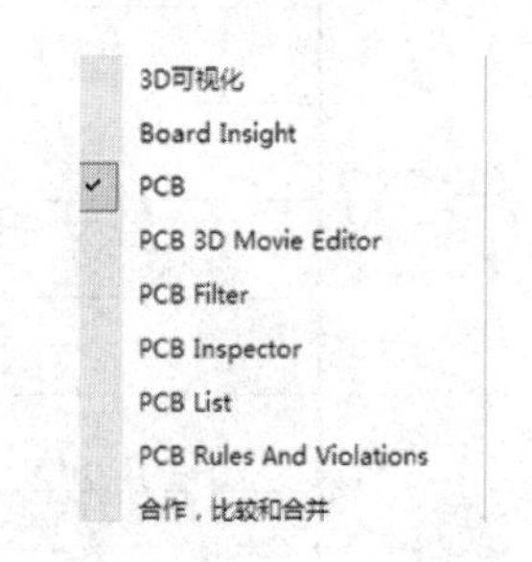

图 7-9 “PCB” 快捷菜单

7.4.4 PCB 编辑器工具栏

Altium Designer 提供了非常实用的工具栏及操作命令，直接在 PCB 编辑器中单击即可激活所需要的操作命令，增强了人机交互的联动性。

这里针对 PCB 设计常用的操作命令，进行介绍说明。

1. 常用布局布线放置命令

对于各种电气属性的连接，可以通过走线、敷铜等操作来实现，Altium Designer 提供了丰富的放置电气连接元素的命令，如图 7-10 所示。

按　钮	功　能
	交互式布线连接
	交互式布多根线连接
	交互式差分对连接
	放置焊盘
	放置过孔
	放置填充
	放置敷铜
A	放置文本字符串
	放置元件

图 7-10　常用放置电气连接元素的命令

2. 常用绘制命令

除了放置电气连接元素，经常需要绘制一些非电气性能的辅助线及图表，可以使用常用的绘制命令，如图 7-11 所示。

按　钮	功　能
	放置走线
	放置标准尺寸
	放置相对坐标点
	重新设置坐标原点
	放置圆弧（任意角度）
	放置圆环
	阵列粘贴

图 7-11　常用绘制命令

3. 常用尺寸标注命令

在设计过程中，经常需要用到尺寸标注。清晰的尺寸标注有助于设计师或者用户对设计图纸的大小有直观的认识。常用尺寸标注命令如图 7-12 所示。

按　钮	功　能
	放置线尺寸
	放置角度尺寸
	放置径向尺寸
	放置数据尺寸
	放置基线尺寸

图 7-12　常用尺寸标注命令

7.5　PCB 图件的基本操作

7.5.1　放置图件对象

在 PCB 的设计过程中，大部分工作都是对图件的操作，包括图件的放置、选择、删除、移动等，因此，图件的放置和绘制方法用户必须掌握。

1. 绘制导线

在 Altium Designer 14 系统的 PCB 编辑器中绘制导线的操作如下：

（1）绘制直线：单击工具栏“放置”下拉菜单中的 按钮，或选择菜单命令“放置”→“交互式布线”，光标变成“十”字形，即可进入绘制导线状态。先将光标移动到需绘制的导线的起始位置，单击确定导线的起点，然后移动光标，单击确定导线的终点，即可绘制出一段直导线。

（2）绘制折线：如果要绘制的导线为折线，则需在导线的每个转折点处单击确认，重复上述步骤，即可完成折线的绘制。

（3）结束绘制：绘制完一条导线后，系统仍处于绘制导线状态，可以按上述方法继续绘制其他导线，绘制完成后右击或按下 Esc 键，即可退出绘制导线状态。

（4）修改导线：在导线绘制完成后，如果用户对导线不是十分满意，可以做适当的调整。调整方法为选择主工具栏“编辑”下拉菜单“移动”子菜单中的“移动”或“拖动”命令，可修改导线，执行“移动”命令后，先单击导线使其出现操控点，然后将光标放到导线上，出现“十”字形光标后可以拉动导线，与之相连的导线随之移动；执行“拖动”命令后，先单击导线使其出现操控点，然后将光标放到导线上，出现“十”字形光标后可以拉动导线移动，与之相连的导线也随之变形；这时如果将光标放到导线的一端，出现双箭头光标后，可以拉长和缩短导线。

（5）设定导线的属性：系统处于绘制导线状态时按下 Tab 键，则会出现导线属性设置对话框，如图 7-13 所示。

在该对话框中可以对导线的宽度、过孔尺寸、导线所处的层等进行设定，用户对线宽和过孔尺寸的设定必须满足设计规则的要求。在本小节中，设计规则规定最大线宽和最小线宽均为 10mil，如果设定值超出规则的范围，本次设定将不会生效，并且系统会提醒用户该设定值不符合设计规则，如图 7-14 所示。

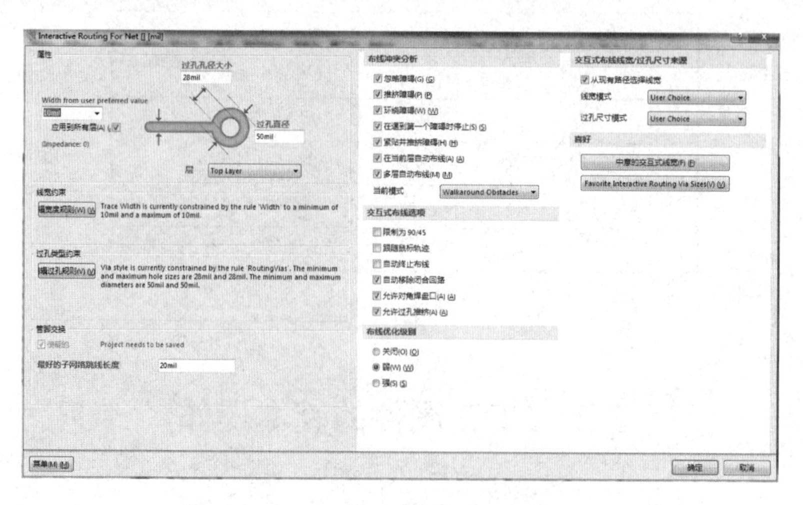

图 7-13　导线属性设置对话框

（6）编辑和添加导线设计规则：单击图 7-13 中的“菜单”按钮，弹出如图 7-15 所示的菜单命令。选择某一命令，可以对相应的设计规则进行修改。

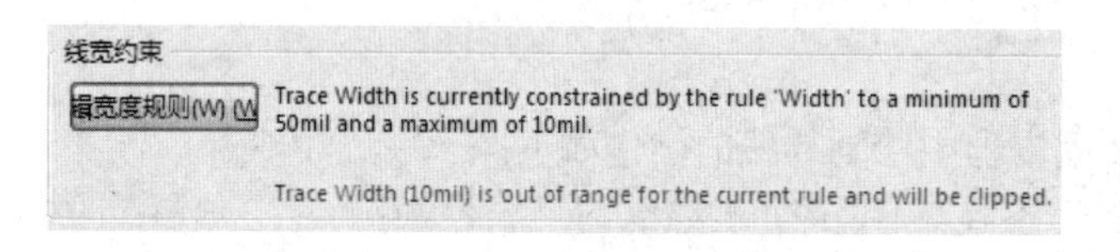

图 7-14　设定值不符合设计规则提示框

编辑宽度规则(W) (W)...
编辑过孔规则(V) (V)...
添加宽度规则(A) (A)...
添加过孔规则(D) (D)...
网络属性(Z)...

图 7-15　编辑和添加导线设计规则菜单命令

2. 放置焊盘

具体操作如下：

（1）选择菜单命令“放置”→“焊盘”。

（2）此时光标在 PCB 编辑窗口中变成“十”字形，并带有一个焊盘，如图 7-16 所示。移动光标到需要放置焊盘的位置处单击，即可将一个焊盘放置在光标所在位置处。图 7-16 中已放置了两个焊盘，第三个焊盘正在放置中。

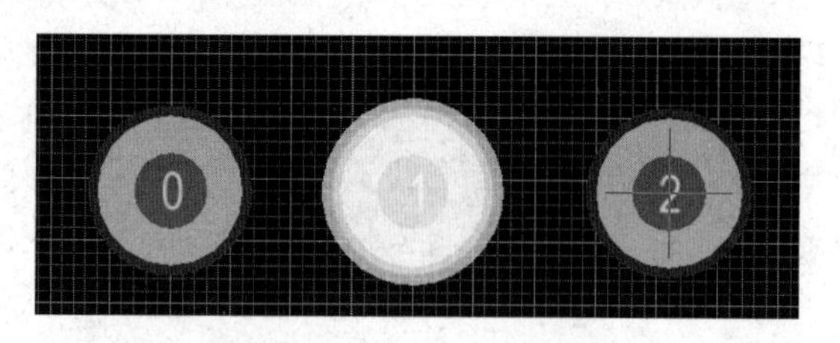

图 7-16　放置焊盘的光标状态

（3）按下 Tab 键，则会弹出“焊盘”属性对话框，如图 7-17 所示。在该对话框中，用户可以对焊盘的孔径大小、旋转角度、位置坐标、焊盘标号、工作层面、网络标号、电气类型、测试点锁定、镀锡、焊盘形状、尺寸与形状、锡膏防护层和阻焊层尺寸等参数进行设定和选择。需要注意的是，设定的过孔尺寸必须满足设计规则的要求。

（4）重复上面的操作，即可在工作平面上放置更多的焊盘，直到右击退出放置焊盘状态。

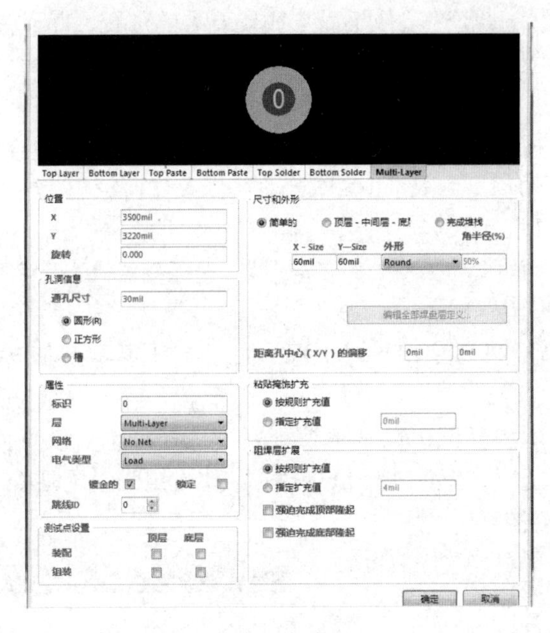

图 7-17 “焊盘”属性对话框

3. 放置过孔

具体操作如下：

（1）选择菜单命令“放置”→“过孔”。

（2）此时光标变成“十”字形，并带有一个过孔，如图 7-18 所示。将光标移动到需要放置过孔的位置单击，即可将一个过孔放置在光标当前所在的位置处。图中已放置了两个过孔，第三个过孔正在放置中。

（3）按下 Tab 键，则会出现“过孔”对话框，如图 7-19 所示，在该对话框中，可以对孔的直径、位置坐标、起始工作层、结束工作层、网络标号、锁定和阻焊层尺寸等参数进行设定和选择。

图 7-18　放置过孔的光标状态

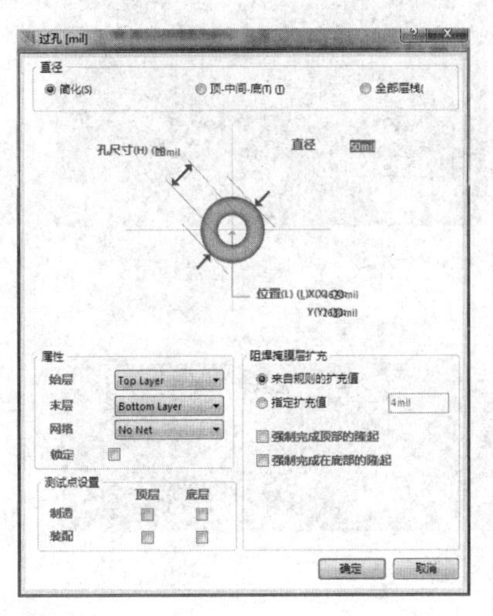

图 7-19 “过孔”对话框

（4）重复上面的操作，即可在工作平面上放置更多的过孔，直到右击退出放置过孔状态。

4. 放置字符串

Altium Designer 系统的 PCB 编辑器提供了用于文字标注的放置字符串的命令。字符串是不具有任何电气特性的图件，对电路电气连接关系没有任何影响，它只起到标识的作用。

放置字符串具体操作如下：

（1）选择菜单命令“放置”→“文本字符串”，光标变成“十”字形并带有一个默认的字符串，如图 7-20 所示。

（2）按下 Tab 键，则会出现“串”对话框，如图 7-21 所示。在该对话框中，可以对字符串的文本内容、高度、宽度、字体、所处工作层、放置角度、放置位置坐标、锁定等进行选择或设定。字符串的文本内容既可以从下拉列表中选择，也可以直接输入，如输入字符串“2019-4-8”，所处的工作层设定为“Top Layer”，字体设定为“笔画”，放置角度设定为水平，其他选项采用系统默认设置。

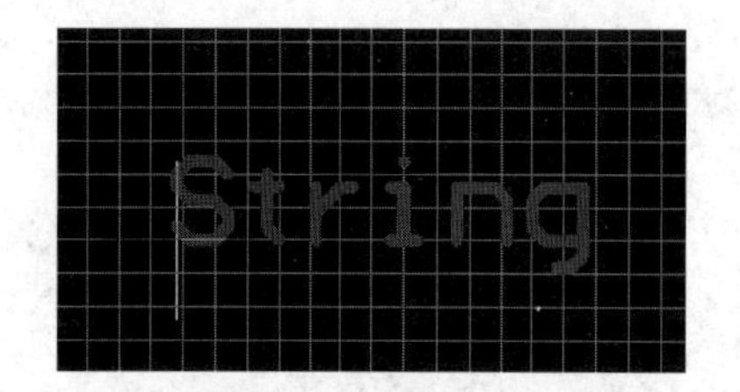

图 7-20　放置字符串

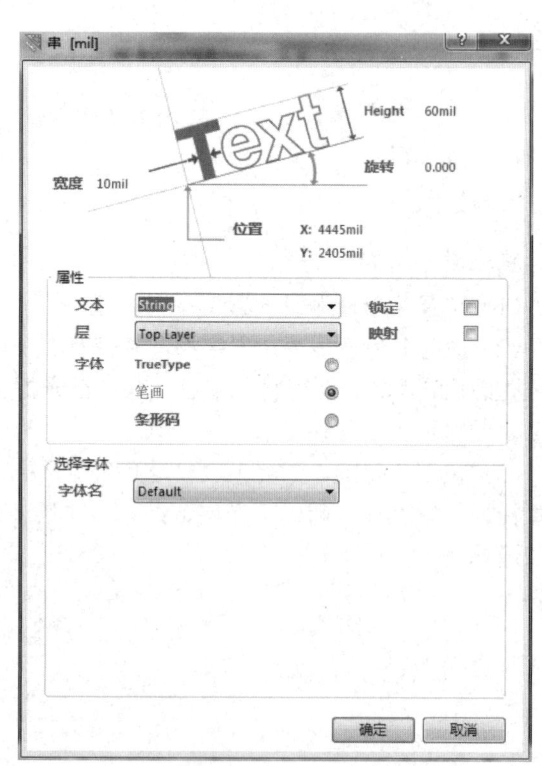

图 7-21　“串”对话框

图 7-22　设置后的结果

（3）设置完字符串属性后，单击对话框中的“确定”按钮，将光标移动到所需位置单击，即可将当前字符串放置在光标所处位置，如图 7-22 所示。

（4）此时，系统仍处于放置相同内容字符串状态，可以继续放置该字符串，也可以重复上面的操作改变字符串的属性。还可以通过按空格键来调整字符串的放置方向。放置结束后，右击或按 Esc 键即可退出当前状态。

5. 放置位置坐标

用户可以在编辑区中的任意位置放置位置坐标，不具有任何电气特性，只是提示用户当前鼠标所在的位置与坐标原点之间的距离。

放置位置坐标具体操作如下：

（1）选择菜单命令“放置”→“坐标”，光标变成“十”字形并带有当前位置的坐标，如图 7-23 所示。随着光标移动，坐标值也相应改变。

（2）按下 Tab 键，出现“调整”对话框，如图 7-24 所示。

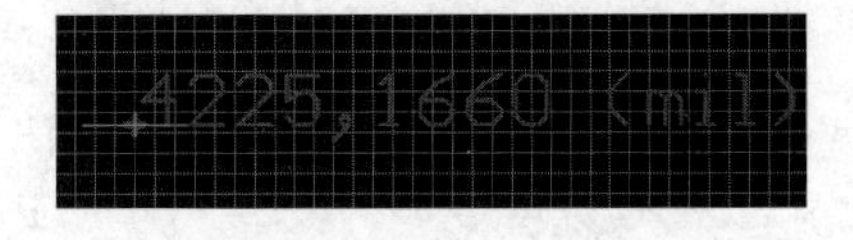

图 7-23　放置当前位置坐标

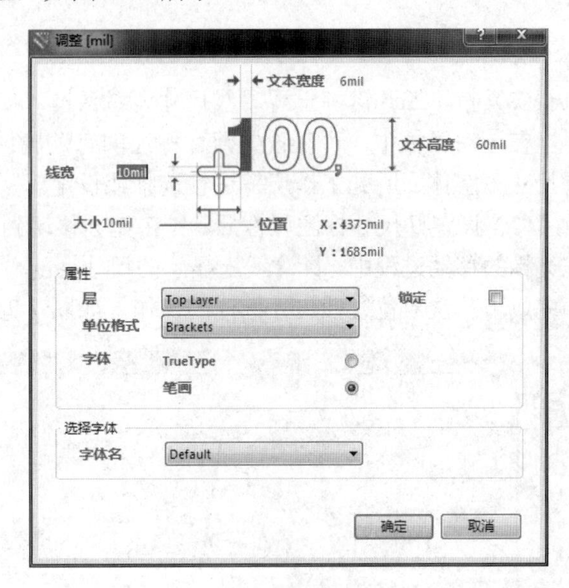

图 7-24 “调整”对话框

在该对话框中，可以设置位置坐标的有关属性，对文本宽度、文本高度、线宽、字体、所处工作层、放置位置坐标等进行选择或设定。

（3）设置好位置坐标属性后，单击对话框中的“确定”按钮，即可进入放置状态，将光标移动到所需位置，单击即可将当前位置坐标放置在工作窗口内。

6. 放置尺寸标注

在印制电路板设计过程中，为了方便制板过程，通常需要标注某些图件尺寸参数。标注尺寸不具有电气特性，只是起提示用户的作用。Altium Designer 系统的 PCB 编辑器提供了 10 种尺寸标注方式，选择菜单命令“放置”→“尺寸”，即可从打开的下拉菜单中看到尺寸标注的各种方式，如图 7-25 所示。

10 种尺寸标注的操作方法大致一样，下面仅以标注线性尺寸为例进行介绍。具体操作如下：

（1）选择菜单命令“放置”→“尺寸”→“线性的”，光标变成“十”字形并带有一个当前所测线间尺寸数值，如图 7-26 所示。

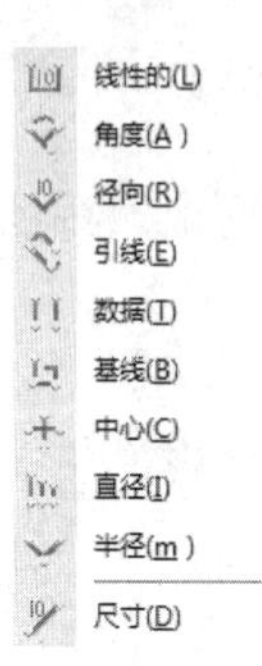

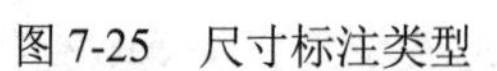
图 7-25　尺寸标注类型

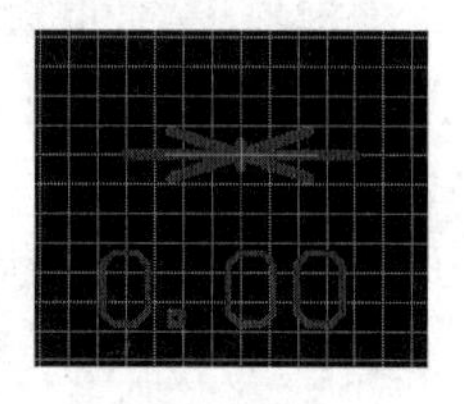

图 7-26　光标状态

（2）按下 Tab 键，出现“线尺寸”对话框，如图 7-27 所示。

在该对话框中，可以设置尺寸标注的有关属性，对文本宽度、文本高度、线宽、箭头位置尺寸、字体、所处工作层等进行选择或设定。

（3）设置好尺寸标注属性后，先将光标移动到被测图件的起点处并单击，然后移动光标，在光标的移动过程中，标注线上显示的尺寸会随着光标的移动而变化，在尺寸的终点处单击，即完成了一次放置线性尺寸标注的操作，如图 7-28 所示。

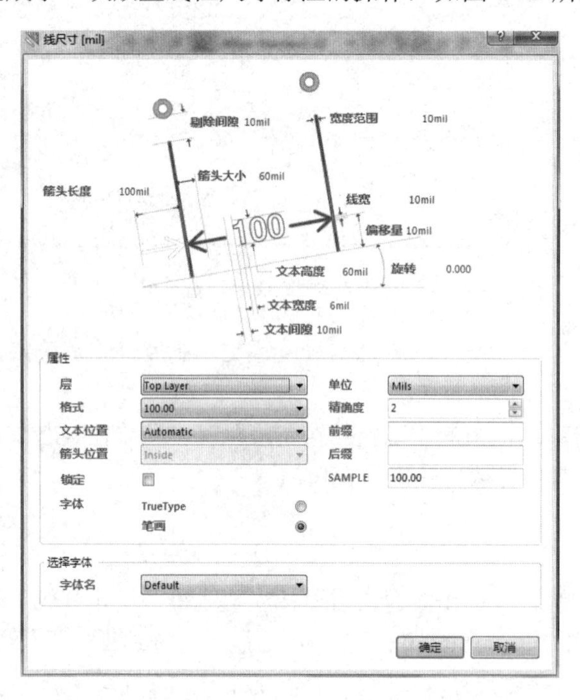

图 7-27 “线尺寸”对话框

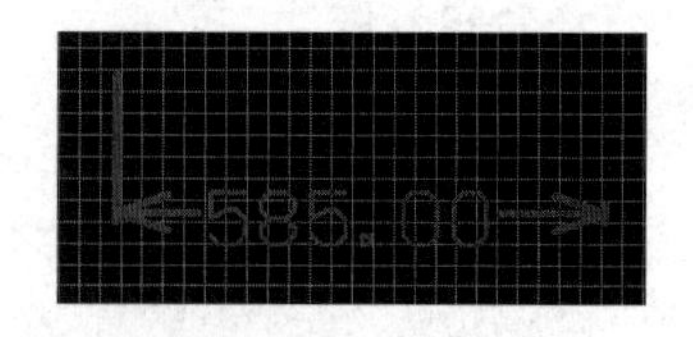

图 7-28　线性尺寸标注

（4）重复上述操作，可以继续放置其他的尺寸标注，右击或按 Esc 键可退出当前状态。

7. 放置元件

Altium Designer 编辑器除了可以自动装入元件，还可以通过手工操作将元件放置到工作窗口中，放置元件的具体操作步骤如下：

（1）选择菜单命令“放置”→“器件”。

（2）执行上述命令后，弹出“放置元件”对话框，在该对话框的“放置类型”选项组中，可以选择元件的封装形式、位号和注释等参数。

（3）以放置三极管元件为例。先选择“元件”选项，其在元件库中的名称为“2N3906”，该三极管在电路中的标识符为“VT1”，如图 7-29 所示。

（4）再选择“封装”选项，系统立即配制该元件的封装。

（5）单击“确定”按钮，光标变成“十”字形并带着选定的元件出现在工作窗口的编辑区内，如图 7-30 所示。

图 7-29 “放置元件”对话框

图 7-30 放置元件

（6）在此状态下，按下 Tab 键，可以进入“元件”对话框，如图 7-31 所示。在该对话框中，可以设定元件属性（包括所处工作层、坐标位置、旋转方向和锁定等）、标识、注释等参数。

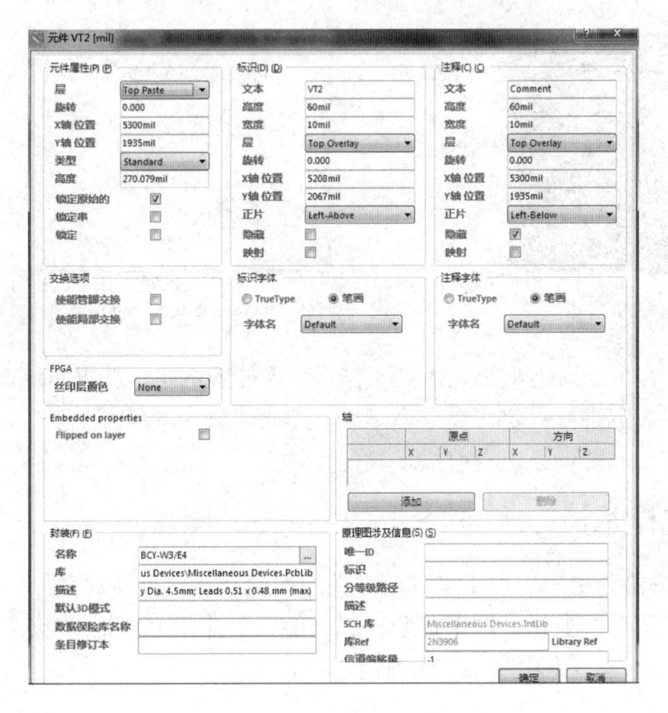

图 7-31 “元件”对话框

（7）设定好元件属性后，单击“确定”按钮。

（8）在工作平面上移动光标，即可移动元件的放置位置，也可以按空格键调整元件的放置方向，单击即可将元件放置在当前光标所在的位置。

上面介绍的放置元件是从已装入的元件库中查询、选择所需的元件封装形式。如果在已有的元件库中没有找到合适的元件封装，就要添加元件库。具体方法可以参照第 3 章中添加元件库中相关的内容。

8. 放置填充

在印制电路板设计过程中，为了提高系统的抗干扰能力和考虑通过大电流等因素，通常需要放置大面积的电源/接地区域。系统 PCB 编辑器为用户提供了填充这一功能。通常填充方式有两种：矩形填充和多边形填充，两种填充方式的放置方法类似，这里只介绍矩形填充，具体步骤如下：

（1）选择菜单命令“放置”→“填充”，立即进入放置状态。

（2）移动光标，依次确定矩形区域对角线的两个顶点，即可完成对该区域的填充，如图 7-32 所示。

（3）按下 Tab 键，弹出“填充”对话框，如图 7-33 所示。

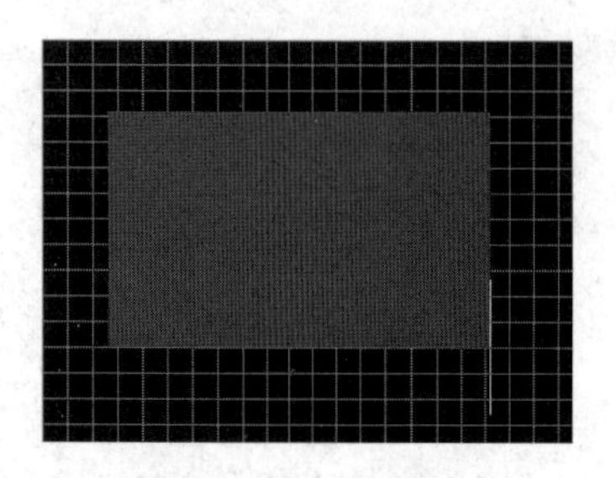

图 7-32　矩形填充

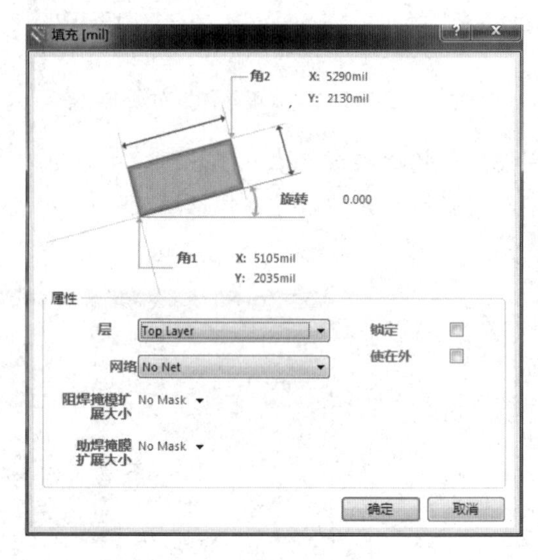

图 7-33　“填充”对话框

在该对话框中，可以对矩形填充所处工作层、连接的网络、放置角度、两个对角的坐标、锁定和禁止布线参数等进行设定。设定完毕后，单击“确定”按钮。

（4）右击或按 Esc 键可退出当前状态。

7.5.2　图件的选择/取消选择

系统 PCB 编辑器为用户提供了丰富而强大的编辑功能，包括对图件进行选择/取消选择、删除、更改属性和移动等操作，利用这些编辑功能可以非常方便地对印制电路板中的图件进行修改和调整。下面先介绍图件的选择/取消选择。

1. 选择方式的种类与功能

选择菜单命令“编辑”→“选中”，弹出快捷菜单，其中各选项如图 7-34 所示。

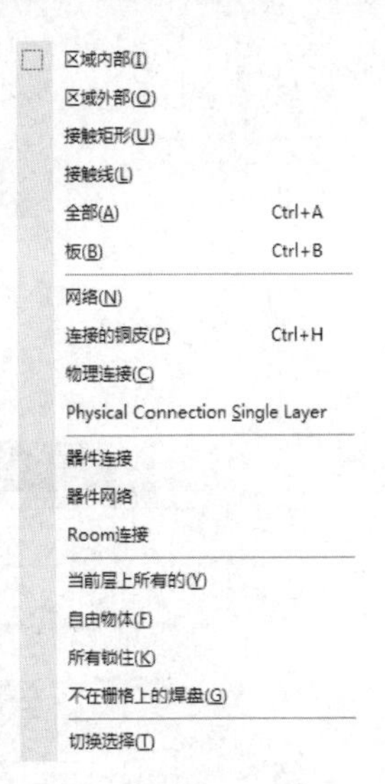

图 7-34　选择方式

2. 图件的选择操作

常用的选择所有图件的命令有“区域内部”“区域外部”“全部”“板”，其中“区域内部”和“区域外部”命令的操作过程几乎完全一样，不同之处在于“区域内部”命令选中的是区域内的所有图件，“区域外部”命令选中的是区域外的所有图件；命令的作用范围仅限于显示状态工作层上的图件。“全部”和“板”命令则适用于所有的工作层，无论这些工作层是否设置了显示状态；不同之处在于“全部”命令选中的是当前编辑区内的所有图件，“板”命令选中的是当前编辑区中的印制板中的所有图件。

具体操作步骤以选择区域内部的所有图件为例进行介绍：

（1）选择菜单命令“编辑”→“选中”→“区域内部”，光标变成“十”字形。将光标移动到工作平面的适当位置，单击确定待选区域对角线的一个顶点。

（2）在工作窗口中移动光标，光标的移动会拖出一个矩形虚线框，该虚线框即代表所选中区域的范围，如图 7-35 所示。当虚线框包含所要选择的所有图件后，在适当位置单击，确定指定区域对角线的另一个顶点，这样该区域内部的图件均被选中，如图 7-36 所示。

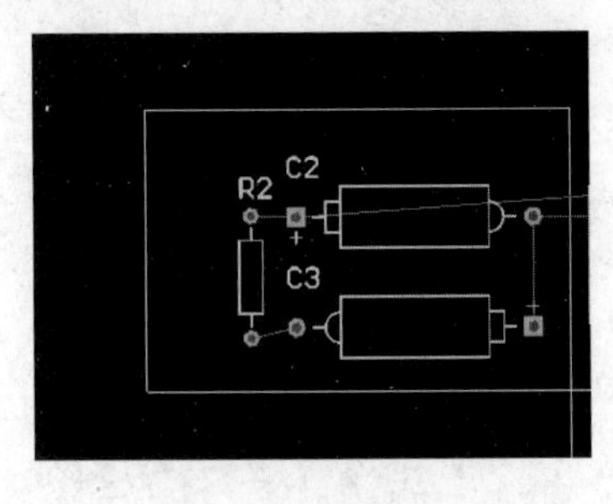

图 7-35　选中区域

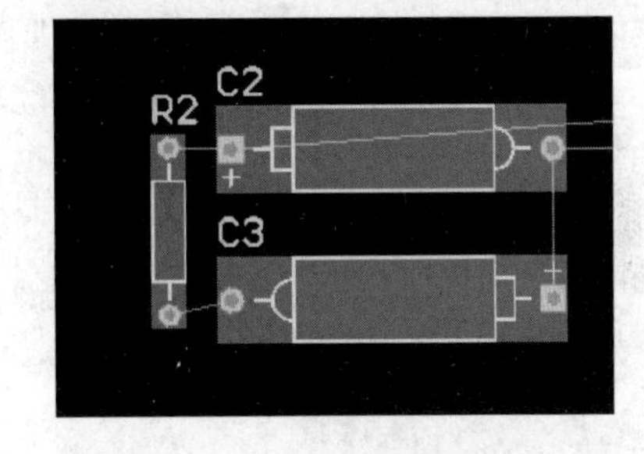

图 7-36　区域内部图件均被选中

3. 选择指定的网络

具体操作步骤如下：

（1）选择菜单命令“编辑”→“选中”→“网络”，光标变成“十”字形。

（2）将光标移动到所要选择的网络中的线段或焊盘上，单击即可选中整个网络。

（3）如果在执行该命令时没有选中所要选的网络，则会出现如图 7-37 所示的对话框。

（4）单击“确定”按钮，出现如图 7-38 所示的当前编辑 PCB 的网络窗口，选中相应的网络或在图 7-37 所示对话框中直接输入所要选择的网络名称，单击“确定”按钮即可选中该网络。

图 7-37 “Net Name”对话框

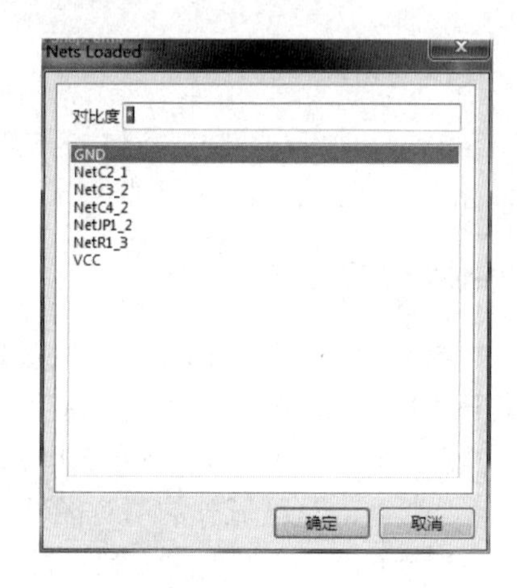

图 7-38 当前编辑 PCB 的网络窗口

（5）右击即可退出该状态。

4. 切换图件的选中状态

在该状态下，可以用光标逐个选中用户需要的多个图件。该命令具有开关特性，即对某个图件重复执行该命令，可以切换图件的选中/取消选中状态。

（1）选择菜单命令“编辑”→“选中”→“切换选择”，光标变成“十”字形。

（2）将光标移动到所要选择的图件上单击，即可选中该图件。

（3）重复执行第（2）步的操作即可选中其他图件。如果想要撤销某个图件的选中状态，只要对该图件再次执行第（2）步的操作即可。

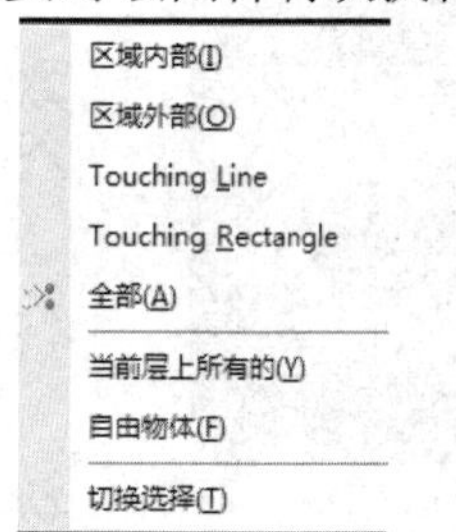

图 7-39 取消选择方式

（4）右击即可退出该状态。

5. 图件的取消选择

（1）PCB 编辑器为用户提供了多种取消选择图件的方式，选择菜单命令“编辑”→“取消选中”，即可弹出如图 7-39 所示的几种取消选择方式。

（2）撤销选择图件的操作方法与选择图件的方法类似，读者不妨试一试。

7.5.3 删除图件

在印制电路板的设计过程中，经常会在工作窗口中出现某些不必要的图件，用户可以利用 PCB 编辑器提供的删除功能来删除图件。

1. 利用菜单命令删除图件

具体操作如下：

（1）选择菜单命令“编辑”→“删除”，光标变成“十”字形。

（2）将光标移动到想要删除的图件上单击，则该图件就会被删除。

（3）重复上一步的操作，可以继续删除其他图件，右击退出删除状态。

2. 利用快捷键删除图件

要删除某个（些）图件，可以先单击该图件，使其处于激活状态，然后按 Del 键即可将其删除。

7.5.4　移动图件

在对 PCB 图进行编辑时，有时要求手工布局或手工调整，移动图件是用户在设计过程中常用的操作。

1. 移动图件的方式

选择菜单命令“编辑”→“移动”，弹出移动方式子菜单，如图 7-40 所示。

2. 图件移动操作方法

下面将对在 PCB 设计过程中常用的几种命令的功能和操作方法，分别做介绍。

1）移动图件

该命令只移动单一的图件，而与该图件相连的其他图件不会随之移动，仍留在原来的位置。操作步骤如下：

（1）选择菜单命令“编辑”→“移动”→“移动”，光标变成“十”字形。

（2）将光标移动到需要移动的图件上，单击并按住鼠标左键进行拖动，此时该图件将随着光标的移动而移动，将图件拖动到适当的位置，这时图件与原来连接的导线已断开。

（3）右击即可退出移动状态。

2）拖动图件

“拖动”命令与“移动”命令的功能基本类似但有一些差别，主要取决于 PCB 编辑器的参数设置。选择菜单命令“工具”→“优先选项”，弹出“参数选择”对话框，单击“General”标签，在“其他”选项组的“比较拖拽”下拉菜单中，可对拖动方式进行设置，如图 7-41 所示。

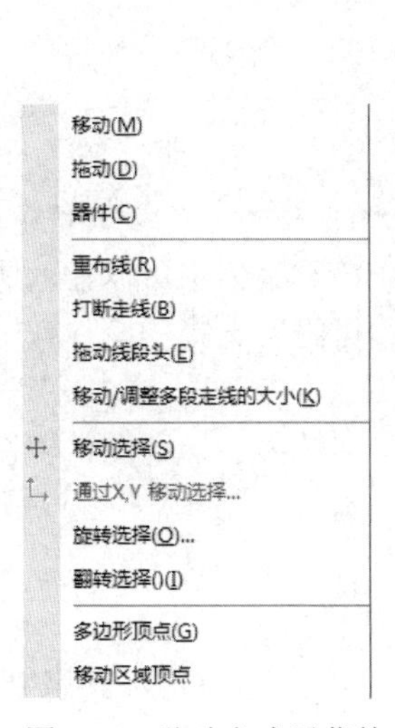

图 7-40　移动方式子菜单

图 7-41　“参数选择”对话框

操作步骤如下：

（1）选择菜单命令“编辑”→“移动”→“拖动”，光标变成“十”字形。

（2）将光标移动到需要移动的图件上，单击并按住鼠标左键拖动，此时该图件将随着光标的移动而移动，将图件拖动到适当的位置后单击，即可将图件移动到当前位置。

（3）右击即可退出拖动状态。

3）移动元件

操作步骤如下：

（1）选择菜单命令“编辑”→“移动”→“器件”，光标变成“十”字形。

（2）将光标移动到需要移动的元件上，单击并按住鼠标左键拖动，此时该元件将随着光标的移动而移动，将元件拖动到适当的位置后单击，即可将元件移动到当前位置。

（3）右击即可退出移动状态。

4）拖动线段

执行该命令时，线段的两个端点固定不动，其他部分随着光标移动，当拖动线段到达新位置，单击确定线段的新位置后，线段处于放置状态。

操作步骤如下：

（1）选择菜单命令“编辑”→“移动”→“打断走线”，光标变成“十”字形。

（2）将光标移动到需要拖动的线段上，单击选中该段导线。

（3）拖动鼠标，此时该线段的两个端点固定不动，其他部分随着光标的移动而移动。移动光标将线段拖动到适当的位置后单击，即可将线段移动到新的位置。

（4）右击即可退出拖动状态。

5）移动已选中的图件

操作步骤如下：

（1）选择图件。

（2）选择菜单命令“编辑”→“移动”→“移动选择”，光标变成“十”字形。

（3）将光标移动到需要移动的图件上，单击并按住鼠标左键拖动，此时该图件将随着光标的移动而移动，将图件拖动到适当的位置后单击，即可将图件移动到当前位置。

（4）右击即可退出移动状态。

6）旋转已选中的图件

操作步骤如下：

图 7-42　输入旋转角度

（1）选择图件。

（2）选择菜单命令“编辑”→“移动”→“旋转选择”，出现如图 7-42 所示的对话框。在该对话框中可以输入所要旋转的角度，单击“确定”按钮，即可将所选择的图件按输入角度旋转。

（3）确定旋转中心位置。将光标移动到适当位置，单击确定旋转中心，则图件将以该点为中心旋转指定的角度。

7.5.5　跳转查找图件

在设计过程中，往往需要快速定位某个特定位置或查找某个图件，这时可以利用 PCB 编辑器的跳转功能来实现。

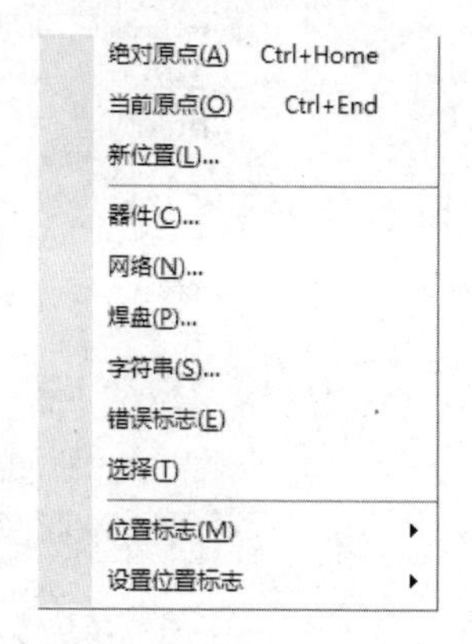

图 7-43　跳转方式子菜单

1. 跳转查找方式

1）跳转方式

选择菜单命令“编辑”→“跳转”，弹出跳转方式子菜单，如图 7-43 所示。

2）命令说明

（1）绝对原点：绝对原点即系统坐标系的原点。

（2）当前原点：当前原点有两种情况，若用户设置了自定义坐标系的原点，则指的是该原点；若用户没设置自定义坐标系的原点，则指的是绝对原点。

（3）错误标志：错误标志是指由 DRC 检测而产生的标志。

（4）设置位置标志、位置标志：位置标志是指用数字表示的记号。这两个命令应配合使用，即设置位置标志后，才能使用跳转到位置标志处命令。

2. 跳转查找的操作方法

跳转查找命令的操作比较简单，这里只举几个例子进行说明，其他操作方法类似。

1）跳转到指定的坐标位置

（1）选择菜单命令“编辑”→“跳转”→“新位置”，出现如图 7-44 所示的对话框。

（2）输入要跳转到位置的坐标值，单击“确定”按钮，即可跳转到指定位置处。

2）跳转到指定的元件

（1）选择菜单命令“编辑”→“跳转”→“器件”，出现如图 7-45 所示的对话框。

（2）输入要跳转到的元件序号后，单击“确定”按钮，即可跳转到指定元件处。

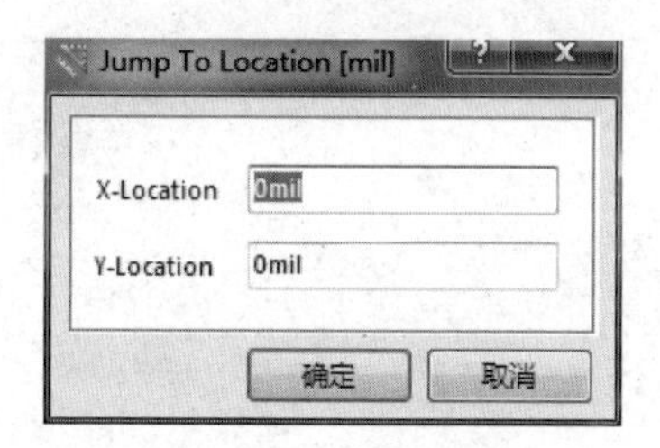

图 7-44　输入坐标位置

图 7-45　输入元件序号

3）放置位置标志

（1）选择菜单命令“编辑”→“跳转”→“设置位置标志”后，会出现一列数字，如图 7-46 所示。

（2）选定某个数字后，单击确认该数字为位置坐标后，光标变为“十”字形。

（3）移动光标选定设置位置标志的地方，单击确认将该地方设为放置位置标志处。

4）跳转到位置标志处

（1）选择菜单命令“编辑”→“跳转”→“ 位置标志”后，也会出现一列数字，如图 7-47 所示。

（2）选择某个数字作为位置标志后，单击确认所选的位置，即可指向该数字所标志的位置。

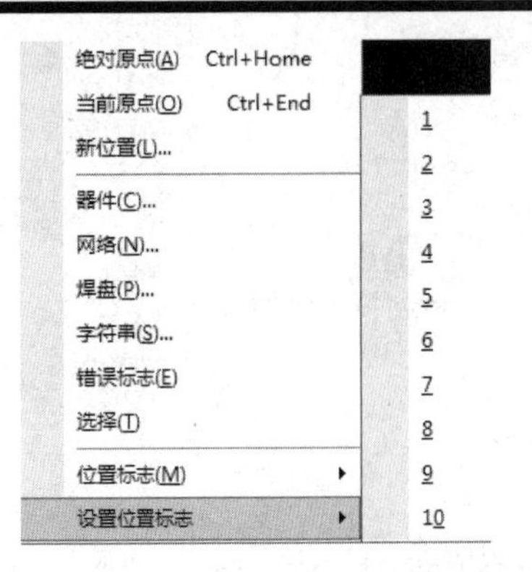

图 7-46　选定位置标志

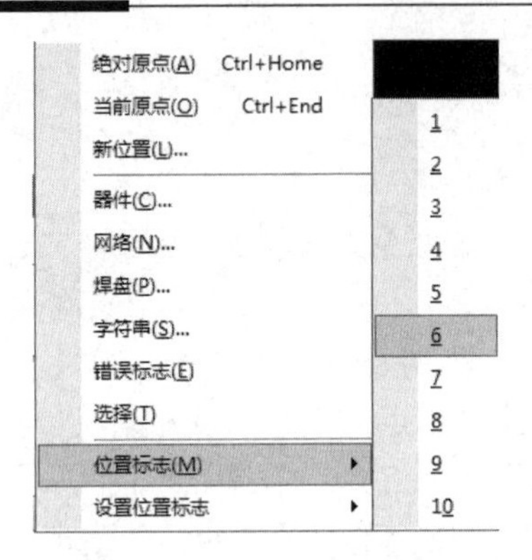

图 7-47　选定跳转位置标志

第八章　PCB 的设计

8.1　新建 PCB

8.1.1　利用 PCB 向导创建 PCB 板框

在设计由原理图向 PCB 图转换之前，需要先新建 PCB 文件，定义符合设计的 PCB 板框轮廓。Altium Designer 14 为用户提供了多种新建 PCB 文件的方法，分别是手动生成 PCB 文件、通过模板生成 PCB 文件和通过向导生成 PCB 文件。通过向导生成 PCB 文件是设计人员最常采用的快速生成 PCB 板框的方法，在生成文件的过程中，可以定义 PCB 文件的参数，也可以选择标准的模板。

在文件管理器中，选择“从模板新建”中的“PCB Board Wizard”选项，弹出“PCB 板向导”对话框，如图 8-1 所示。

图 8-1　“PCB 板向导”对话框

单击“下一步”按钮，进入“选择板单位”界面，如图 8-2 所示。在该界面中可以设置板的尺寸单位，有“英制的”和“公制的”两个选项可以选择。

单击“下一步”按钮，进入“选择板剖面”界面，如图 8-3 所示。在该界面中可以选择 PCB 使用的模板尺寸，常见的有 A3、A4 等，也有已经设置好板子外形的 AT long bus、AT short bus 等模板，还有 Custom（自定义）方式。在左侧列表框中选择一个模板，右侧区域将显示该模板的预览图。

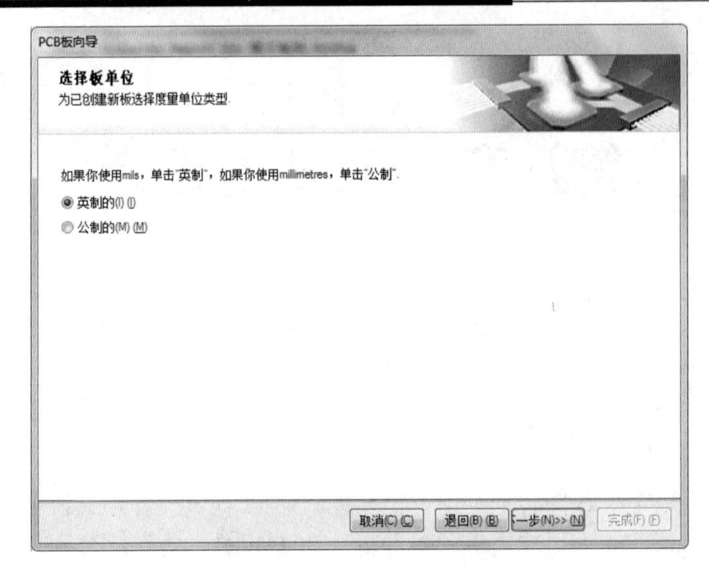

图 8-2　选择板单位

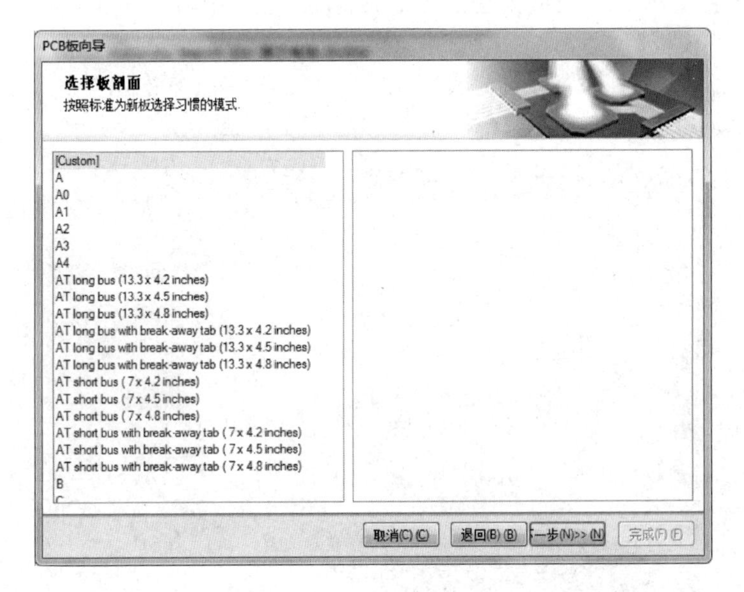

图 8-3　选择板剖面

如果在左侧列表框中选择“Custom”选项，单击“下一步”按钮，将进入“选择板详细信息”界面，如图 8-4 所示。在该界面中，可以设置板的外形形状、板尺寸、尺寸层等参数。

- 外形形状：设置板的外形，有“矩形”“圆形”“定制的”3 种外形可供选择。
- 板尺寸：设置板的尺寸，当外形形状选择“矩形”或“定制的”时，可在该项中设置板的高度和宽度；当外形形状选择“圆形”时，可在该项中设置板的半径。
- 尺寸层：设置板的机械层。
- 边界线宽：设置板的边界线的宽度。
- 尺寸线宽：设置标准尺寸标注线的宽度。
- 与板边缘保持距离：设置板的电气边界与物理边界的距离。

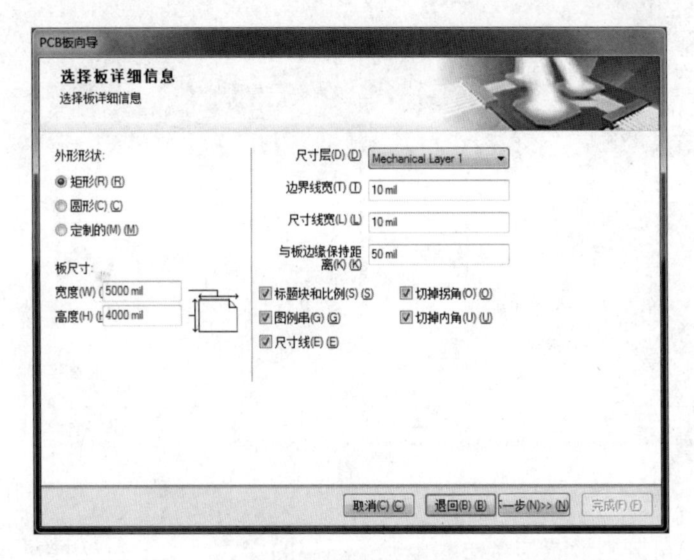

图 8-4　设置 PCB 板参数

- 标题块和比例：定义是否在 PCB 上设置标题栏。
- 图例串：定义是否在 PCB 上添加图例字符串。
- 尺寸线：定义是否在 PCB 上设置尺寸线。
- 切掉拐角：定义是否截取 PCB 的一个角。选择该选项后，单击“下一步”按钮即可对拐角切除尺寸进行详细的设置，如图 8-5 所示。

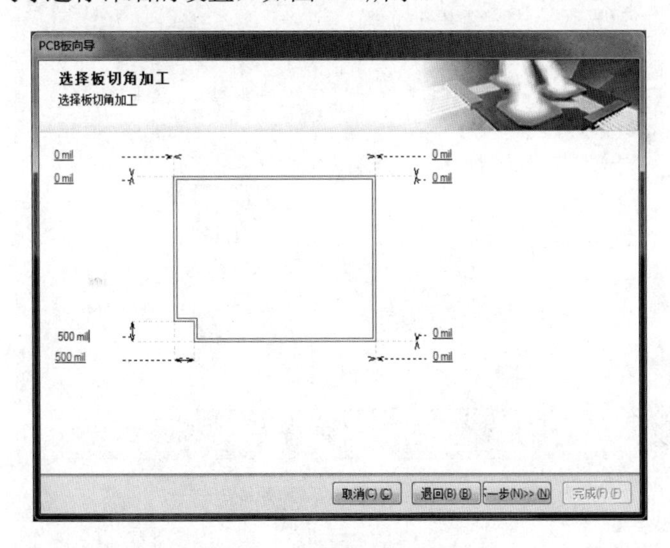

图 8-5　设置拐角切除尺寸

- 切掉内角：定义是否截取印制电路板的中心部位，该选项通常是为了元件的散热而设置的。选择该选项后，单击“下一步”按钮即可对截取的中心部位尺寸进行详细的设置，如图 8-6 所示。

设置完成后，单击“下一步”按钮，进入“选择板层”界面，如图 8-7 所示，如果在“选择板剖面”界面的左侧列表框中选择“Custom”以外的其他选项，单击“下一步”按钮，将直接进入“选择板层”界面。

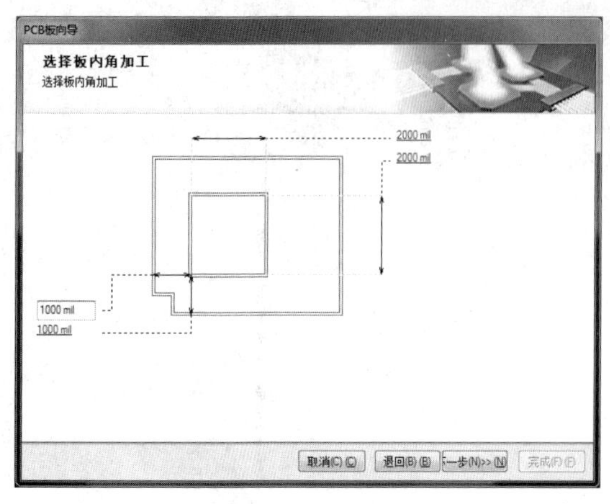

图 8-6　设置内角切除尺寸

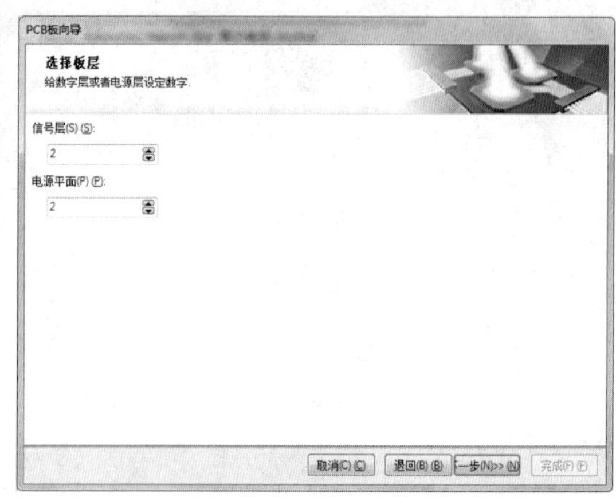

图 8-7　设置 PCB 板层

在该界面中，可分别设置信号层和电源平面层的层数。如果为双面板，应将“信号层”选项设置为 2，“电源平面”选项设置为 0。

设置完成后，单击“下一步”按钮，进入“选择过孔类型”界面，如图 8-8 所示，该界面中包含两个选项，选择“仅通孔的过孔”表示过孔样式为穿透孔，选择“仅盲孔和埋孔”表示过孔样式为盲孔或深埋过孔。同时，在该界面右侧会给出相应的过孔样式预览效果。

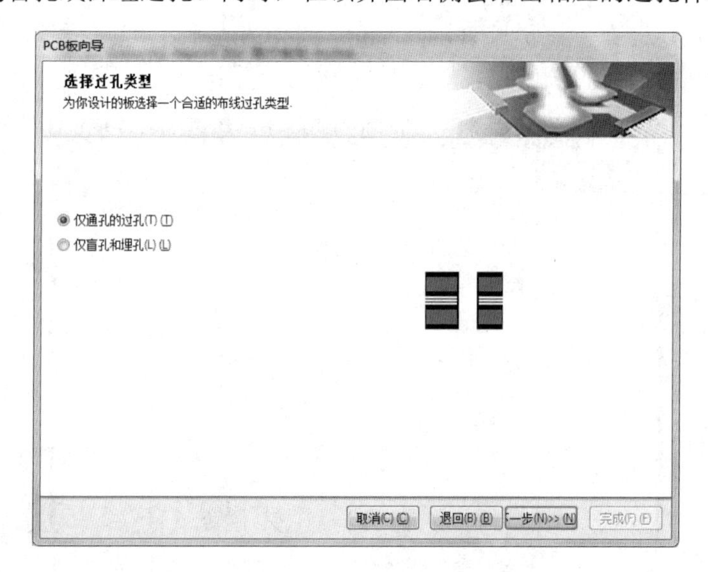

图 8-8　设置过孔类型

完成选择后，单击“下一步”按钮，进入“选择元件和布线工艺”界面。在该界面中，选择“表面装配元件”表示为表面贴片安装元件；选择“通孔元件”表示直插式安装元件。如果选择“表面装配元件”，还可以选择“是”或者“否”来指定是否在电路板的双面安装元件，如图 8-9 所示；如果选择“通孔元件”，则要设置临近两个焊盘间允许放置导线的数量，如图 8-10 所示。

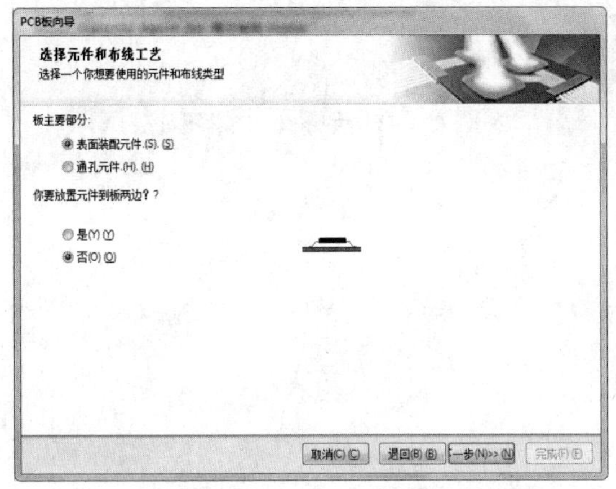

图 8-9　选择“表面装配元件”

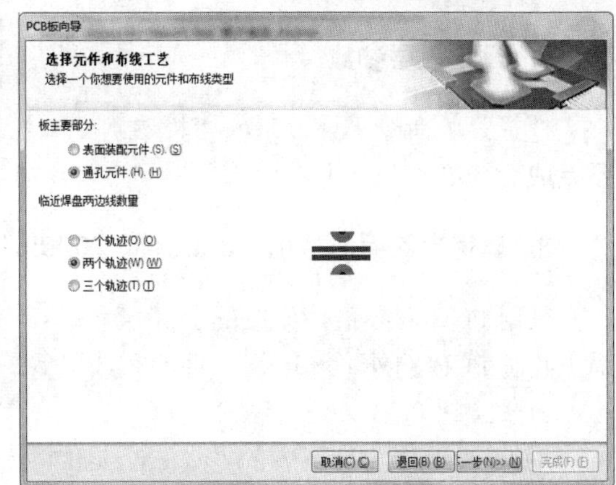

图 8-10　选择“通孔元件”

设置完成后，单击“下一步”按钮，进入“选择默认线和过孔尺寸”界面，如图 8-11 所示，在该界面中包括 4 个设置选项。

- 最小轨迹尺寸：即导线的最小宽度。一般来说，信号线和电源线的宽度不能小于 8mil，否则会使电路不能正常工作。
- 最小过孔宽度：过孔的最小宽度。
- 最小过孔孔径大小：过孔的孔径尺寸。
- 最小间隔：导线间或导线与焊盘间的最小安全距离。

设置完成后，单击“下一步”按钮，进入板向导完成界面，如图 8-12 所示。单击“完成”按钮，结束 PCB 向导的设置，同时打开已经创建完成的 PCB 板框。

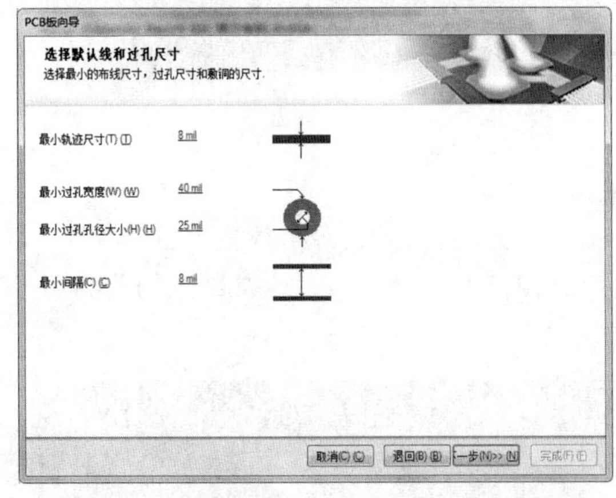

图 8-11　设置导线和过孔尺寸

图 8-12　PCB 板向导完成界面

8.1.2　手工创建 PCB 文件

1. 创建 PCB 编辑环境

选择菜单命令“文件”→“新建”→“PCB”，创建一个新的 PCB 文件。

2. 设置板层参数

选择菜单命令“设计”→“板参数选项”，弹出“板选项”对话框，如图 8-13 所示。设置完成后，单击“确定”按钮。

3. 确定电路板的边框（3000mil×2000mil）

采用 PCB 向导直接生成的 PCB 会自动定义好板框和外形，但是手工创建的 PCB 则必须手工绘制 PCB 的外形和电路元件的布线区等。

（1）绘制 PCB 外形（物理边框）。

① 单击编辑窗口下方的“Mechanical 1”（机械层 1）选项卡，使得该层处于当前窗口中。

② 单击应用程序工具栏中的“设置原点”按钮，或选择菜单命令“编辑”→“原点”→“设置”，在编辑区的合适位置单击鼠标，编辑区出现一个设置原点标志，如图 8-14 所示，选择菜单命令“编辑”→“原点”→“复位”可去除该原点。

图 8-13 “板选项”对话框

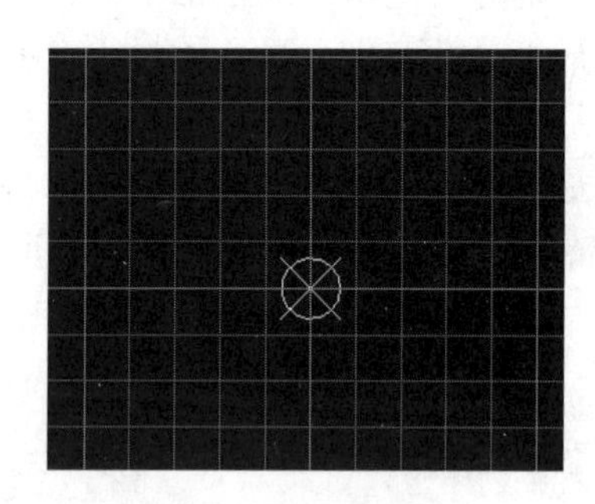

图 8-14 设置原点标志

③ 选择菜单命令“放置”→“坐标”，如图 8-15 所示，此点的坐标为（0，0）。

④ 单击应用程序工具栏中的“放置走线”按钮，或选择菜单命令“放置”→“线”。

⑤ 在 PCB 编辑区内大概画出一条线，然后双击该直线修改其属性（如线条的起始点坐标），画一个封闭的矩形，如图 8-16 所示。

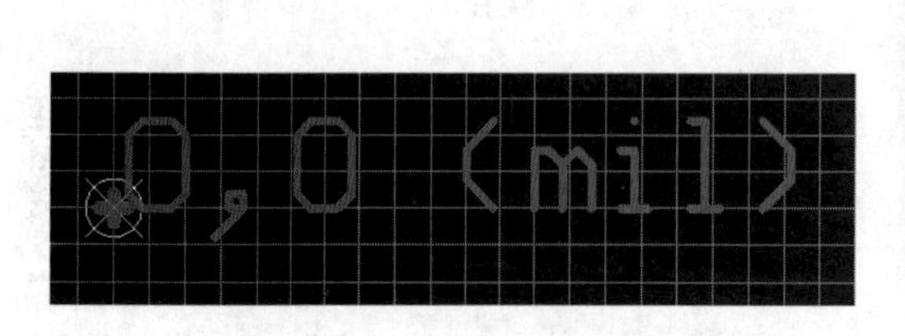

图 8-15 设置坐标

图 8-16 绘制物理边框

（2）绘制禁止布线层（电路的电气边界）区域。

禁止布线层区域必须是一个封闭的区域，否则无法进行后面的自动布线工作。

① 单击编辑窗口下方的“Keep-Out Layer”（禁止布线层）选项卡，使得该层处于当前窗口中。

② 单击应用程序工具栏中的“放置走线”按钮，或选择菜单命令“放置”→“线”。

③ 在前面绘制的矩形中根据要求绘制内部框线（单位：mil），如图 8-17 所示。

④ 绘制一条直线，双击该直线修改其属性，第一条线的起点坐标是（50，50），终点坐标是（2950，50），如图 8-18 所示；第二条线的起点坐标是（2950，50），终点坐标是（2950，1950）；第三条线的起点坐标是（50，1950），终点坐标是（2950，1950）；第四条线的起点坐标是（50，50），终点坐标是（50，1950）。

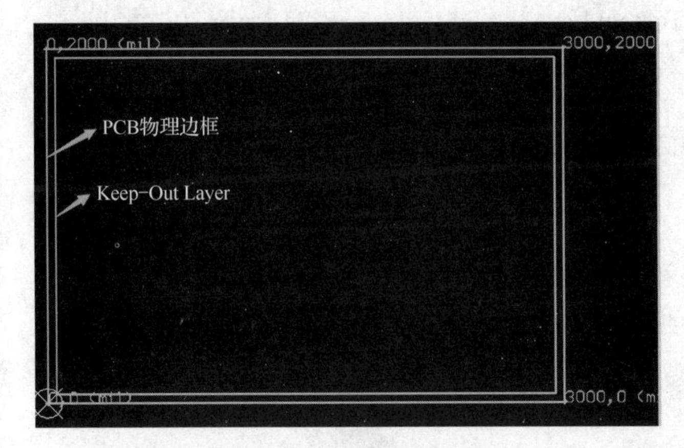

图 8-17　绘制内部框线

图 8-18　修改直线属性

通过设定 4 条直线的起、终点坐标，可在“Keep-Out Layer”内绘制一个封闭的矩形，如图 8-19 所示。

图 8-19　绘制完成的 PCB 边框和禁止布线层

⑤ 单击“保存”按钮，将 PCB 文件命名为“集成功放电路.PcbDoc”，保存到“项目七”文件夹中。

8.2　板层设置

PCB 板框设计好之后，还需要进行板层设计。Altium Designer 14 的 PCB 设计系统为用户提供了多个工作层面，可以使设计人员在不同的工作层面上进行不同的操作。这些工作层面可以分为 6 类，即信号层、内平面层、机械层、掩膜层、丝印层及其他层。下面分别介绍这些工作层面的功能。

8.2.1　信号层

信号层的功能是放置与信号有关的对象，如导线、元件等，如图 8-20 所示。系统为用户提供了 32 个信号层，包括 Top Layer、Bottom Layer、Mid-Layer 1～Mid-Layer 30。其中：

- Top Layer：顶层，元件面信号层，可以用来放置元件和布置信号线。
- Bottom Layer：底层，焊接面信号层，可以用来放置元件和布置信号线。
- Mid-Layer 1～Mid-Layer 30：中间布线层，主要用来布置信号线。

8.2.2　内平面层

内平面层的功能主要是布置电源线和地线，如图 8-21 所示。系统为用户提供了 16 个内平面层，分别为 Internal Plane 1～Internal Plane 16。

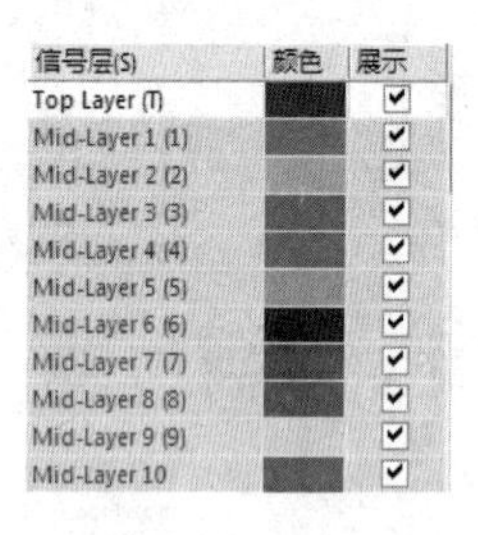

信号层(S)	颜色	展示
Top Layer (T)		☑
Mid-Layer 1 (1)		☑
Mid-Layer 2 (2)		☑
Mid-Layer 3 (3)		☑
Mid-Layer 4 (4)		☑
Mid-Layer 5 (5)		☑
Mid-Layer 6 (6)		☑
Mid-Layer 7 (7)		☑
Mid-Layer 8 (8)		☑
Mid-Layer 9 (9)		☑
Mid-Layer 10		☑

图 8-20　信号层

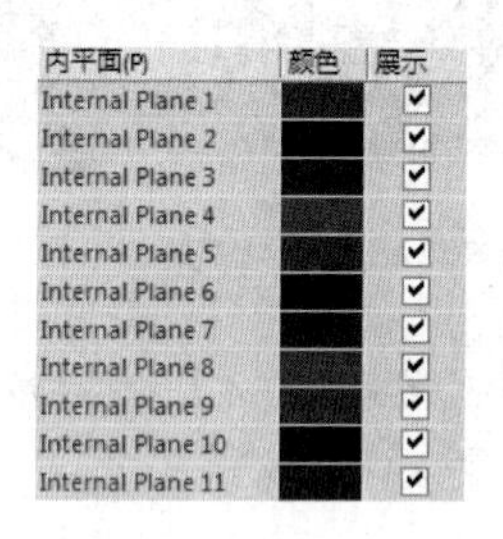

内平面(P)	颜色	展示
Internal Plane 1		☑
Internal Plane 2		☑
Internal Plane 3		☑
Internal Plane 4		☑
Internal Plane 5		☑
Internal Plane 6		☑
Internal Plane 7		☑
Internal Plane 8		☑
Internal Plane 9		☑
Internal Plane 10		☑
Internal Plane 11		☑

图 8-21　内平面层

8.2.3　机械层

机械层主要用于放置电路板的边框、尺寸标注、制造说明或者其他设计需要的说明，如图 8-22 所示。系统为用户提供了 16 个机械层，分别为 Mechanical 1～Mechanical 16。

机械层(M)	颜色	展示	使能	单层模式	连接到方块电路
Mechanical 1		☑	☑	☐	☐
Mechanical 2		☑	☐	☐	☐
Mechanical 3		☑	☐	☐	☐
Mechanical 4		☑	☐	☐	☐
Mechanical 5		☑	☐	☐	☐
Mechanical 6		☑	☐	☐	☐
Mechanical 7		☑	☐	☐	☐
Mechanical 8		☑	☐	☐	☐
Mechanical 9		☑	☐	☐	☐

图 8-22　机械层

制作 PCB 时，一般只需要一个机械层。只有当“使能”选项被选中时，该机械层在 PCB 图中才可用；如选择“单层模式”选项，则可设置当前机械层为单层模式；如选择“连接到

方块电路”选项，可将机械层连接到方块电路，但只能允许一个层连接到方块电路。

8.2.4　掩膜层

掩膜层又称为防护层，主要用来防止 PCB 中不应该镀锡的地方被镀锡。系统为用户提供了 4 个掩膜层，分别是 Top Paste（顶层锡膏层）、Bottom Paste（底层锡膏层）、Top Solder（顶层阻焊层）和 Bottom Solder（底层阻焊层），如图 8-23 所示。其中 Top Paste（顶层锡膏层）和 Bottom Paste（底层锡膏层）用于将表面贴元件粘贴在 PCB 上，当无表面贴元件时不需要使用该层；Top Solder（顶层阻焊层）和 Bottom Solder（底层阻焊层）用于防止焊锡镀在不应该焊接的地方。

8.2.5　丝印层

丝印层主要用来绘制元件的外形轮廓、字符串标注等图形说明和文字说明，使 PCB 图纸具有可读性。系统为用户提供了 2 个丝印层，分别是 Top Overlay（顶层丝印层）和 Bottom Overlay（底层丝印层），如图 8-24 所示。

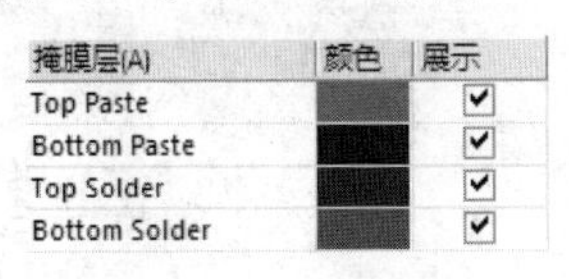

图 8-23　掩膜层

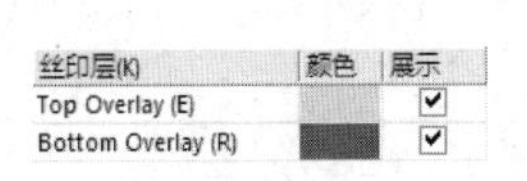

图 8-24　丝印层

8.2.6　其他层

其他层主要用来提供一些具有特殊作用的工作层面。系统为用户提供了 4 种特殊的工作层面，分别是 Drill Guide（钻孔导引层）、Keep-Out Layer（禁止布线层）、Drill Drawing（钻孔图层）和 Multi-Layer（复合层），如图 8-25 所示。其中：

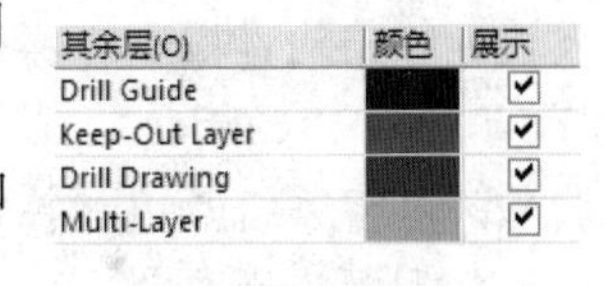

图 8-25　其他层

- Drill Guide（钻孔导引层）：用来绘制钻孔导引层。
- Keep-Out Layer（禁止布线层）：用于设置有效放置元件和布线的区域，该区域外不允许布线。
- Drill Drawing（钻孔图层）：用来绘制钻孔图层。
- Multi-Layer（复合层）：设置是否显示复合层。如果“展示”选项未被选择，则过孔无法显示出来。

8.2.7　设置板层颜色

打开 PCB 文件后，所有可用层都会在 PCB 编辑器的标签栏中显示，如图 8-26 所示。单击某个标签将其定义为当前层，就可以在 PCB 编辑器中进行各种操作，每个层都用不同的颜色来进行标识，这也是为了直观地区分 PCB 的各个层，方便设计。在有必要的情况下，用户还可以关闭某些层，比如检查布线时，可以将“丝印层”定义为不显示。

LS　Bottom Layer　Mechanical 1　Top Overlay　Bottom Overlay　Top Paste　Bottom Paste　Top Solder　Bottom Solder　Drill Guide　Keep-Out Layer

图 8-26　PCB 板层标签栏

选择菜单命令“设计”→“板层颜色”，弹出“视图配置”对话框，如图 8-27 所示。从图中可以看出，该对话框的主要功能是设置是否显示板层以及相应的颜色设置。在“信号层”

“内平面”“机械层”“掩膜层”“丝印层”“其余层”栏中，每个板层后面的“颜色”选项用来设置相应板层的颜色，“展示”选项用来设置相应的板层是否显示在 PCB 编辑器工作区下方的标签栏中。前面已经介绍了这些板层的功能和构成，这里不再赘述。

图 8-27 “视图配置”对话框

要想改变某一项的颜色，只需要单击对应选项后面的“颜色”色块，即可弹出如图 8-28 所示的“2D 系统颜色”对话框，在该对话框中选择适当的颜色，单击“确定”按钮即可完成设置。单击对话框中“保存颜色外形”可配置 PCB 图的系统颜色，有 3 个选项：“Default”“DXP2004”“Classic”。选择“Default”选项，可将系统颜色配置为默认颜色；选择“DXP2004”选项，可将系统颜色配置为 Protel DXP 2004 版本的系统颜色；选择“Classic”选项，可将系统颜色配置为经典色。

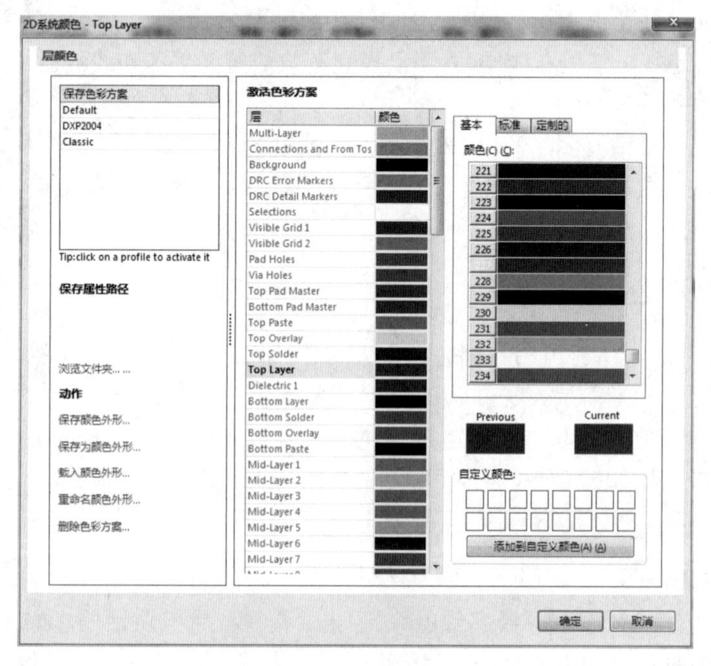

图 8-28 “2D 系统颜色”对话框

8.3　在PCB文件中导入原理图网络表信息

网络表是原理图与PCB图之间的联系纽带，原理图的信息可以通过导入网络表的形式完成与PCB之间的同步。在导入网络表之前，需要装载元件的封装库及对同步比较器的比较规则进行设置。

8.3.1　装载元件封装库

由于Aitium Designer 14采用的是集成的元件库，因此对于大多数设计来说，在进行原理图设计的同时便装载了元件的PCB封装模型，此时可以省略该项操作。但Aitium Designer 14同时也支持单独的元件封装库，只要PCB文件中有一个元件封装不是在集成的元件库中，用户就需要单独装载该封装所在的元件库。元件封装库的添加与原理图中元件库的添加步骤相同，这里不再介绍。

8.3.2　设置同步比较规则

同步设计是Altium系列软件最基础的绘图方法，这是一个非常重要的概念。对同步设计概念的最简单的理解就是原理图和PCB在任何情况下都要保持同步。也就是说，不管是先绘制原理图再绘制PCB，还是同时绘制原理图和PCB，最终要保证原理图上元件的电气连接意义必须和PCB上的电气连接意义完全相同，这就是同步。同步并不是单纯的同时进行，而是原理图和PCB之间电气连接意义完全相同。实现这个目的的最终方法是使用同步器，称之为同步设计。

如果说网络报表包含了电路设计的全部电气连接信息，那么Altium Designer 14则是通过同步器添加网络报表的电气连接信息来完成原理图与PCB之间的同步更新的。同步器的工作原理是检查当前的原理图文件和PCB文件，得出它们各自的网络报表并进行比较，比较后得出的不同的网络信息将作为更新信息，根据更新信息便可以完成原理图设计与PCB设计的同步。同步比较规则的设置决定了生成的更新信息，因此要完成原理图与PCB的同步更新，同步比较规则的设置是至关重要的。

选择菜单命令“工程”→“工程参数”，进入“Options for PCB Project”对话框，选择“Comparator”选项卡，在该选项卡中可以对同步比较规则进行设置，如图8-29所示。

单击“设置成安装缺省”按钮将恢复该对话框中原来的设置，单击“确定”按钮即可完成同步比较规则的设置。

同步器的主要作用是完成原理图与PCB之间的同步更新，但这只是对同步器的狭义上的理解。广义上的同步器可以完成任何两个文档之间的同步更新，可以是任意两个PCB文件之间、网络表文件和PCB文件之间，也可以是两个网络表文件之间的同步更新。用户可以在“Differences”面板中查看两个文件间的不同之处。

8.3.3　导入网络报表

完成同步比较规则的设置后即可进行网络表的导入了。将网络表导入到如图8-30所示的单片机流水灯电路中，该原理图是前面绘制的，文件名为“单片机流水灯.SchDoc”。

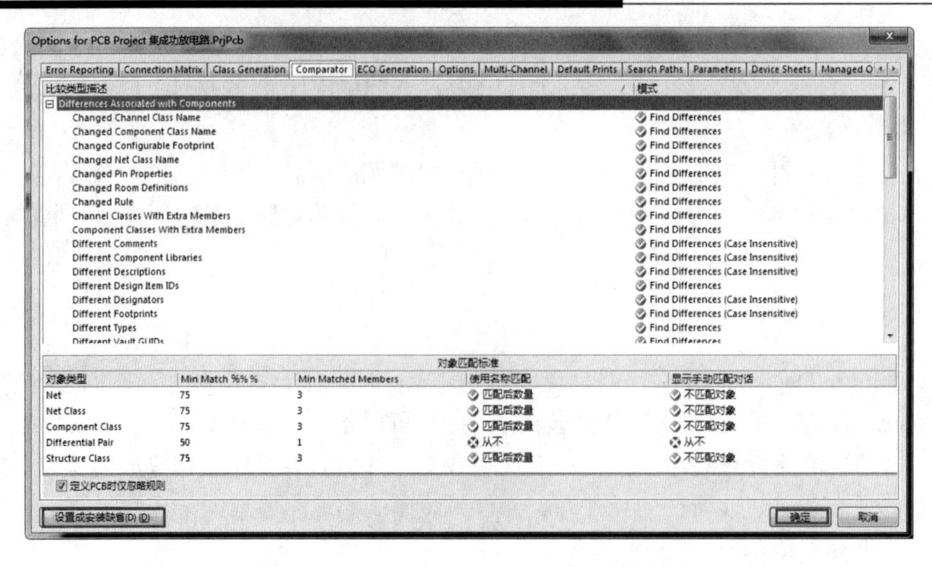

图 8-29 “Options for PCB Project”对话框

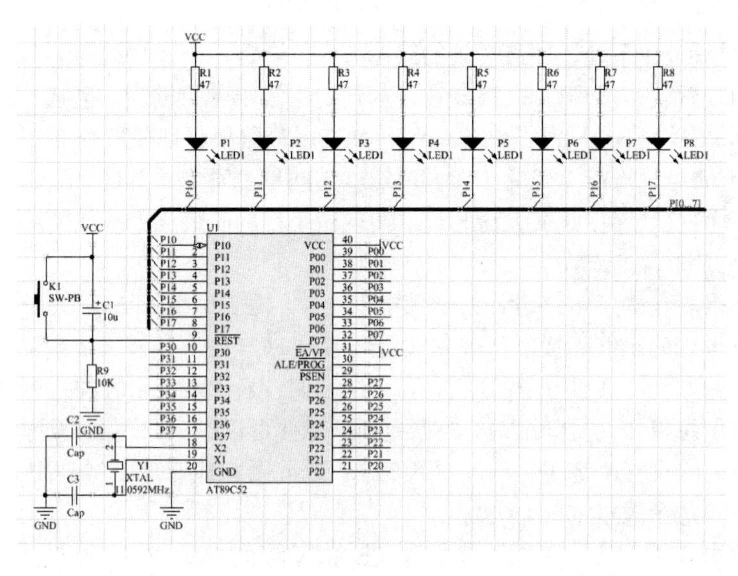

图 8-30 要导入网络表的原理图

（1）打开“单片机流水灯电路.SchDoc”文件，使之处于当前工作窗口中，同时应保证“单片机流水灯电路.PcbDoc”文件也处于打开状态。

（2）选择菜单命令“设计”→“Update PCB Document 单片机流水灯电路.PcbDoc”，系统将对原理图和 PCB 的网络报表进行比较并弹出“工程更改顺序”对话框，如图 8-31 所示。

（3）单击“生效更改”按钮，系统将扫描所有的更改，看能否在 PCB 上选择所有的更改。随后在每项所对应的“检测”栏中将显示标记，如图 8-32 所示。

标记：说明这些更改都是合法的。

标记：说明此更改是不可选择的，需要先回到以前的步骤中进行修改，然后重新进行更新。

（4）进行合法性校验后单击“执行更改”按钮，系统将完成网络表的导入，同时在每项的“完成”栏中显示标记提示导入成功，如图 8-33 所示。

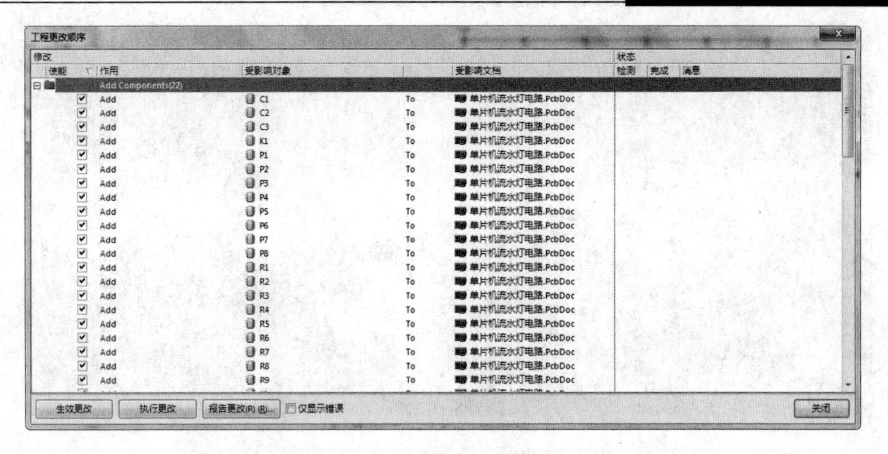

图 8-31 “工程更改顺序”对话框

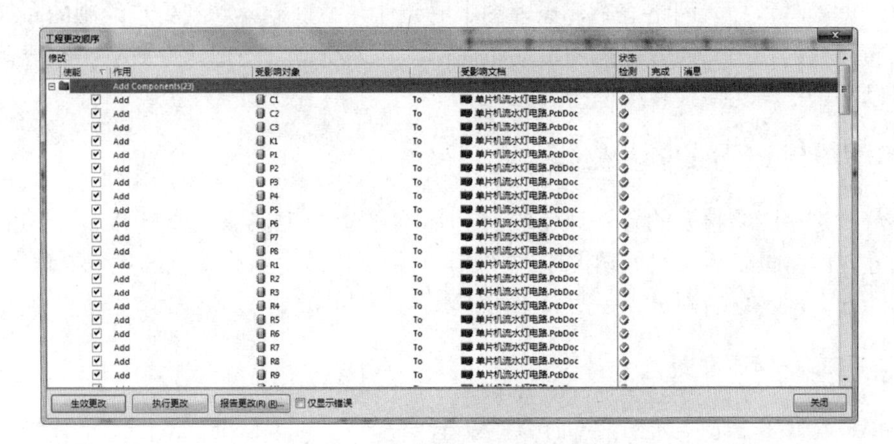

图 8-32　PCB 中能实现的合法更改

图 8-33　进行更改

（5）单击“关闭”按钮关闭该对话框，这时可以看到在 PCB 布线框的右侧出现了导入的所有元件的封装模型，如图 8-34 所示。图中的紫色边框为布线框，各元件之间仍保持着与原理图相同的电气连接特性。

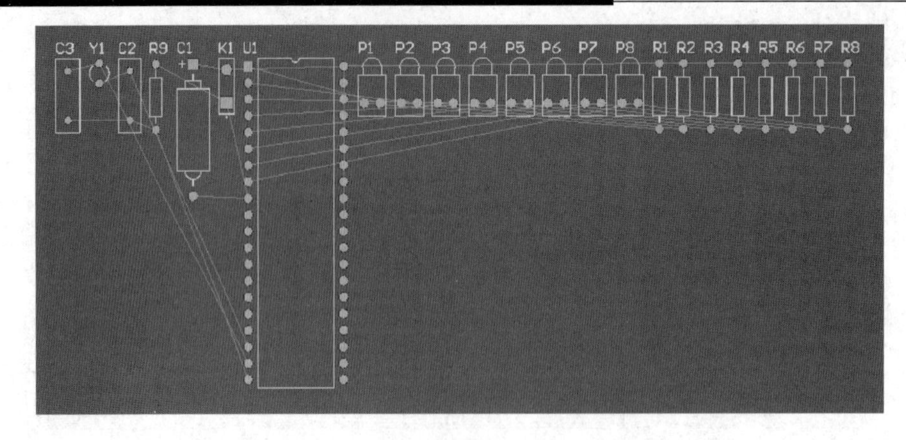

图 8-34　导入网络表后的 PCB 图

需要注意的是，导入网络表时，原理图中的元件并不直接导入到用户绘制的布线框中，而是位于布线框的外面。通过之后的自动布局操作，系统将自动把元件放置在布线框内。当然，也可以手工拖动元件到布线框内。

8.3.4 原理图与 PCB 的同步更新

当第一次进行网络报表的导入时，进行前面的操作即可完成原理图与 PCB 之间的同步更新。如果导入网络报表后又对原理图或者 PCB 进行了修改，那么要快速完成原理图与 PCB 设计之间的双向同步更新则可以采用以下的方法。

1. 从 PCB 更新原理图

在 PCB 编辑环境下，选择菜单命令“设计”→“Update Schematic in 单片机流水灯电路.PrjPcb”，出现如图 8-35 所示提示对话框。单击“Yes”按钮，弹出“工程更改顺序”对话框，如图 8-36 所示。在对话框中可以查看详细的更新信息。单击“执行更改”按钮，原理图中的相关信息就会被自动更新。

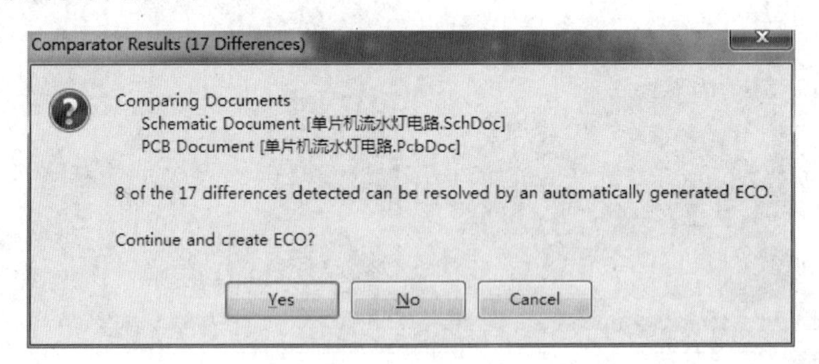

图 8-35　提示对话框

2. 从原理图更新 PCB

在原理图编辑环境下，选择菜单命令“设计”→“Update PCB Document 单片机流水灯电路.PcbDoc”，弹出如图 8-36 所示的“工程更改顺序”对话框。在对话框中可以查看详细的更新信息。单击“执行更改”按钮，PCB 中的相关信息就会被自动更新。

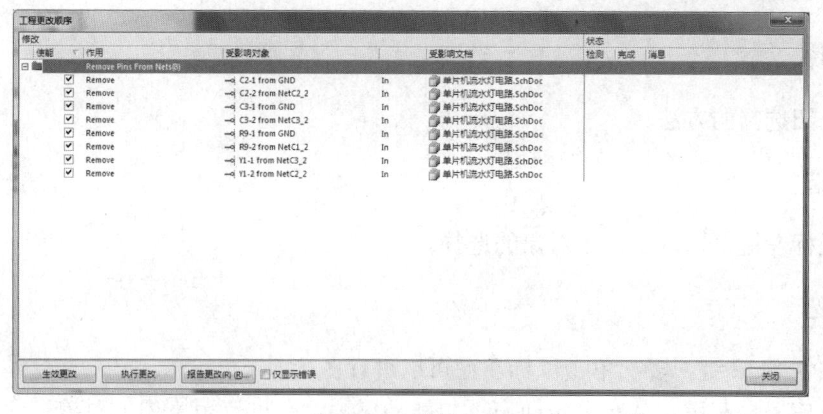

图 8-36　更新信息

8.4　PCB 布局常用操作

8.4.1　全局操作

刚导入 PCB 的元件，其位号大小都是默认的，对元件进行离散排列的时候，位号和元件的焊盘重叠在一起，不容易识别元件。这时可以利用 Altium Designer 提供的全局操作功能，把元件的位号改到合适的大小即可，具体操作步骤如下。

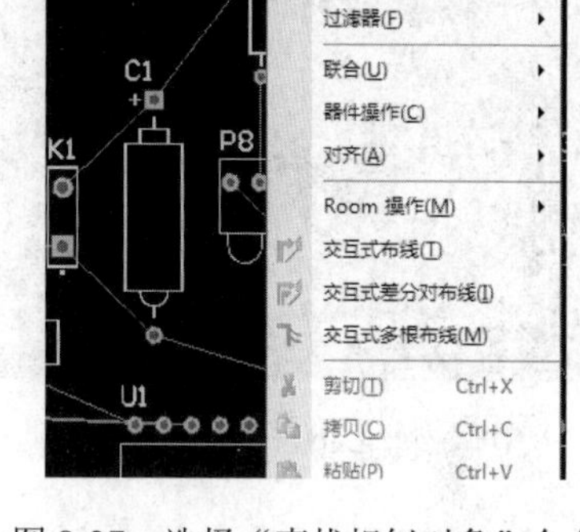

图 8-37　选择“查找相似对象”命令

选中其中一个元件的丝印，单击鼠标右键，在弹出的快捷菜单中选择“查找相似对象”命令，如图 8-37 所示。

（1）在弹出的如图 8-38 所示的对话框中，“Designator”选项选择“Same”，表示只对同是“Designator”属性的丝印位号进行选择。

（2）选择完成之后，单击“确定”按钮，即进行检查，如图 8-39 所示，将“Text Height”和“Text Width”选项分别更改为 40mil 和 10mil。

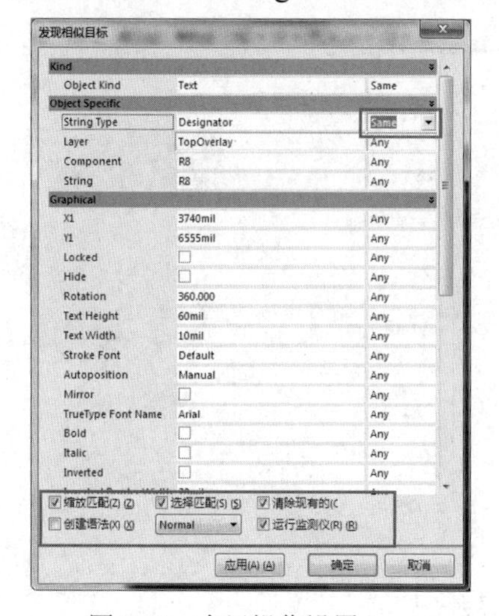

图 8-38　全局操作设置 1

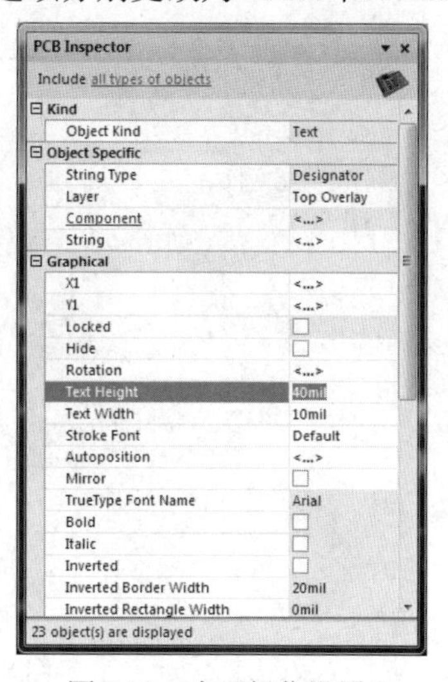

图 8-39　全局操作设置 2

8.4.2 选择

下面介绍选择的方法。

1. 单选

单击鼠标左键可以进行单个对象的选择。

2. 多选

（1）按住 Shift 键，多次单击鼠标左键可以进行多选。

（2）按住鼠标左键，从左上角向右下角拖动鼠标，在框选范围内的对象都会被选中，如图 8-40 所示，框选外面的元件无法被选中。

（3）按住鼠标左键，从右下角向左上角拖动鼠标，矩形框所遇到的对象都会被选中，如图 8-41 所示。

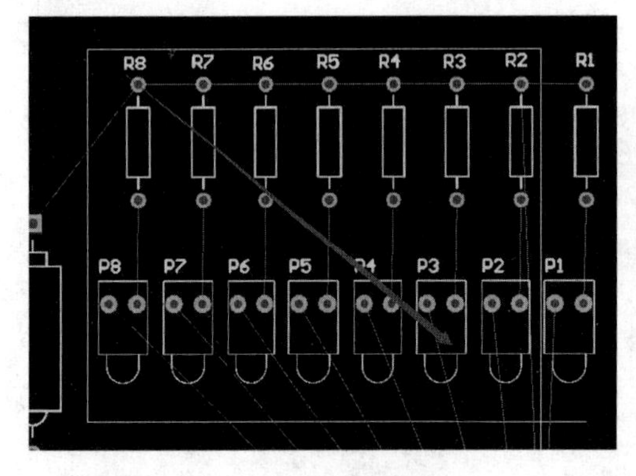

图 8-40　从左上往右下选择

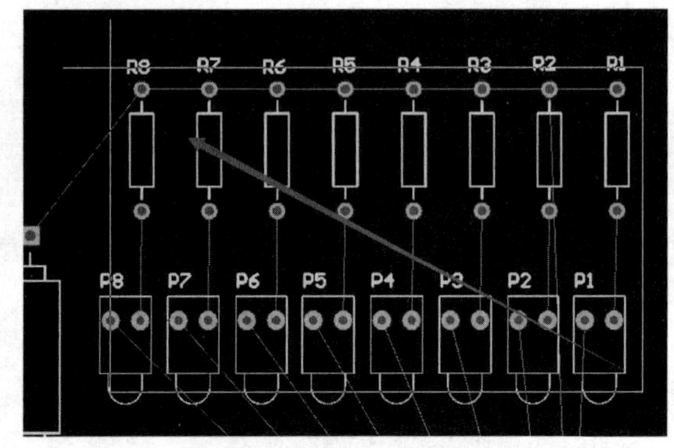

图 8-41　从右下往左上选择

（3）除了上述选择方法，Altium Designer 还提供了选择命令。选择命令是 PCB 设计中使用最多的命令之一，包括线选、框选、反选等。按下按键 S，弹出选择命令菜单，如图 8-42 所示。

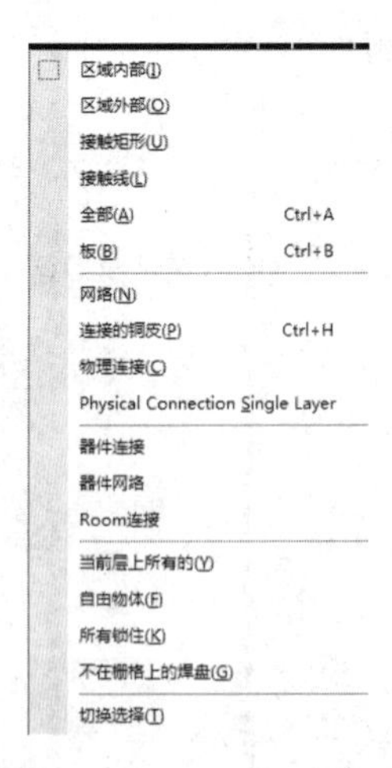

图 8-42　选择命令菜单

8.4.3　布线规则设置

在 Altium Designer 14 的 PCB 编辑器中，选择菜单命令“设计”→“规则”，如图 8-43 所示，即可打开“PCB 规则及约束编辑器”对话框。也可以在 PCB 设计环境中右击，从弹出的快捷菜单中选择“设计”→“规则”命令，打开“PCB 规则及约束编辑器”对话框。

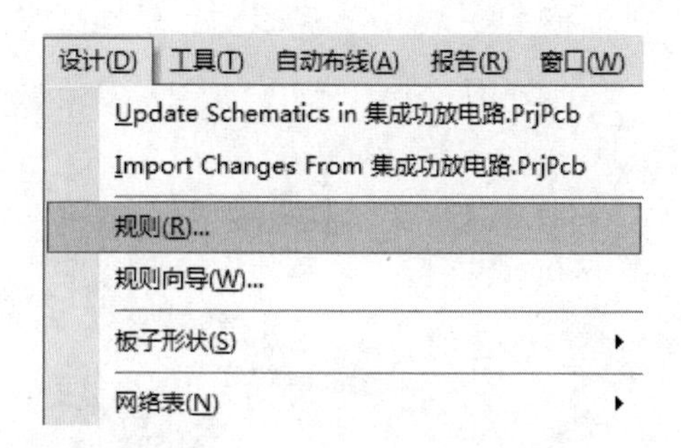

图 8-43　选择“设计”→“规则”命令

“PCB 规则及约束编辑器”对话框如图 8-44 所示，这个对话框中包含了许多的 PCB 设计规则和约束条件。

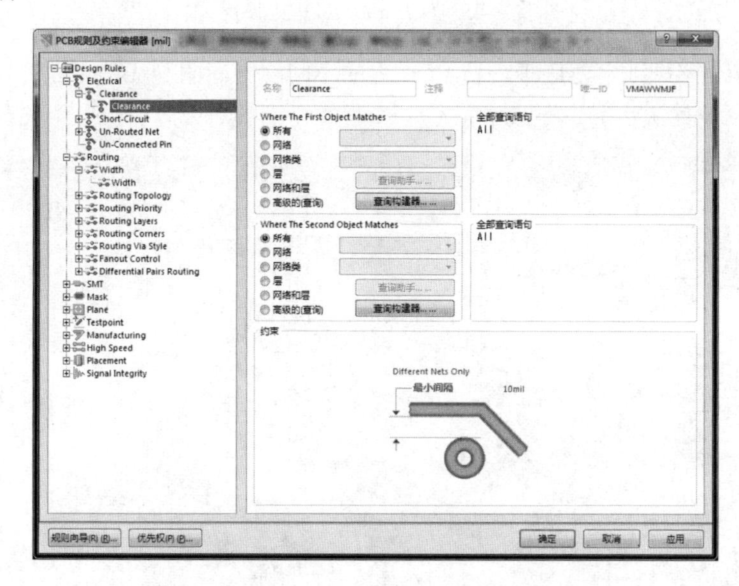

图 8-44　“PCB 规则及约束编辑器”对话框

1. 电气规则（Electrical）

在对 PCB 进行 DRC 电气检查时，违反这些规则的对象将会变成高亮的绿色，以提示设计者。

- “Clearance”规则主要用来设置 PCB 设计中导线、焊盘、过孔及敷铜等导电对象之间的最小安全间隔，相应的设置如图 8-45 所示。

由于间隔是相对于两个对象而言的，因此，在该对话框中，有两个规则匹配对象的范围设置。每个规则匹配对象都有“所有”“网络”“网络类”“层”“网络和层”“高级的（查询）”

选项，这些选项所对应的功能及约束条件，可以参考自动布局规则中相应的设置。

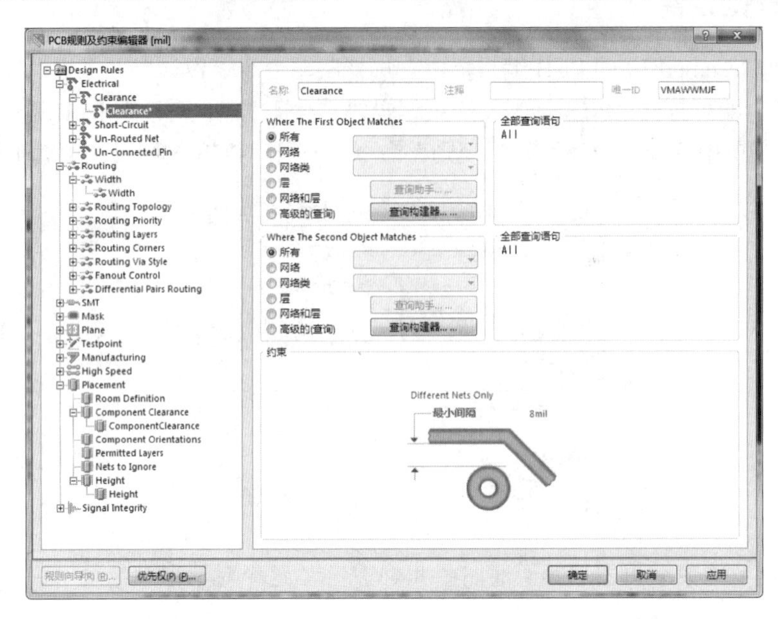

图 8-45 “Clearance”规则设置

- “ShortCircuit”规则主要用于设置 PCB 上的不同网络间的导线是否允许短路，如图 8-46 所示。系统默认状态为不选中。

图 8-46 “ShortCircuit”规则设置

2. 布线规则（Routing）

布线规则是自动布线器进行自动布线时所依据的重要规则，其设置是否合理将直接影响到自动布线质量的好坏和布通率的高低。

单击“Routing”前面的⊞符号，展开布线规则，可以看到有 8 项子规则，如图 8-47 所示。

1）“Width”（导线宽度）规则

“Width”（导线宽度）规则主要用于设置 PCB 布线时允许采用的导线宽度，有最大、最小和优选之分。最大宽度和最小宽度确定了导线的宽度范围，而优选尺寸则为放置导线时系统默认采用的宽度值。在自动布线或手动布线时，对导线宽度的设定和调整不能超出导线的最大宽度和最小宽度。这些设置都是在“约束”选项组内完成的，如图 8-48 所示。

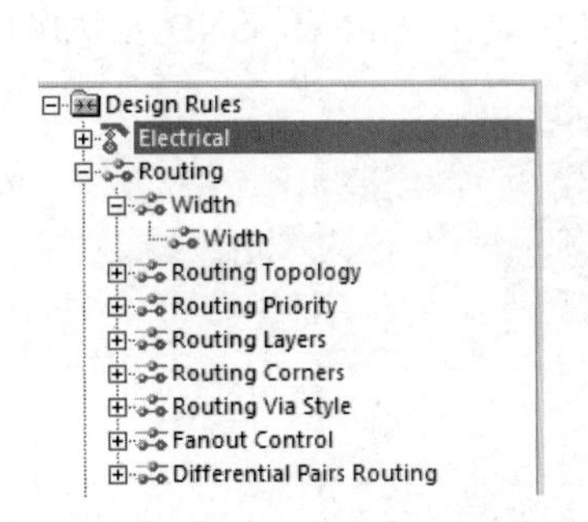

图 8-47　布线子规则

图 8-48　“Width”规则设置

本例中，将定义两个导线宽度规则，一个适用于整个 PCB，另一个则适用于接地网络。

（1）在“Width”子规则设置界面中，首先设置第一个导线宽度规则。根据制板需要，将导线的“Max Width”“Min Width”“Preferred Width”均设为 8mil，“名称”修改为“All”以便记忆。规则匹配范围设为“所有”，单击“应用”按钮，完成第一个导线宽度规则的设置，如图 8-49 所示。

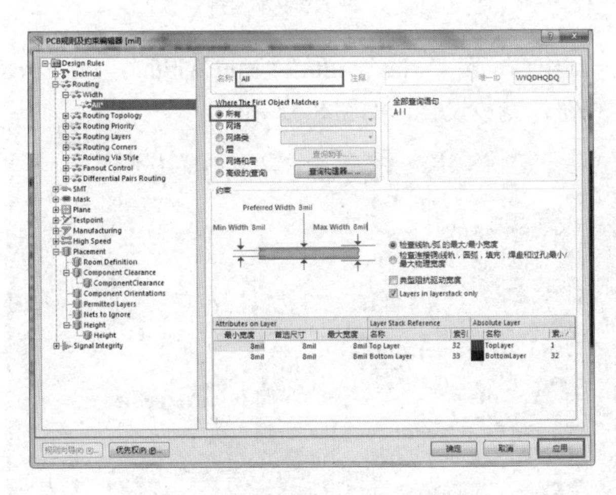

图 8-49　设置第一个导线宽度规则

（2）选中左侧窗口中的“Width”，右击并在弹出的快捷菜单中选择“新规则”命令，增加一个新的导线宽度规则，默认规则名为“Width”，如图 8-50 所示。

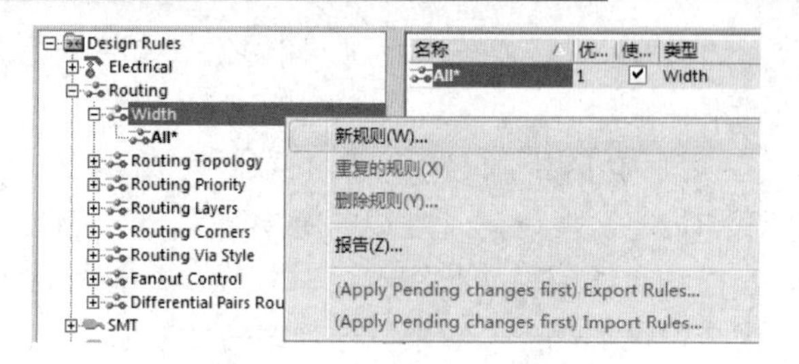

图 8-50　建立新的导线宽度规则

（3）单击新建的“Width”导线宽度规则，打开“Width”子规则设置界面。在“名称”栏中输入“GND”用作提示，定义规则匹配范围为“网络”，并单击按钮，在下拉列表框中选择“GND”网络，此时右边的“全部查询语句”区域中显示“InNet(‘GND’)，如图 8-51 所示。

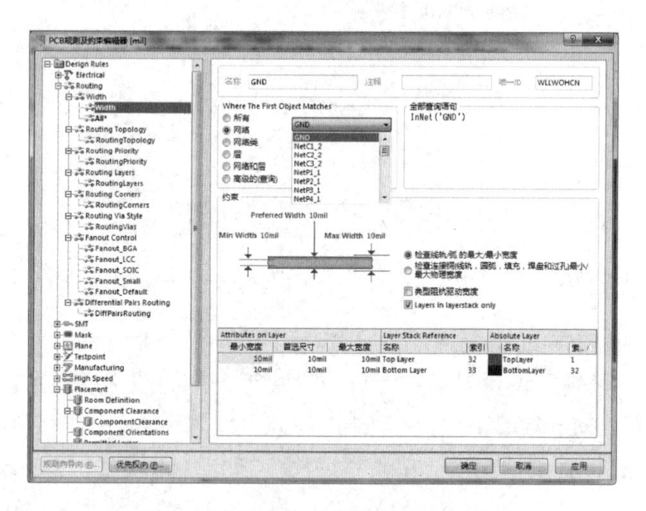

图 8-51　第二个导线宽度规则设置

（4）在“约束”选项组内，将“Max Width”“Min Width”“Preferred Width”的值均设为 20mil，单击“应用”按钮，完成设置，如图 8-52 所示。

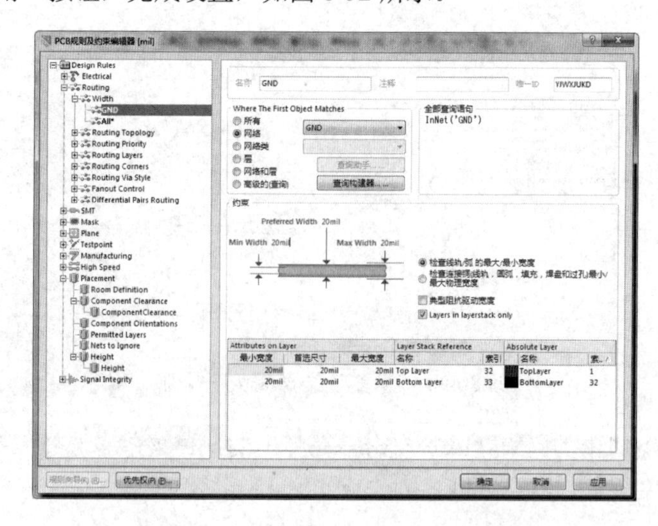

图 8-52　完成第二个导线宽度规则设置

对话框中列出了刚刚所创建的两个导线宽度规则，其中，新创建的“GND”规则被赋予了高优先级“1”，而先前创建的“All”规则的优先级则降为“2”。

2）“Routing Topology”（布线拓扑）规则

采用默认值。

3）“Routing Priority”（布线优先级）规则

采用默认值。

4）“Routing Layers”（布线层）规则

主要用于设置在自动布线过程中允许进行布线的工作层，单面板选择“Bottom Layer”选项，同时去除“Top Layer”选项，双面板必须将两个布线层都选上，规则设置如图 8-53 所示。

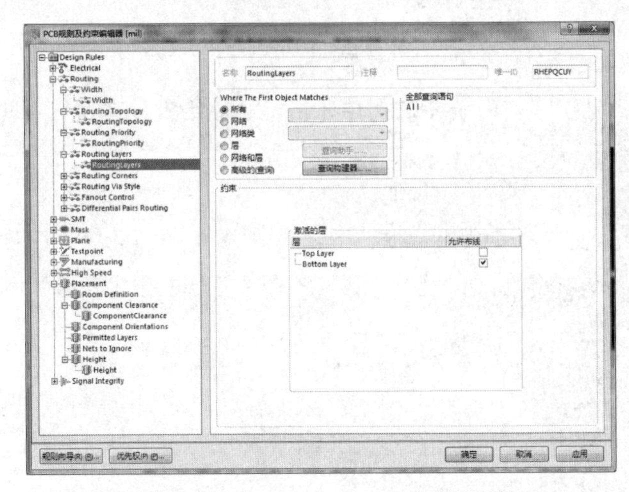

图 8-53　“Routing Layers”规则设置

5）“Routing Corners”（布线拐角）规则

主要用于设置自动布线时的导线拐角模式，通常情况下，为了提高 PCB 的电气性能，在 PCB 布板时应尽量减少直角导线的存在，规则设置如图 8-54 所示。

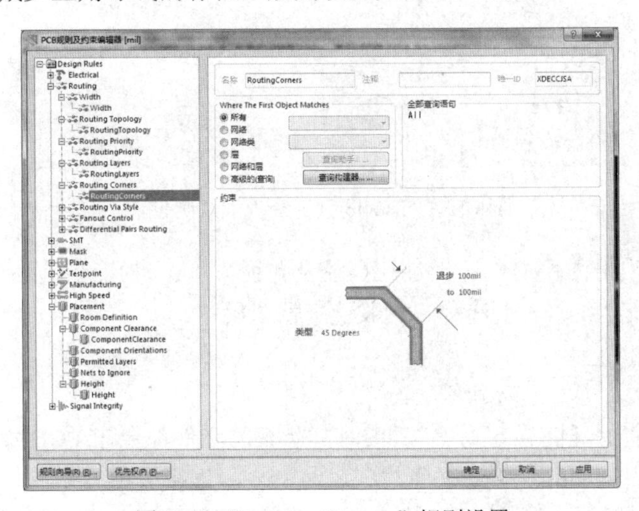

图 8-54　“Routing Corners”规则设置

在“约束”选项组内，系统提供了 3 种可选的拐角风格：90°、45°、圆弧形，如图 8-55 所示。

其中，在 45°、圆弧形两种拐角风格中，需要设置拐角尺寸的范围，在“退步”文本框中输入拐角的最小值，在“to”文本框中输入拐角的最大值。一般来说，为了保持整个电路板的导线拐角大小一致，在这两个文本框中应输入相同的数值。

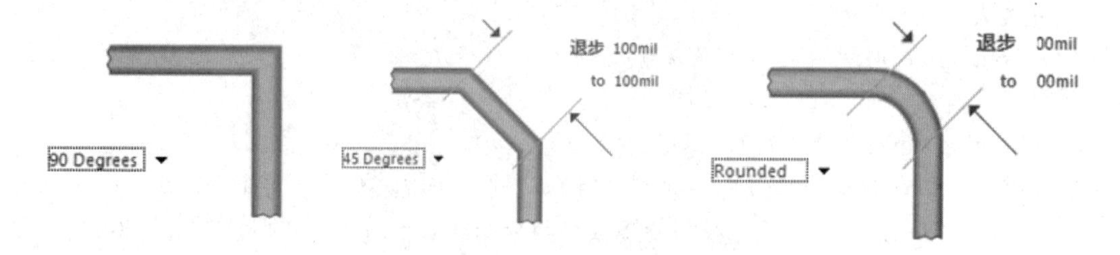

图 8-55　拐角风格

在进行 PCB 布线时，应采用统一的拐角风格，避免给人以杂乱无章的感觉。因此，该规则适用对象的范围应为“所有”。

6）“Routing Via Style”（过孔）规则

主要用于设置自动布线时采用的过孔尺寸，规则设置如图 8-56 所示。

图 8-56　“Routing Via Style”规则设置

在“约束”选项组内，需要定义过孔直径及孔径大小，过孔直径及孔径大小分别有“最大的”“最小的”“首选的”3 个选项。一般使用默认尺寸。

8.4.4　手动布局操作

（1）在同步器将原理图导入到 PCB 中时，所有的元件都会在 PCB 编辑器的左侧出现，同时还能看到元件引脚间的连接线（飞线或鼠线，表示连接关系）。

（2）用鼠标框选所有元件或单独选中并拖动元件到封闭的禁止布线层内部，如图 8-57 所示。

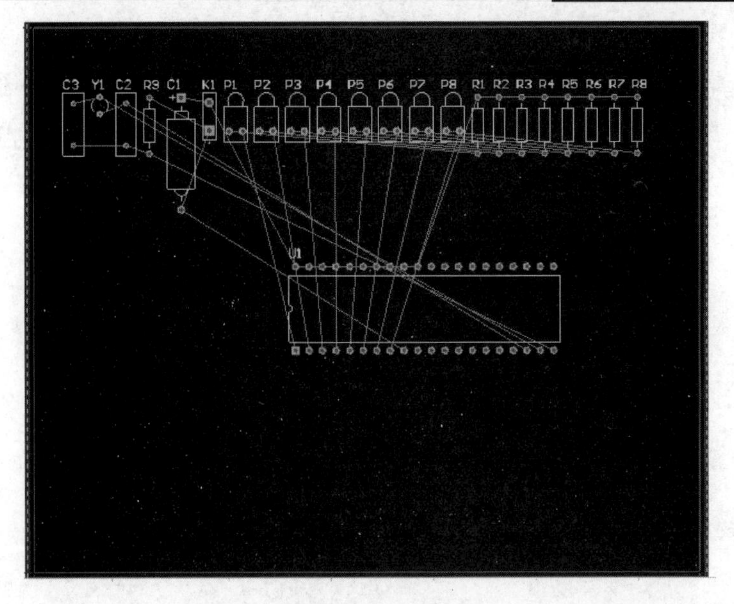

图 8-57　将元件拖动到布线区域内

（3）手工布局调整：通过拖动、旋转和排列元件，将元件调整到合适位置，如图 8-58 所示。

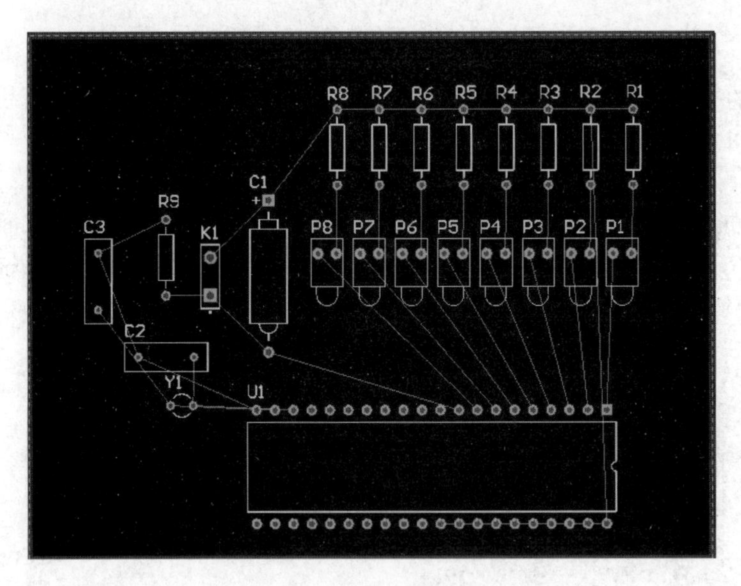

图 8-58　手工布局调整

8.5　PCB 自动布线

所谓自动布线，就是系统根据设计人员定义的布线规则和策略，按照一定的算法，自动在电路各个元件之间进行连线。

选择菜单命令“自动布线”→“全部”，弹出“Situs 布线策略”对话框，如图 8-59 所示，从该对话框中可以看出，系统默认提供了 6 种行程策略，其中“Default 2 Layer Board”（普通双面板默认的布线策略）和“Default 2 Layer With Edge Connectors”（边缘有接插件的双面板默认布线策略）是用于双面板的布线策略。一般设计的都是双面板，所以多采用这两个布线策略。

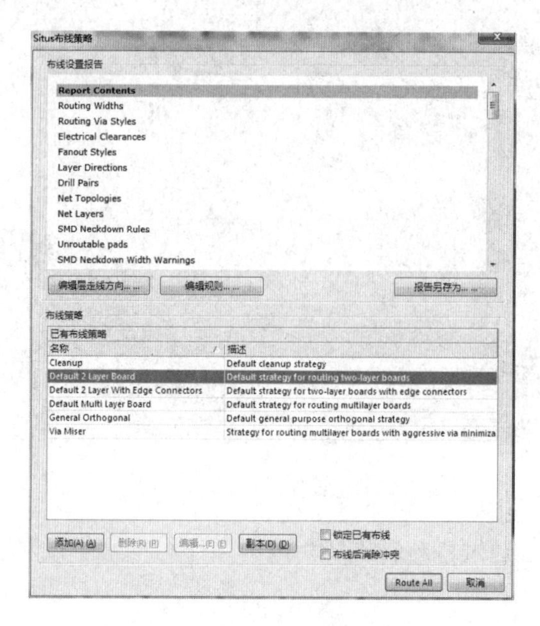

图 8-59 “Situs 布线策略”对话框

如果默认的有效行程策略中没有需要的策略，可以单击“添加”按钮添加有效行程策略。单击“编辑规则”按钮，将弹出布线规则设置对话框，可以重新设置当前行程策略的布线规则。

在“Situs 布线策略”对话框中，选择“Default 2 Layer Board”（普通双面板默认的布线策略），单击“Route All”按钮，系统将开始自动布线。自动布线完成后，系统将会自动弹出“Messages”对话框显示布线过程中的一些信息，如图 8-60 所示，全局自动布线后的电路板如图 8-61 所示。

Messages

Class	Document	Source	Message	Time	Date	N..
Sit...	单片机流...	Situs	Starting Fan out Signal	16:45:45	2019/4/...	7
Sit...	单片机流...	Situs	Completed Fan out Signal in 0 Seconds	16:45:45	2019/4/...	8
Sit...	单片机流...	Situs	Starting Layer Patterns	16:45:45	2019/4/...	9
Ro...	单片机流...	Situs	Calculating Board Density	16:45:45	2019/4/...	10
Sit...	单片机流...	Situs	Completed Layer Patterns in 0 Seconds	16:45:45	2019/4/...	11
Sit...	单片机流...	Situs	Starting Main	16:45:45	2019/4/...	12
Ro...	单片机流...	Situs	34 of 37 connections routed (91.89%) in 1 ...	16:45:46	2019/4/...	13
Sit...	单片机流...	Situs	Completed Main in 0 Seconds	16:45:46	2019/4/...	14
Sit...	单片机流...	Situs	Starting Completion	16:45:46	2019/4/...	15
Sit...	单片机流...	Situs	Completed Completion in 0 Seconds	16:45:46	2019/4/...	16
Sit...	单片机流...	Situs	Starting Straighten	16:45:46	2019/4/...	17
Sit...	单片机流...	Situs	Completed Straighten in 0 Seconds	16:45:47	2019/4/...	18
Ro...	单片机流...	Situs	37 of 37 connections routed (100.00%) in 2...	16:45:47	2019/4/...	19
Sit...	单片机流...	Situs	Routing finished with 0 contentions(s). Fa...	16:45:47	2019/4/...	20

图 8-60 “Messages”对话框

除了全局布线命令，在“自动布线”菜单中还提供了多个局部布线命令，如对选定的网络进行自动布线、对指定元件进行布线、对指定区域进行布线等，如图 8-62 所示。

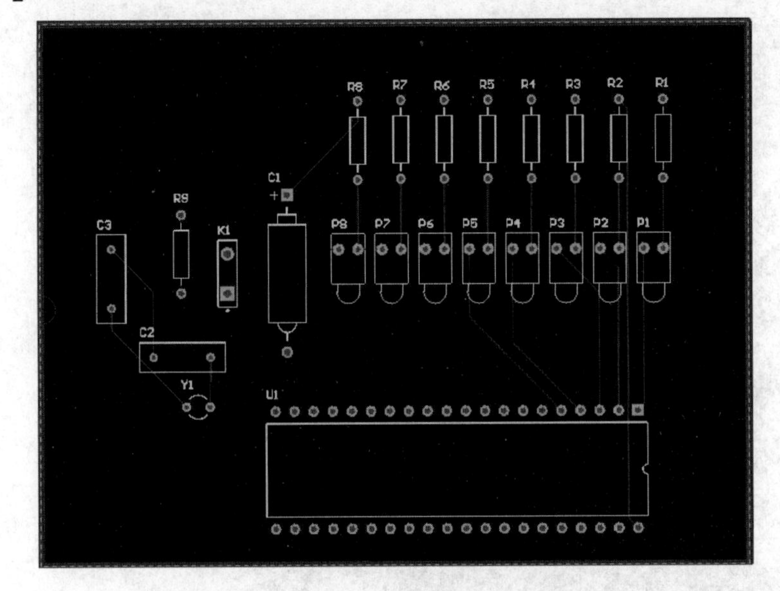

图 8-61　全局自动布线后的电路板

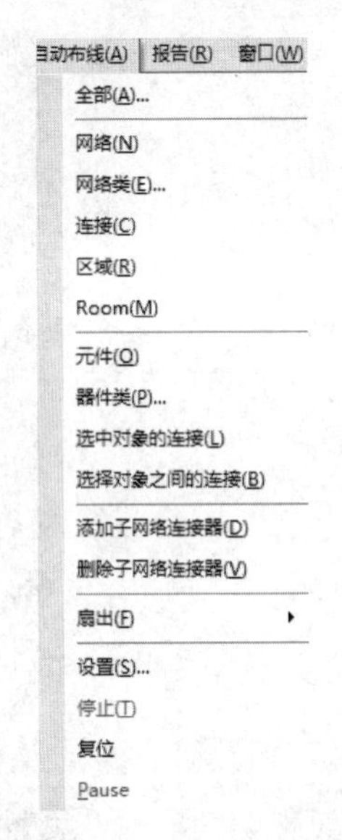

图 8-62 “自动布线”菜单命令

8.6　手工布线

由于自动布线都是按照设定的布线规则进行布线的，布线结果并不一定是最合理的，这就需要手工调整不合理或者不美观的走线。

可选择“工具”→“取消布线”子菜单中的命令，先拆除需要调整的走线，然后手工重新放置导线，“取消布线”子菜单中的命令如下。

- 全部：拆除所有的布线。
- 网络：拆除所选网络中的布线。
- 连接：拆除所选的走线。
- 器件：拆除与所选元件相连的走线。
- Room：拆除指定范围的走线。

板子上有的布线比较乱，不太美观，如图 8-63 所示，需要手工调整这几条走线。选择菜单命令“工具”→“取消布线”→“连线”，光标变“十”字形，单击“U1”的 19 脚和“Y1”的 1 脚之间的走线，即可拆除该段导线，两点间又变成了飞线形式。再用同样的方法拆除“U1”的 40 脚和“R2”的 2 脚之间的走线，重新进行布线。

同时，在全局自动布线的结果中，从抗干扰考虑，电源线和地线需要加粗，地线最好布在板子的外围。选择菜单命令“工具”→“取消布线”→“网络”，光标变成“十”字形，单击 VCC 网络上的任一导线或焊盘，即可将 VCC 网络上的所有走线拆除，网络连接又变成了飞线形式。如图 8-64 所示，用同样的方法拆除 GND 网络，重新布电源线和地线，并把导线宽度修改为 50mil。至此，电源线和地线调整完毕。手工调整的布线结果如图 8-65 所示。

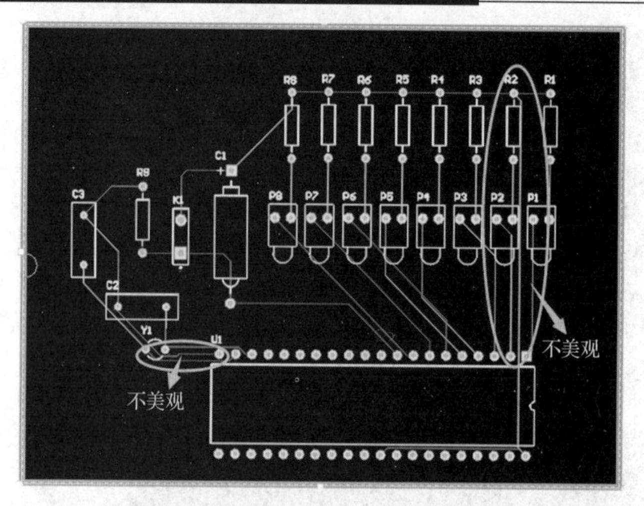

图 8-63　待调整走线

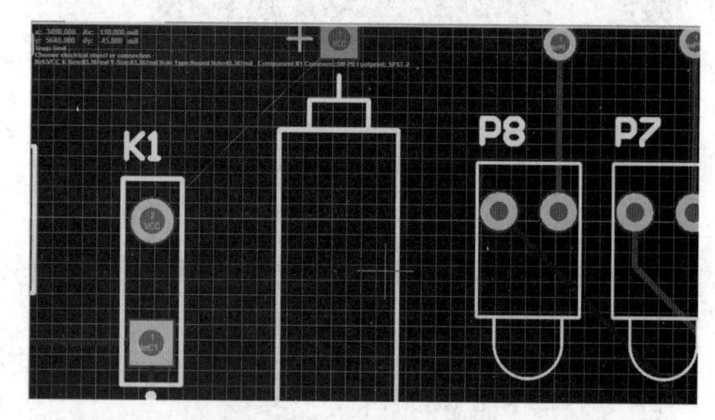

图 8-64　删除 VCC 布线

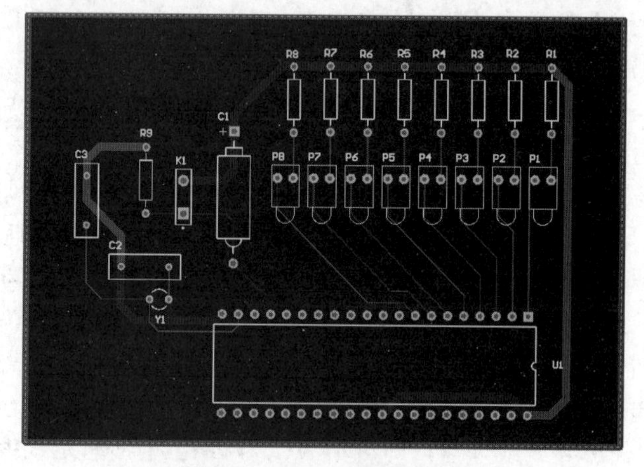

图 8-65　手工调整布线结果

8.7　操作实例——设计集成功放电路

本节介绍如何设计一块完整的印制电路板，以及如何进行后期制作。为方便操作，将实例文件保存到文件夹中。

1. 新建项目文件

（1）选择菜单命令“文件”→“打开”，打开“集成功放电路.PrjPcb”。

（2）新建一个 PCB 文件。

选择菜单命令“文件”→“New”→“PCB”，在电路原理图所在的项目中，新建一个 PCB 文件，并保存为“集成功放电路.PcbDoc”。

提示：进入 PCB 编辑环境后，需设置 PCB 设计环境，包括栅格大小和类型、光标类型、板层参数、布线参数等。大多数参数都可以用系统默认值，而且这些参数经过设置之后，符合用户个人的习惯，以后无须再去修改。

（3）规划电路板。规划电路板主要是确定电路板的边界，包括电路板的物理边界和电气边界。

（4）装载元件库。在导入网络报表之前，要把电路原理图中所有元件所在的库添加到当前库中，保证原理图中指定的元件封装形式能够在当前库中找到。

2. 导入网络报表

完成了前面的工作后，即可将网络报表里的信息导入印制电路板中，为电路板元件布局和布线做准备。导入网络报表的具体步骤如下：

（1）在原理图编辑环境下，选择菜单命令“设计”→“Update PCB Document 集成功放电路.PcbDoc”，或在 PCB 编辑环境下，选择菜单命令“设计”→“Import Changes From 集成功放电路.PrjPcb”。

（2）选择以上命令后，系统弹出“工程更改顺序”对话框，如图 8-66 所示。

该对话框中显示了当前对电路进行更改的内容，左边为更改列表，右边是对应的状态。主要的更改有“Add Components”“Add Nets”“Add Components Classes”“Add Rooms”几类。

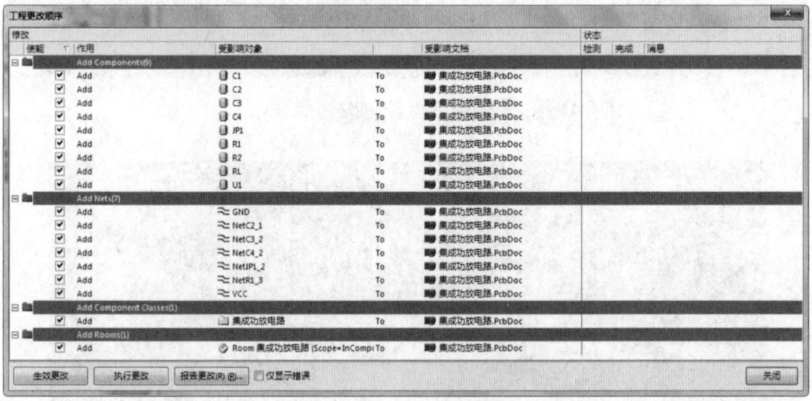

图 8-66 “工程更改顺序”对话框

（3）单击“工程更改顺序”对话框中的“生效更改”按钮，系统将检查所有的更改是否都有效，如图 8-67 所示。

如果有效，将在右边的“检测”栏对应位置打勾；若有错误，“检测”栏中将显示红色错误标志。错误一般是元件封装定义不正确，系统找不到给定的封装，或者设计 PCB 时没有添加对应的集成库。此时需要返回到电路原理图编辑环境，对有错误的元件进行修改，直到修改完所有的错误，即“检测”栏中全为正确内容为止。

工程更改顺序

使能	作用	受影响对象		受影响文档	检测	完成	消息
	Add Components(9)						
☑	Add	C1	To	集成功放电路.PcbDoc	✓		
☑	Add	C2	To	集成功放电路.PcbDoc	✓		
☑	Add	C3	To	集成功放电路.PcbDoc	✓		
☑	Add	C4	To	集成功放电路.PcbDoc	✓		
☑	Add	JP1	To	集成功放电路.PcbDoc	✓		
☑	Add	R1	To	集成功放电路.PcbDoc	✓		
☑	Add	R2	To	集成功放电路.PcbDoc	✓		
☑	Add	RL	To	集成功放电路.PcbDoc	✓		
☑	Add	U1	To	集成功放电路.PcbDoc	✓		
	Add Nets(7)						
☑	Add	GND	To	集成功放电路.PcbDoc	✓		
☑	Add	NetC2_1	To	集成功放电路.PcbDoc	✓		
☑	Add	NetC3_2	To	集成功放电路.PcbDoc	✓		
☑	Add	NetC4_2	To	集成功放电路.PcbDoc	✓		
☑	Add	NetJP1_2	To	集成功放电路.PcbDoc	✓		
☑	Add	NetR1_3	To	集成功放电路.PcbDoc	✓		
☑	Add	VCC	To	集成功放电路.PcbDoc	✓		
	Add Component Classes(1)						
☑	Add	集成功放电路	To	集成功放电路.PcbDoc	✓		
	Add Rooms(1)						
☑	Add	Room 集成功放电路 (Scope=InComp	To	集成功放电路.PcbDoc	✓		

生效更改　执行更改　报告更改(R) (R)...　仅显示错误　关闭

图 8-67　检查所有的更改是否都有效

（4）单击“工程更改顺序”对话框中“执行更改”按钮，系统选择所有的更改操作，如果选择成功，“完成”栏将被勾选，选择结果如图 8-68 所示。此时，系统将元件封装加载到 PCB 文件中，如图 8-69 所示。

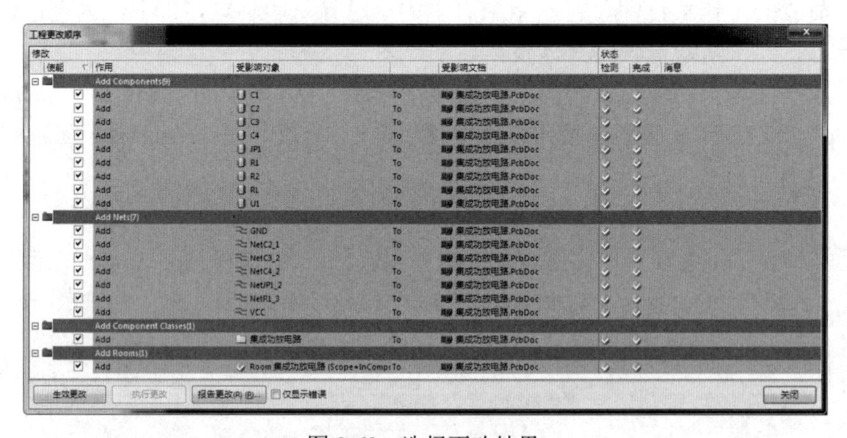

图 8-68　选择更改结果

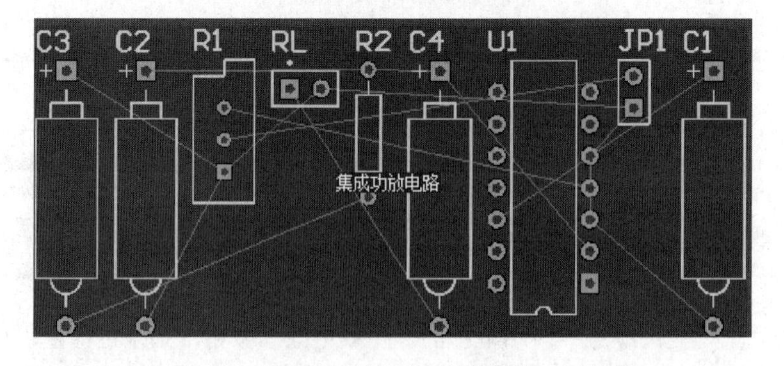

图 8-69　加载网络报表和元件封装的 PCB 图

（5）若用户需要输出变化报告，可以单击对话框中的“报告更改”按钮，系统弹出“报告预览”对话框，如图 8-70 所示，在该对话框中可以打印输出该报告。单击“输出”按钮，生成元件信息报告。

报告预览

Change Order Report For Projec集成功放电路.PrjPcb And 集成功放电路.PrjPcb

Action	Object		Change Document	Status
Add Components				
Add	C1	To	集成功放电路.PcbDoc	
Add	C2	To	集成功放电路.PcbDoc	
Add	C3	To	集成功放电路.PcbDoc	
Add	C4	To	集成功放电路.PcbDoc	
Add	JP1	To	集成功放电路.PcbDoc	
Add	R1	To	集成功放电路.PcbDoc	
Add	R2	To	集成功放电路.PcbDoc	
Add	RL	To	集成功放电路.PcbDoc	
Add	U1	To	集成功放电路.PcbDoc	
Add Pins To Nets				
Add	C1-1 to VCC	In	集成功放电路.PcbDoc	Unknown Pin: Pin C1-1
Add	C1-2 to GND	In	集成功放电路.PcbDoc	Unknown Pin: Pin C1-2
Add	C2-1 to NetC2_1	In	集成功放电路.PcbDoc	Unknown Pin: Pin C2-1
Add	C2-2 to GND	In	集成功放电路.PcbDoc	Unknown Pin: Pin C2-2
Add	C3-1 to GND	In	集成功放电路.PcbDoc	Unknown Pin: Pin C3-1
Add	C3-2 to NetC3_2	In	集成功放电路.PcbDoc	Unknown Pin: Pin C3-2
Add	C4-1 to NetC2_1	In	集成功放电路.PcbDoc	Unknown Pin: Pin C4-1
Add	C4-2 to NetC4_2	In	集成功放电路.PcbDoc	Unknown Pin: Pin C4-2
Add	JP1-1 to GND	In	集成功放电路.PcbDoc	Unknown Pin: Pin JP1-1
Add	JP1-2 to NetJP1_2	In	集成功放电路.PcbDoc	Unknown Pin: Pin JP1-2
Add	R1-1 to GND	In	集成功放电路.PcbDoc	Unknown Pin: Pin R1-1
Add	R1-2 to NetJP1_2	In	集成功放电路.PcbDoc	Unknown Pin: Pin R1-2
Add	R1-3 to NetR1_3	In	集成功放电路.PcbDoc	Unknown Pin: Pin R1-3
Add	R2-1 to NetC3_2	In	集成功放电路.PcbDoc	Unknown Pin: Pin R2-1
Add	R2-2 to NetC2_1	In	集成功放电路.PcbDoc	Unknown Pin: Pin R2-2
Add	RL-1 to NetC4_2	In	集成功放电路.PcbDoc	Unknown Pin: Pin RL-1
Add	RL-2 to GND	In	集成功放电路.PcbDoc	Unknown Pin: Pin RL-2
Add	U1-2 to NetC2_1	In	集成功放电路.PcbDoc	Unknown Pin: Pin U1-2
Add	U1-3 to GND	In	集成功放电路.PcbDoc	Unknown Pin: Pin U1-3
Add	U1-4 to NetR1_3	In	集成功放电路.PcbDoc	Unknown Pin: Pin U1-4
Add	U1-5 to GND	In	集成功放电路.PcbDoc	Unknown Pin: Pin U1-5
Add	U1-12 to VCC	In	集成功放电路.PcbDoc	Unknown Pin: Pin U1-12
Add Component Class Members				
Add	C1 to 集成功放电路	In	集成功放电路.PcbDoc	Failed to add class member
Add	C2 to 集成功放电路	In	集成功放电路.PcbDoc	Failed to add class member
Add	C3 to 集成功放电路	In	集成功放电路.PcbDoc	Failed to add class member
Add	C4 to 集成功放电路	In	集成功放电路.PcbDoc	Failed to add class member
Add	JP1 to 集成功放电路	In	集成功放电路.PcbDoc	Failed to add class member
Add	R1 to 集成功放电路	In	集成功放电路.PcbDoc	Failed to add class member

Page 1 of 1

图 8-70　“报告预览”对话框

提示：导入网络报表后，所有元件的封装已经加载到印制电路板上，我们需要对这些封装进行布局。合理的布局是 PCB 布线的关键。若单面板元件的布局不合理，将无法完成布线操作；若双面板元件的布局不合理，布线时将会放置很多过孔，使电路板导线变得非常复杂。

Altium Designer 14 提供了两种元件布局的方法，一种是自动布局，另一种是手工布局。这两种方法各有优劣，用户应根据不同的电路设计需要选择合适的布局方法。

3. 手工布局

手工调整元件的布局时，需要移动元件，其方法在前面的 PCB 编辑器的功能中讲过，不再详述。手工调整后，元件的布局如图 8-71 所示。

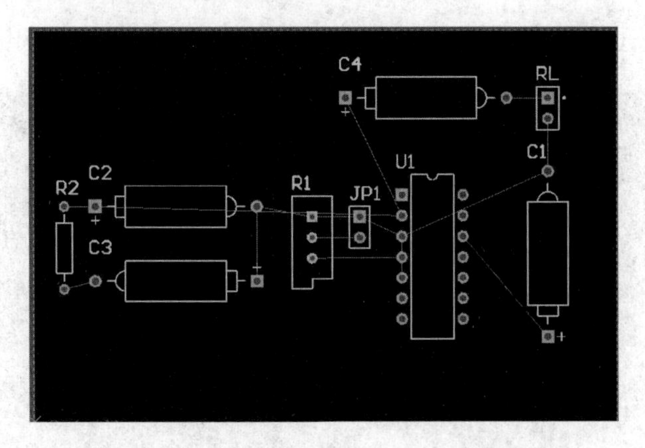

图 8-71　手工调整后元件的布局图

提示：在对印制电路板进行了布局以后，用户就可以进行印制电路板布线了，还需进行布线规则设置。

4. 设置规则

选择菜单命令“设计”→“规则”，系统弹出规则菜单，设置电源和地线的宽度为 40mil，其余为 10mil。

5. 自动布线

Altium Designer 14 提供了强大的自动布线功能，适合于元件数目较多的情况。在这里对已经手工布局好的集成功放电路采用自动布线。

选择菜单命令“自动布线”→“全部”，系统弹出“Situs 布线策略”对话框，在“布线策略”区，选择“Default 2 Layer Board”（普通双面板默认的布线策略），然后单击“Route All”按钮，系统开始自动布线。

在自动布线过程中，会出现“Message”对话框，显示当前布线信息，如图 8-72 所示。

Messages

Class	Document	Source	Message	Time	Date	N..
Sit...	集成功放...	Situs	Routing Started	15:52:54	2019/4/1...	1
Ro...	集成功放...	Situs	Creating topology map	15:52:55	2019/4/1...	2
Sit...	集成功放...	Situs	Starting Fan out to Plane	15:52:55	2019/4/1...	3
Sit...	集成功放...	Situs	Completed Fan out to Plane in 0 Seconds	15:52:55	2019/4/1...	4
Sit...	集成功放...	Situs	Starting Memory	15:52:55	2019/4/1...	5
Sit...	集成功放...	Situs	Completed Memory in 0 Seconds	15:52:55	2019/4/1...	6
Sit...	集成功放...	Situs	Starting Layer Patterns	15:52:55	2019/4/1...	7
Ro...	集成功放...	Situs	Calculating Board Density	15:52:55	2019/4/1...	8
Sit...	集成功放...	Situs	Completed Layer Patterns in 0 Seconds	15:52:55	2019/4/1...	9
Sit...	集成功放...	Situs	Starting Main	15:52:55	2019/4/1...	10
Ro...	集成功放...	Situs	Calculating Board Density	15:52:55	2019/4/1...	11
Sit...	集成功放...	Situs	Completed Main in 0 Seconds	15:52:55	2019/4/1...	12
Sit...	集成功放...	Situs	Starting Completion	15:52:55	2019/4/1...	13
Sit...	集成功放...	Situs	Completed Completion in 0 Seconds	15:52:55	2019/4/1...	14
Sit...	集成功放...	Situs	Starting Straighten	15:52:55	2019/4/1...	15
Sit...	集成功放...	Situs	Completed Straighten in 0 Seconds	15:52:56	2019/4/1...	16
Ro...	集成功放...	Situs	15 of 15 connections routed (100.00%) in 1 S...	15:52:56	2019/4/1...	17
Sit...	集成功放...	Situs	Routing finished with 0 contentions(s). Fail...	15:52:56	2019/4/1...	18

图 8-72　自动布线信息

自动布线后并经手工调整的印制电路板如图 8-73 所示。

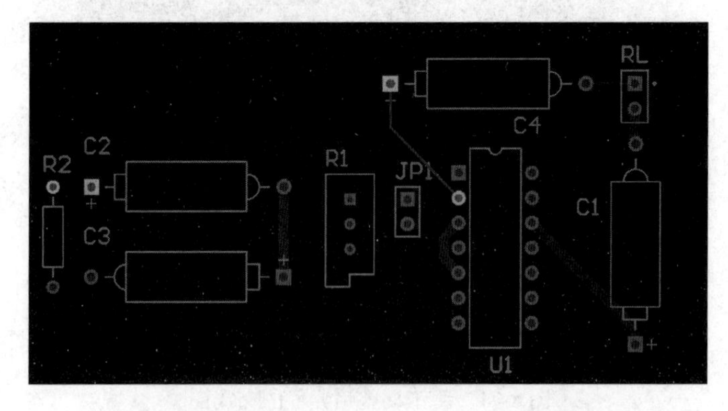

图 8-73　自动布线后并经手工调整的印制电路板

除此之外，用户还可以根据前面介绍的命令，对电路板进行局部自动布线操作。

第九章　PCB 的规则设置

9.1　常用布局规则设置

Altium Designer 14 系统的 PCB 编辑器是一个完全的规则驱动编辑环境。系统为设计者提供了多种设计规则，涵盖了 PCB 设计流程中的各个方面，从电气、布局、布线到高频、信号完整性分析等。在具体的 PCB 设计过程中，设计者可以根据产品要求重新定义相关的设计规则，也可以使用系统默认的规则。如果设计者直接使用设计规则的系统默认值而不加任何修改，是有可能完成整个 PCB 设计的，只是在后续调整中工作量会很大。因此，在进行 PCB 的具体设计之前，为了提高设计效率，节约时间和人力，设计者应该根据设计要求，对相关的设计规则进行合理的设置。

9.1.1　打开规则设置

在 Altium Designer 14 的 PCB 编辑器中，选择菜单命令“设计”→“规则”，如图 9-1 所示，即可打开“PCB 规则及约束编辑器”对话框，也可以在 PCB 设计环境中右击，从弹出的快捷菜单中选择“设计”→“规则”命令，打开“PCB 规则及约束编辑器”对话框，如图 9-2 所示。这个对话框中包含了许多的 PCB 设计规则和约束条件。

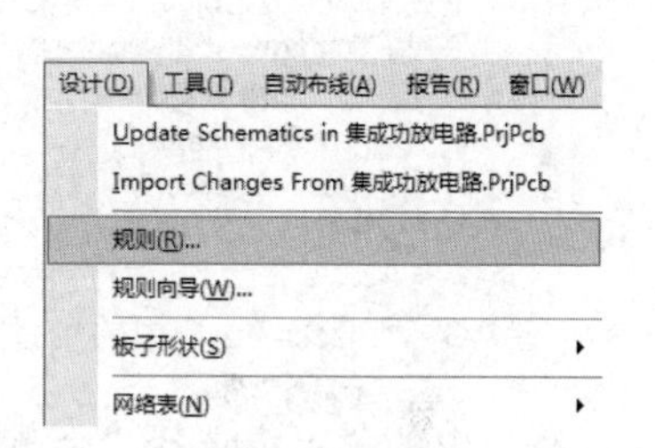

图 9-1 “设计”→“规则”菜单命令

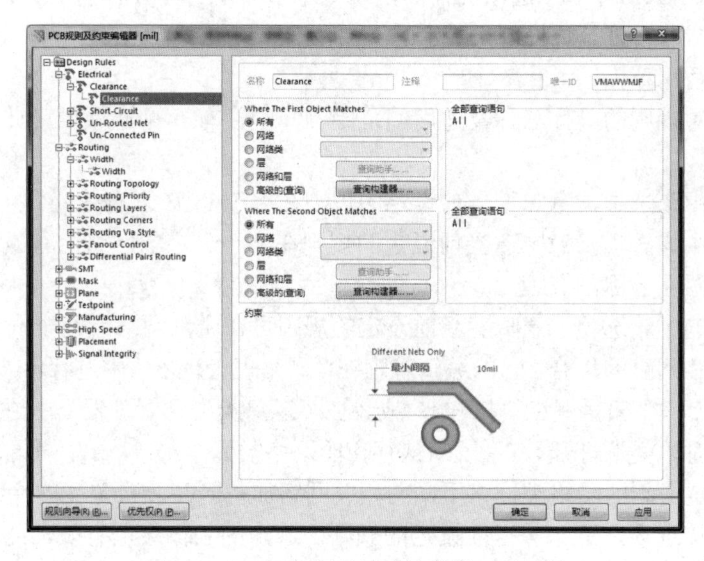

图 9-2 “PCB 规则及约束编辑器”对话框

在“PCB 规则及约束编辑器”对话框的窗口中，系统列出了 10 类设计规则，分别是“Electrical”（电气规则）、“Routing”（布线规则）、“SMT”（表贴式元件规则）、“Mask”（屏蔽层规则）、“Plane”（内层规则）、“Testpoint”（测试点规则）、“Manufacturing”（制板规则）、“High Speed”（高频电路规则）、“Placement”（布局规则）和“Signal Integrity”（信号完整性分析规则）。在上述的每一类规则中，又分别包含若干项具体的子规则。设计者可以单击各类规则前面的⊞符号展开，查看每类中具体详细的设计子规则，如图 9-2 所示是“Electrical”类中的“Clearance”子规则设置界面。

在进行 PCB 布局之前，设计者应该养成良好的规则习惯，首先应对“Placement”（布局规则）进行设置，单击“Placement”前面的⊞符号，可以看到需要设置的布局子规则有 6 项，如图 9-3 所示。

9.1.2 “Room Definition”规则设置

“Room Definition”规则主要用来设置空间的尺寸及它在 PCB 中所在的工作层。

右击“Room Definition”，出现如图 9-4 所示的快捷菜单，允许设计者增加一个新的子规则，或者删除现有的不合理的子规则。

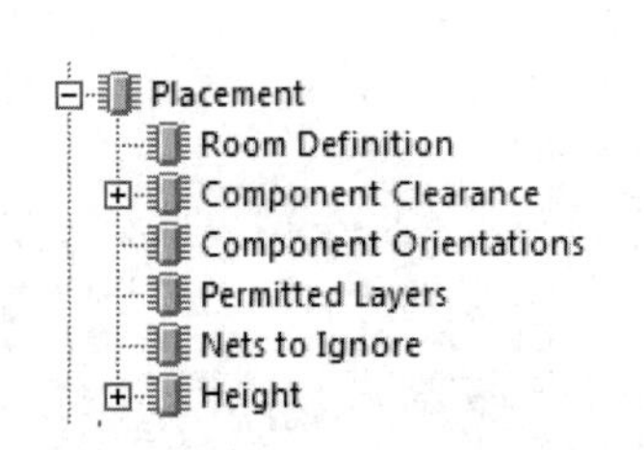

图 9-3 “Placement”中的子规则

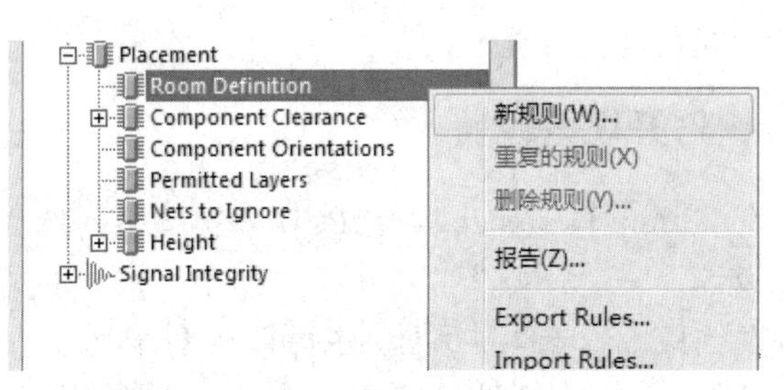

图 9-4 “Room Definition”快捷菜单

在弹出的菜单中选择“新规则”命令后，系统会在“Room Definition”中建立一个新规则，同时，“Room Definition”选项的前面出现一个⊞符号，单击⊞符号可以看到已经新建了一个子规则，单击即可打开如图 9-5 所示的界面。

（1）规则的适用范围

主要用于设置规则的具体名称及适用的范围。其中，有 6 个选项供设计者选择设置规则匹配对象的范围。

“所有”：选中该选项，意味着当前设定的规则在整个 PCB 上有效。

“网络”：选中该选项，意味着当前设定的规则在某个选定的网络上有效，此时在右端的文本框内可设置网络名称。

“网络类”：选中该选项，意味着当前设定的规则可在全部网络或几个网络上有效。

网络类是多个网络的集合，它的编辑管理在“网络表管理器”中进行（选择菜单命令“设计”→“网络表”→“编辑网络”打开），或者在“对象类资源管理器”中进行（选择菜单命令“设计”→“对象类”打开）。系统默认存在的网络类为“All Nets”，不能进行编辑修改。设计者可以自行定义新的网络类，将不同的相关网络加入到某一自定义的网络类中。

“层”：选中该选项，意味着当前设定的规则在选定的工作层上有效，此时在右端的文本框内可设置工作层名称。

图 9-5 “Room Definition”规则设置

“网络和层”：选中该选项，意味着当前设定的规则在选定的网络和工作层上有效，此时在右端的 2 个文本框内可分别设置网络名称及工作层名称。

“高级的（查询）”：选中该选项，即激活“查询助手”按钮，单击“查询助手”按钮，可以启动“全部查询语句”来编辑一个表达式，以便自定义规则所适用的范围。

在进行 DRC 校验时，如果电路没有满足该项规则，系统将以规则名称进行违例显示，因此，对于规则名称的设置，应尽量通俗易懂。

（2）“约束”选项组

主要用于设置规则的具体约束特性。对于不同的规则来说，“约束”选项组的内容是不同的，在“Room Definition”规则中，需要设置的有如下几项。

- “空间锁定”：选中该选项后，则 PCB 图上的空间被锁定，此时下面的“定义”按钮变成灰色不可用状态，设计者不能再重新定义空间，而且该空间也不能被移动。
- “锁定的元件”：选中该选项，可以锁定空间中元件的位置和状态。
- “定义”按钮：该按钮用于对空间进行重新定义。单击该按钮，此时光标变为“十”字形，设计者可在 PCB 编辑窗口内绘制一个以规则名称命名的空间。对空间的定义也可以通过直接设定下面的对角坐标来完成。
- 所在工作层及元件位置：通过最下面的两个下拉列表框来设置。其中，工作层有两个选项，即“Top Layer”和“Bottom Layer”。元件位置也有两个选项，即“Keep Objects Inside（位于空间内）”和“Keep Objects Outside（位于空间外）”。

9.1.3 “Component Clearance”规则设置

“Component Clearance”规则主要用来设置自动布局时元件封装之间的最小间距，即安全间距。

单击“Component Clearance”中的子规则，即可打开如图 9-6 所示的对话框。

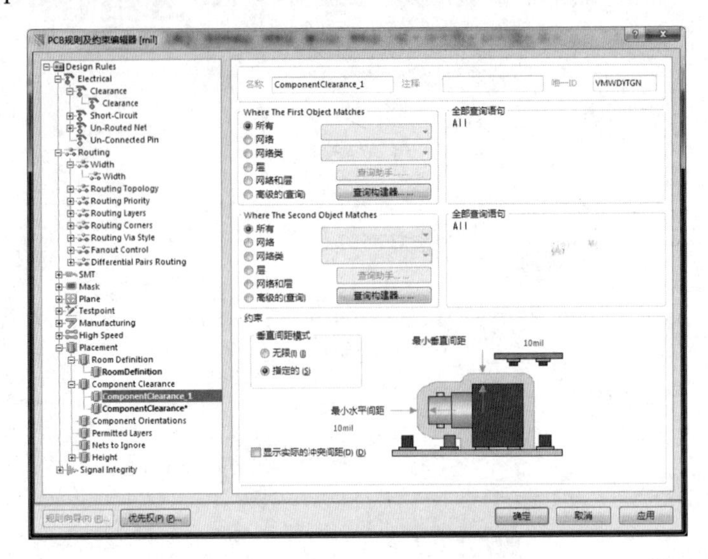

图 9-6 “Component Clearance”规则设置

由于间距是相对于两个对象而言的，因此，在该对话框中相应地有两个规则匹配对象的范围设置，设置方法与前面相同。

在“约束”选项组内，设计者可以首先选择元件垂直间距的约束条件。假如设计中不用顾及元件在垂直方向的空间，则选择“无限”选项，这样仅仅对元件之间的水平间距进行设置即可。系统默认的元件封装间的最小水平间距为 10mil。

9.1.4 “Component Orientations”规则设置

“Component Orientations”规则主要用于设置元件封装在 PCB 上的放置方向。选中“Component Orientations”并右击，在弹出的快捷菜单中选择“新规则”命令，则建立一个新的子规则，单击新建的子规则即可打开设置对话框，如图 9-7 所示。

图 9-7 “Component Orientations”规则设置

在“约束”选项组内，系统提供了如下 5 种放置方向。

- “0 度”：选中该选项，元件封装放置时不用旋转。
- “90 度”：选中该选项，元件封装放置时可以旋转 90°。
- “180 度”：选中该选项，元件封装放置时可以旋转 180°。
- “270 度”：选中该选项，元件封装放置时可以旋转 270°。
- “所有方位”：选中该选项，元件封装放置时可以旋转任意角度。

9.1.5 “Permitted Layers”规则设置

“Permitted Layers”规则主要用于设置元件封装能够放置的工作层。选中“PermittedLayers”并右击，在弹出的快捷菜单中选择“新规则”命令，则建立一个新的子规则，单击新建的子规则即可打开设置界面，如图 9-8 所示。在“约束”选项组内，允许元件放置的工作层有两个选项，即“顶层”和“底层”。

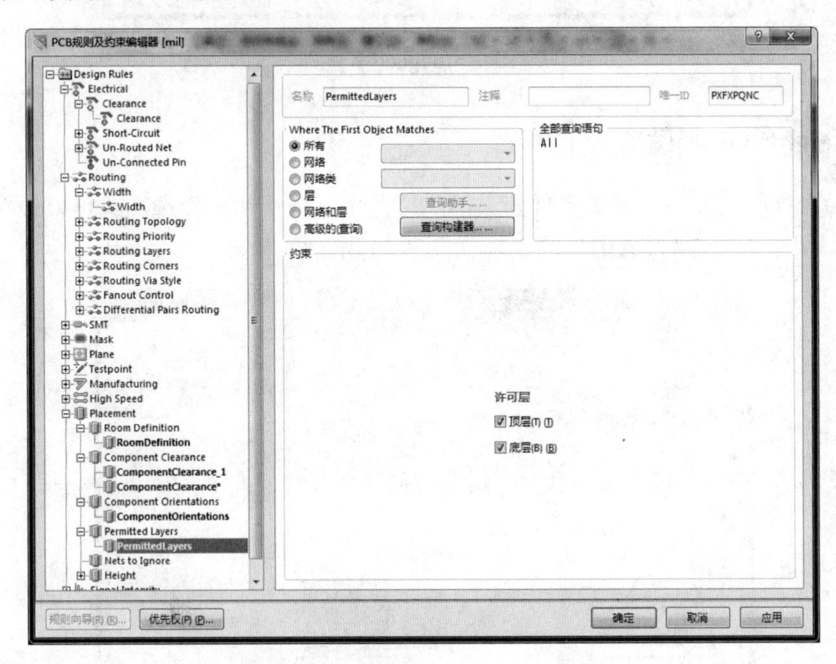

图 9-8 “Permitted Layers”规则设置

一般来说，插针式元件封装都放置在 PCB 的顶层中，即 Top Layer 层，而表贴式的元的封装可以放置在顶层中，也可以放置在底层中。

9.1.6 “Nets to Ignore”规则设置

“Nets to Ignore”规则主要用于设置自动布局时可以忽略的网络，忽略一些电气网络（如电源网络、地线网络）在一定程度上可以提高自动布局的质量和速度。

选中“Nets to Ignore”并右击，在弹出的快捷菜单中选择“新规则”命令，则建立一个新的子规则，单击新建的子规则即可打开设置界面，如图 9-9 所示。该规则的“约束”选项组内没有任何设置选项，需要的约束可直接通过前面的规则匹配对象适用范围的设置来完成。

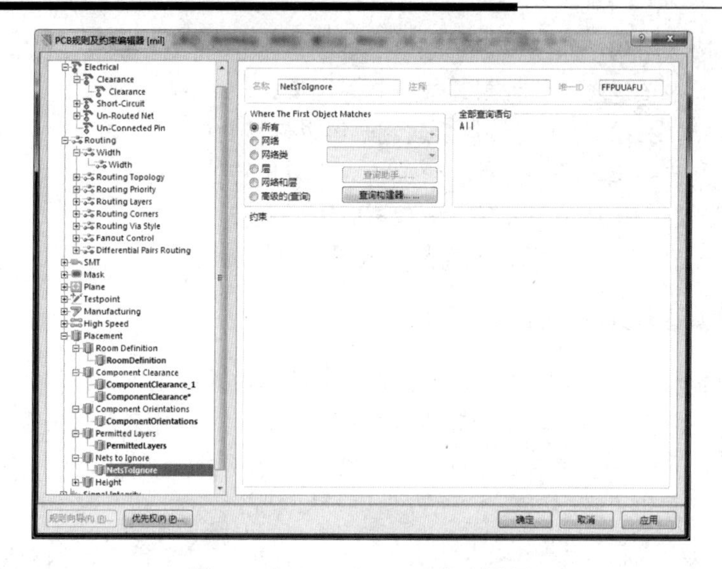

图 9-9 “Nets to Ignore”规则设置

9.1.7 “Height”规则设置

“Height”规则主要用于设置元件封装的高度范围，在“约束”选项组可以设置元件封装的“最小的”“最大的”“首选的”高度，如图 9-10 所示。

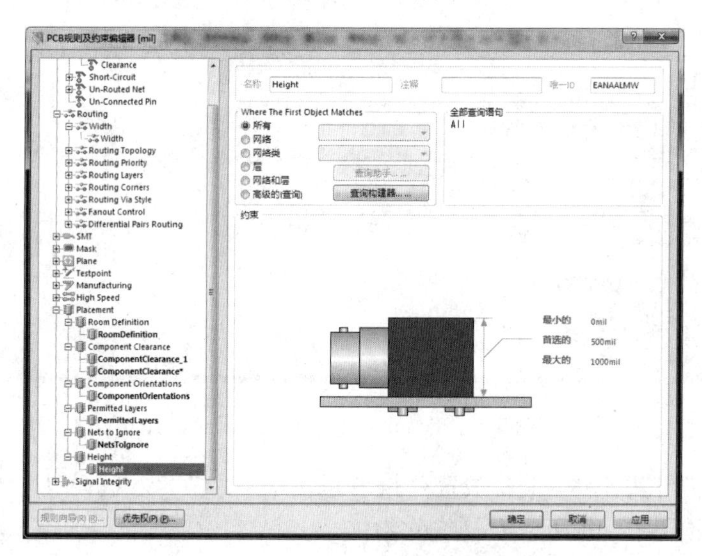

图 9-10 “Height”规则设置

一般来说，“Height”规则用于定义元件高度。在一些特殊的电路板上进行布局操作时，电路板的某一区域可能对元件的高度要求很严，此时就需要设置此规则。

9.2 常用 PCB 规则设置

规则设置是 PCB 设计中至关重要的一个环节，可以通过 PCB 规则设置，保证 PCB 符合电气要求和机械加工（精度）要求，为布局、布线提供依据，也为 DRC 提供依据。进行 PCB

编辑期间，Altum Designer 会实时地进行一些规则检查，违规的地方会做标记（显示绿色）。

选择菜单命令“设计”→“规则”，进入规则约束管理器，如图 9-11 所示，左边显示的是设计规则的类型，共 10 类，右边列出的是设计规则的具体设置。

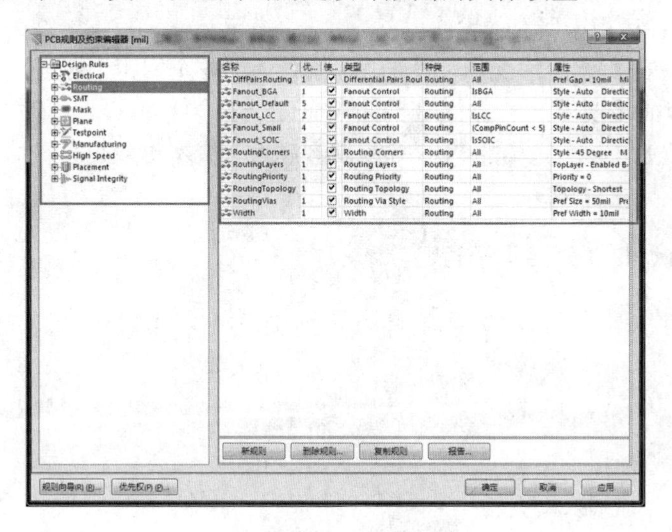

图 9-11　规则约束管理器

9.2.1　电气规则设置

打开“PCB 规则及约束编辑器”对话框，单击“Electrical”前面的⊞符号，可以看到需要设置的电气子规则有 4 项，如图 9-12 所示。

1. “Clearance”（安全间距）子规则

“Clearance”规则主要用来设置 PCB 设计中导线、焊盘、过孔及敷铜等导电对象之间的最小安全间隔，相应的设置界面如图 9-13 所示。

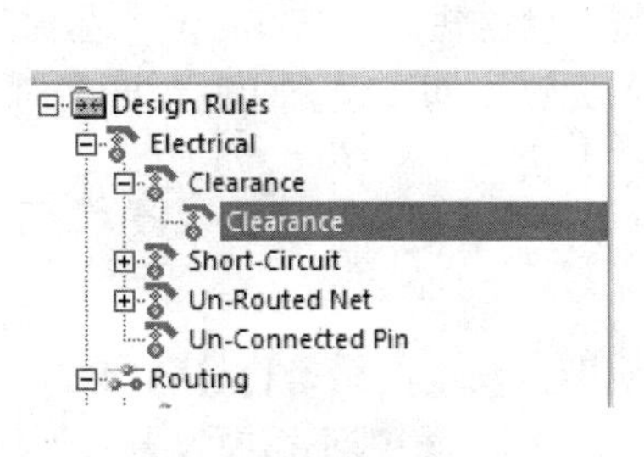

图 9-12　电气子规则

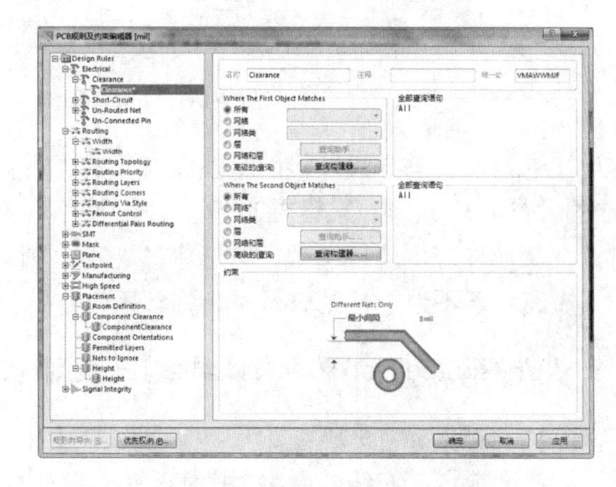

图 9-13　“Clearance”规则设置

由于间隔是相对于两个对象而言的，因此，在该界面中，有两个规则匹配对象的范围设置。每个规则匹配对象都有“所有”“网络”“网络类”“层”“网络和层”“高级的（查询）”选项，这些选项所对应的功能及约束条件可以参考自动布局规则中相应的设置。

在“约束”选项组内，需要设置该项规则适用的网络范围，有 3 个选项：

- “Different Nets Only”：仅在不同的网络之间适用。
- “Same Net Only”：仅在同一网络中适用。
- “Any Net”：适用于所有的网络。

“最小间隔”应根据实际情况加以设定。系统默认的安全间距为 8mil，对一般的数字电路设计来说基本可以满足要求，如果 PCB 的面积允许，安全间距应尽可能大一些。一般来说，对象之间的间隔越大，制作完毕的 PCB 面积就会越大，成本也会越高；反过来间隔太小，又有可能产生干扰或导致短路。

2. “Short-Circuit”（短路）子规则

“Short-Circuit”规则主要用于设置 PCB 上的不同网络间导线是否允许短路，如图 9-14 所示。

图 9-14 “Short-Circuit”规则设置

用户通过设置与导线连接两个匹配对象的“所有的”“网络”“网络类”“层”“网络和层”“高级的（查询）”选项，来设置 PCB 上不同网络间导线是否允许短路。在“约束”选项组内，只有一个“允许短电流”选项，若选中该选项，则意味着允许上面所设置的两个匹配对象中的导线短路；若不选中，则表示不允许。系统默认为不选中状态。

3. “Un-Routed Net”（未布线网络）子规则

“Un-Routed Net”规则主要用于检查 PCB 中用户指定范围内的网络是否自动布线成功，对于没有布通或者未布线的网络，将使其仍保持飞线连接状态。该规则不需要设置其他约束，只需创建规则，为其命名并设定适用范围即可，如图 9-15 所示。

该规则在 PCB 布线时是用不到的，只是在进行 DRC 校验时，若本规则所设置的网络没有布线，则将显示违规。

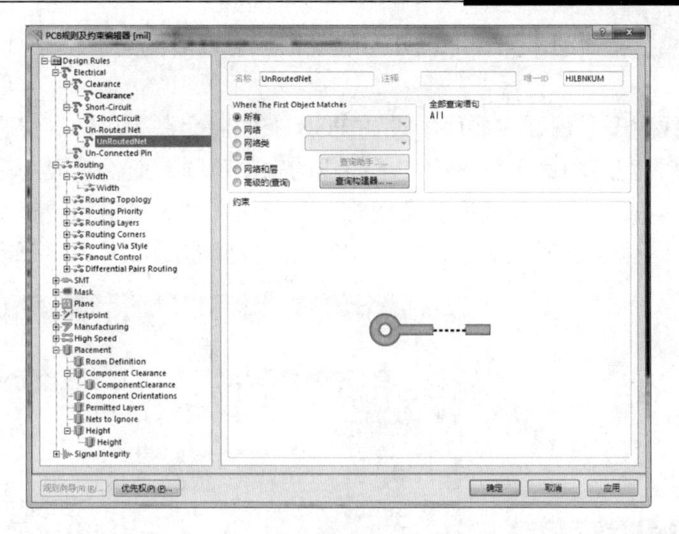

图 9-15　“Un-Routed Net”规则设置

4. “Un-Connected Pin”（未连接引脚）子规则

“Un-Connected Pin”规则主要用于检查指定范围内的元件引脚是否均已连接到网络，对于未连接的引脚，给予警告提示，显示为高亮状态。该规则也不需要设置其他的约束，只需创建规则，为其命名并设定适用范围即可，如图 9-16 所示。

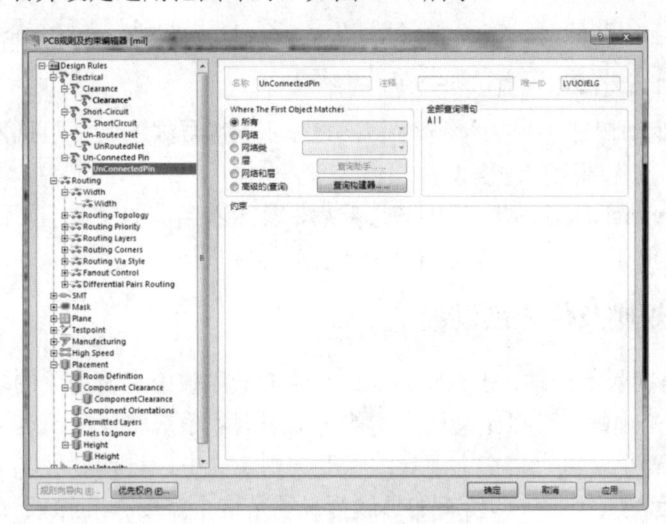

图 9-16　“Un-Connected Pin”规则设置

系统默认状态下不加这条规则，因为电路中通常会存在一些不连接的元件引脚，如引脚悬空等。因此，该规则可以不设置，由设计者自己来保证引脚连接的正确性。

9.2.2　布线规则设置

布线规则是自动布线器进行自动布线时所依据的重要规则，设置是否合理将直接影响到自动布线质量的好坏和布通率的高低。

单击“Routing”前面的⊞符号，展开布线规则，可以看到有 8 项子规则，如图 9-17 所示。

“Width”（导线宽度）规则主要用于设置 PCB 布线时允许采用的导线宽度，有最大、最小和优选之分。最大宽度和最小宽度确定了导线的宽度范围，而优选尺寸则为放置导线时系统默认采用的宽度。在自动布线或手动布线时，对导线宽度的设定和调整不能超出导线最大宽度和最小宽度。这些设置都是在“约束”选项组内完成的，如图 9-18 所示。

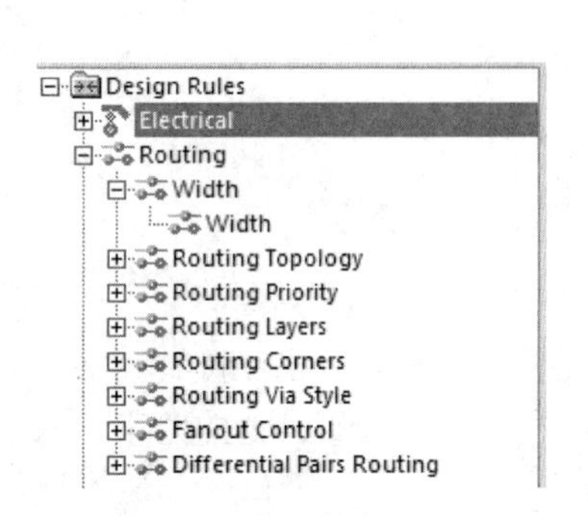

图 9-17　布线子规则

图 9-18　“Width”规则设置

“约束”选项组内有两个选项，含义如下。

- “典型阻抗驱动宽度”：选中该选项后，将显示铜膜导线的特征阻抗，设计者可以对最大、最小以及优选阻抗进行设置。
- “Layers in layerstack only”：选中该选项后，意味着当前的宽度规则仅应用于在图层堆栈中所设置的工作层，否则将适用于所有的电路板层。

9.2.3　导线宽度规则及优先级设置

同 Altium 的前期版本一样，Altium Desigen 14 的规则设定有着强大的功能。例如，针对不同的目标对象，在规则中可以定义同类型的多重规则，系统将使用预定义等级来决定将哪个规则具体应用到哪个对象上。在上述导线宽度规则定义中，设计者可以定义一个适用于整个 PCB 的导线宽度约束规则（即所有的导线都必须是这个宽度），但由于希望接地网络的导线与一般的连接导线不同，需要尽量得粗一些，因此，设计者还需要定义一个宽度约束规则，该规则将忽略前一个规则。除此之外，在接地网络上往往根据某些特殊的连接要求还需要定义第 3 个宽度约束规则，此时该规则将忽略前两个规则，所定义的规则将根据优先级别顺序显示。

下面将定义两个导线宽度规则，一个适用于整个 PCB，另一个则适用于接地网络。

（1）在打开的“Width”子规则设置界面中，首先设置第 1 个导线宽度规则。根据制版需要，将导线的“Max Width”“Min Width”“Preferred Width”均设为 8mil，在“名称”栏中输入“All”以便记忆。规则匹配对范围设置为“所有”，单击“应用”按钮，完成第 1 个导线宽度规则设置，如图 9-19 所示。

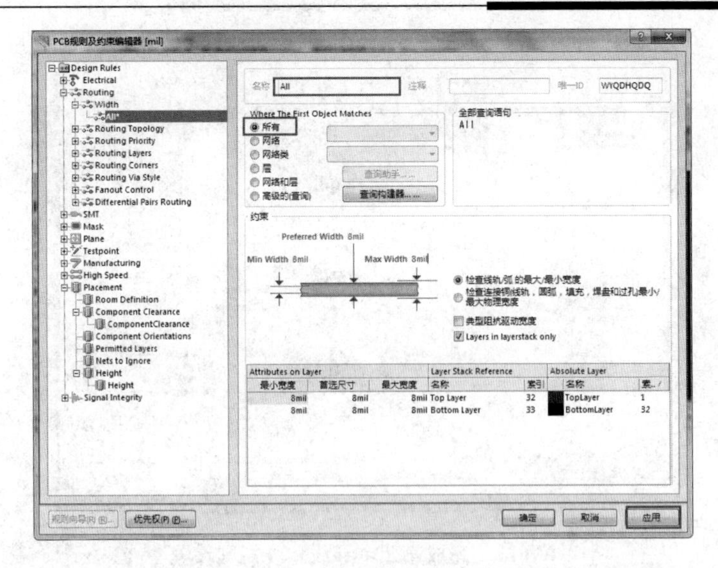

图 9-19 第 1 个导线宽度规则设置

（2）选中左侧窗口中的“Width”，右击并在弹出的快捷菜单中选择“新规则”命令，增加一个新的导线宽度规则，默认规则名为“Width”，如图 9-20 所示。

（3）单击新建的“Width”导线宽度规则，打开设置界面。在“名称”栏中输入“GND”用作提示，在“Where the First Object Matches”选项组中定义规则匹配对象为“网络”，并单击按钮，在下拉列表框中选择“GND”网络，此时右边的“全部查询语句”区域中显示“InNet（‘GND’），如图 9-21 所示。

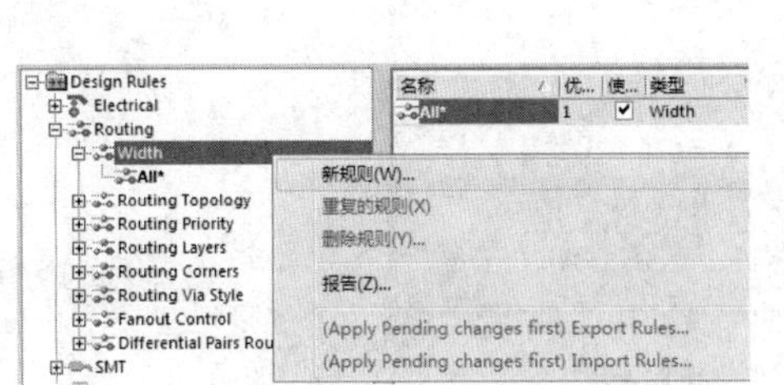

图 9-20 建立新的导线宽度规则

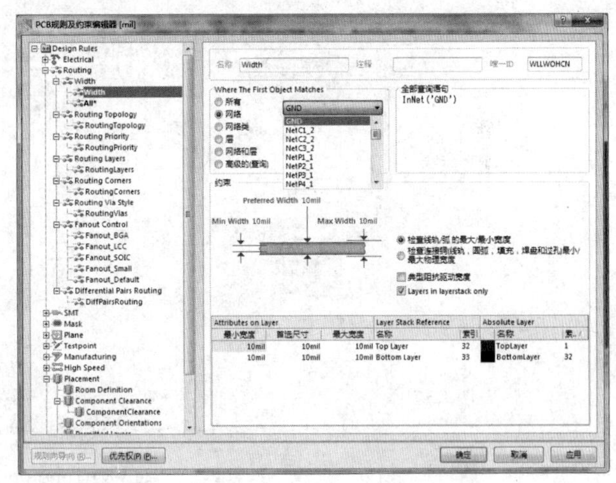

图 9-21 第 2 个导线宽度规则设置

（8）在“约束”选项组内，将“Max Width”“Min Width”“Preferred Width”均设为 20mil，单击“应用”按钮，完成设置，如图 9-22 所示。

（8）界面中列出了刚刚所创建的两个导线宽度规则，其中，新创建的“GND”规则被赋予了高优先级“1”，而先前创建的“All”规则的优先级则降为“2”。

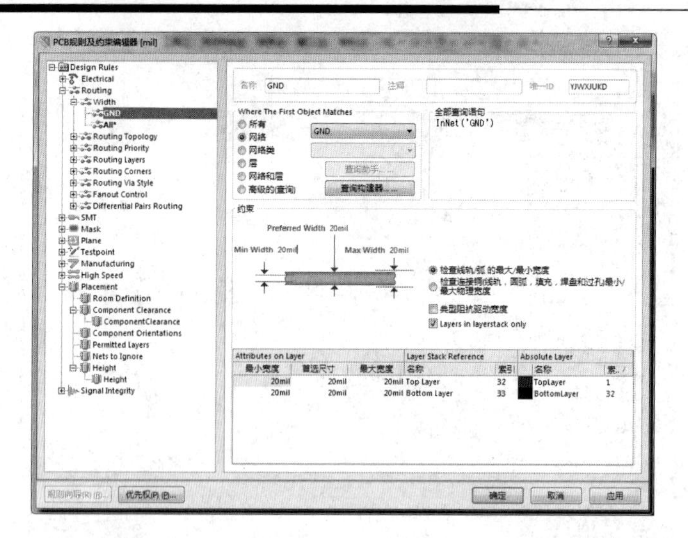

图 9-22　完成第 2 个导线宽度规则设置

9.2.4　布线拓扑规则设置

“Routing Topology”（布线拓扑）规则主要用于设置自动布线时导线的拓扑网络逻辑，即同一网络内各节点间的走线方式。拓扑网络的设置有助于自动布线的布通率，“Routing Topology”规则设置如图 9-23 所示。

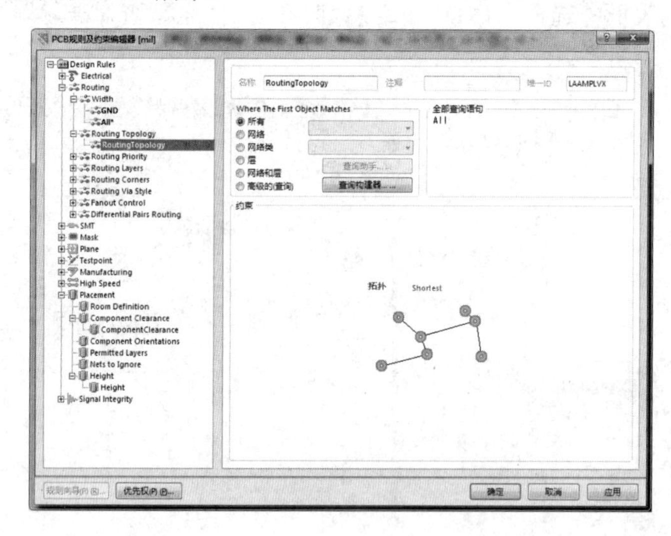

图 9-23　“Routing Topology”规则设置

拓扑类型如下。

- “Shortest”：连接线总长最短逻辑，是系统默认的拓扑逻辑，采用该逻辑，系统将保证各网络节点之间的布线总长度最短。
- “Horizontal”：优先水平布线逻辑，采用该逻辑，系统布线时将尽可能选择水平方向的走线，网络内各节点之间水平连线的总长度与竖直连线的总长度的比值控制在 5∶1 左右。若在进行元件布局时，水平方向上的空间较大，可考虑采用该拓扑逻辑进行布线。

- “Vertical”：优先竖直布线逻辑。与上一种逻辑相反，采用该逻辑，系统布线时将尽可能选择竖直方向的走线。
- “Daisy-Simple”：简单链状逻辑。采用该逻辑，系统布线时会将网络内所有的节点连接起来成为一串，在源点和终点确定的前提下，其中间各点的走线以总长度最短为原则。
- “Daisy-MidDriven”：中间驱动链状逻辑，也是链状逻辑，只是其寻优运算方式有所不同。采用该逻辑，系统布线时将以网络的中间节点为源点，寻找最短路径，分别向两端进行链状连接（需要两个终点）。在该逻辑运算失败时，采用简单链状逻辑作为替补。
- “Daisy-Balanced”：平衡式链状逻辑。采用该逻辑，源点仍然置于链的中间，只是要求两侧的链状连接基本平衡，即源点到各分支链终点所跨过的节点数量基本相同。该逻辑需要一个源点和多个终点。
- “Starburst”：星形扩散逻辑，采用该逻辑，在所有的网络节点中选定一个源点，其余各节点将直接连接到源点上，形成一个散射状的布线逻辑。

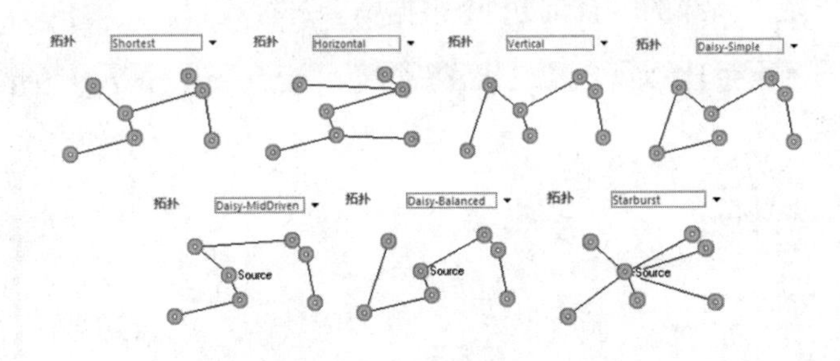

图 9-24　不同的拓扑网络规则

9.2.5　布线优先级规则设置

“Routing Priority”（布线优先级）规则主要用于设置 PCB 网络表中网络布线的先后顺序，设定完毕后，优先级别高的网络先进行布线，优先级别低的网络后进行布线，规则设置如图 9-25 所示。

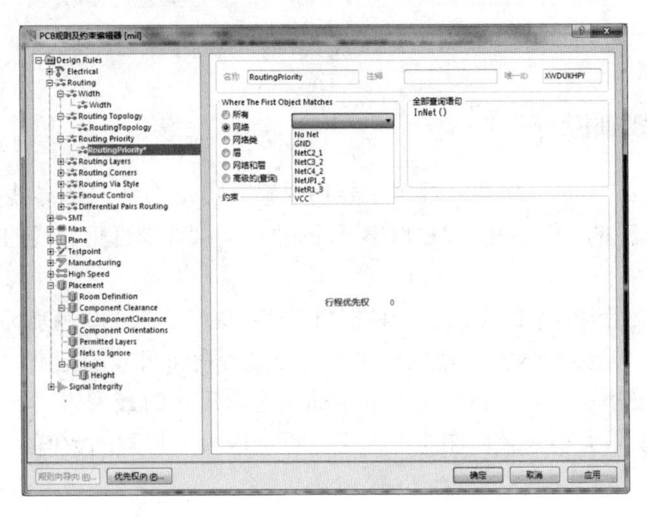

图 9-25　“Routing Priority”规则设置

在“Where The First Object Matches”选项组内，选择“所有”选项，则不对网络进行优先级设置。需要进行优先级设定时，可在“网络”“网络类”“层”“网络和层”“高级的（查询）”中根据需要进行选择。

在规则的“约束”选项组内，只有一项“行程优先权”，用于设置指定网络的布线优先级，优先级取值范围为0～100，数字越大，相应的优先级就越高，系统默认的布线优先级为“0”。

9.2.6 布线层规则设置

“Routing Layers”（布线层）规则主要用于设置在自动布线过程中允许进行布线的工作层，一般情况下用在多层板中，规则设置如图 9-26 所示。

在“约束”选项组内列出了在 PCB 制板时设计者在“图层堆栈管理器”中定义的所有层，根据布板需要，若某层可以进行布线，则在相应布线层上选中右边复选框即可。同样，在“Where The First Object Matches”选项组内，可以设置特定的电气网络在指定的层面进行布线。选择“所有”单选按钮则不对网络进行设置。需要进行电气网络设定时，可在“网络”“网络类”“层”“网络和层”以及“高级的（查询）”中根据需要进行设置。

图 9-26 “Routing Layers”规则设置

9.2.7 布线拐角规则设置

“Routing Corners”（布线拐角）规则主要用于设置自动布线时的导线拐角模式，通常情况下，为了提高 PCB 的电气性能，在 PCB 布板时应尽量减少直角导线的存在，规则设置如图 9-27 所示。

在“约束”选项组内，系统提供了 3 种拐角风格：90°、45°、圆弧形，如图 9-28 所示。

其中，在 45°、圆弧形两种拐角风格中，需要设置拐角尺寸的范围，在“退步”文本框中输入拐角尺寸的最小值，在“to”文本框中输入拐角尺寸的最大值。一般来说，为了保持整个电路板的导线拐角大小一致，在这个两文本框中应输入相同的数值。

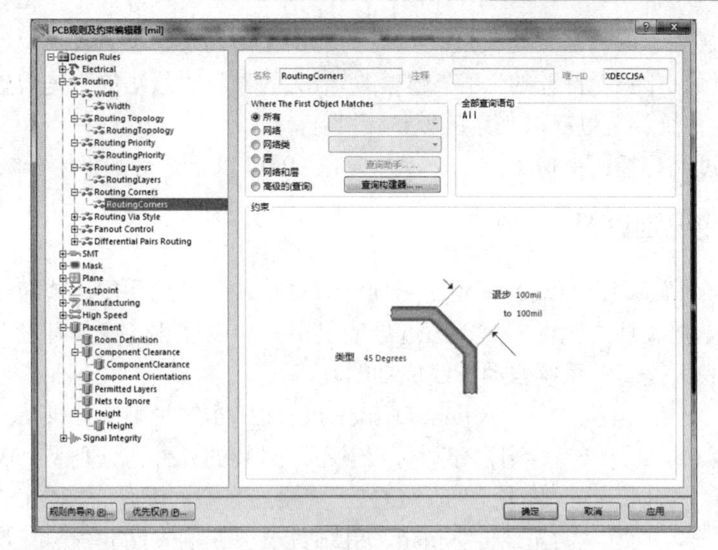

图 9-27 “Routing Corners”规则设置

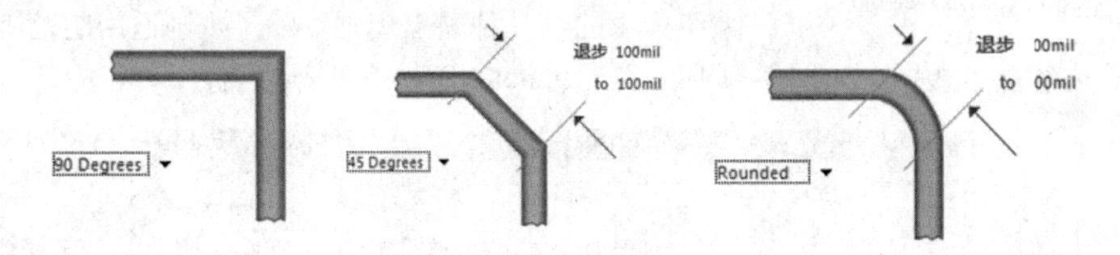

图 9-28 拐角风格

在布线时，整个 PCB 应采用统一的拐角风格，避免给人以杂乱无章的感觉。因此，该规则适用对象的范围应选择“所有”。

9.2.8 过孔规则设置

“Routing Via Style”（过孔）规则主要用于设置自动布线时采用的过孔尺寸，规则设置如图 9-29 所示。

图 9-29 “Routing Via Style”规则设置

在“约束”选项组内，需要定义过孔直径及过孔孔径大小，过孔直径及过孔孔径大小分别有“最大的”“最小的”“首选的”3 个选项。“最大的”和“最小的”是设置的极限值，而“首选的”将作为系统放置过孔时使用的默认尺寸。

过孔直径与过孔孔径的差值不宜太小，一应在 10mil 以上，否则不便于制板加工。

9.2.9　扇出布线规则设置

“Fanout Control”（扇出布线）规则是一项针对表贴式元件进行扇出式布线的规则。所谓扇出式布线，就是把表贴式元件的焊盘通过导线引出并加以过孔，使其可以在其他层上继续走线。扇出布线大大提高了系统自动布线成功的几率。

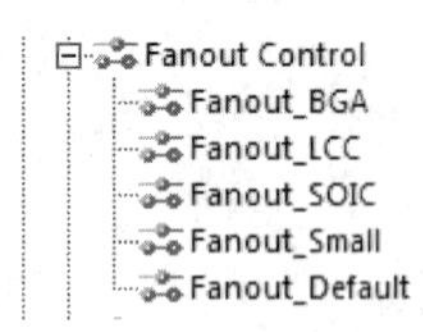

图 9-30　“Fanout Control”规则

Altium Designer 在扇出布线规则中提供了几种默认的扇出规则，分别对应于不同封装的元件，分别是“BGA”封装的表贴式元件、“LCC”封装的表贴式元件、“SOIC”封装的表贴式元件、“Small”引脚数小于 5 的表贴式封装元件和“Default”（所有元件），如图 9-30 所示。

系统列出的这几种扇出规则，除了规则适用的范围不同，其余的设置内容基本相同。如图 9-31 所示是“Fanout_BGA”规则设置。

图 9-31　“Fanout_BGA”规则设置

在“约束”选项组内“扇出选项”有“扇出类型”“扇出向导”“从焊盘趋势”“过孔放置模式”4 个选项，每个选项均有下拉式菜单，其中“扇出类型”下拉菜单中有 5 个选项，如图 9-32 所示。

- “Auto”：自动扇出。
- “Inline Rows”：同轴排列。
- “Staggered Rows”：交错排列。
- “BGA”：BGA 形式。
- “Under Pads”：从焊盘下方扇出。

“扇出向导”下拉菜单中有 6 个选项，分别如下。

- “Disable”：不设定扇出方向。
- “In Only”：输入方向。
- “Out Only”：输出方向。
- “In Then Out”：先进后出。
- “Out Then In”：先出后进。
- “Alternating In and Out”：交互式进出。

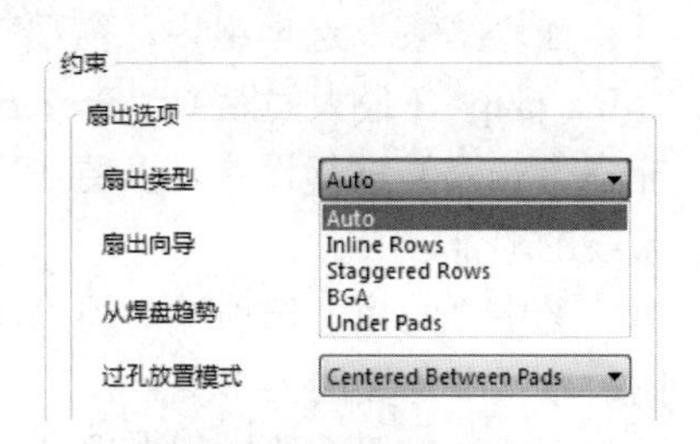

图 9-32　“扇出类型”下拉菜单

“从焊盘趋势”下拉菜单中有 6 个选项，分别如下。

- “Away From Center”：偏离焊盘中心扇出。
- “North-East”：从焊盘的东北方扇出。
- “South-East”：从焊盘的东南方扇出。
- “South-West”：从焊盘的西南方扇出。
- “North-West”：从焊盘的西北方扇出。
- “Towards Center”：正对焊盘中心扇出。

“过孔放置模式”下拉菜单中有两个选项，分别如下：

- “Close To Pad（Follow Rules）”：在遵从规则的前提下，过孔靠近焊盘放置。
- “Centered Between Pads”：过孔放置在焊盘之间。

9.2.10　差分对布线规则设置

Altium Designer 的 PCB 编辑器完善了差分对交互式布线规则，为设计者提供了更好的交互式差分对布线支持。在完整的设计规则约束下，设计者可以交互式地同时对所创建的差分对中的两个网络进行布线，即使用交互式差分对布线器从差分对中选取一个网络，对其进行布线，而该差分对中的另一个网络将遵循第一个网络的布线规则，布线过程中，将保持指定的布线宽度和间距。“Differential Pairs Routing”（差分对布线）规则主要用于对一组差分对设置相应的参数，规则设置如图 9-33 所示。

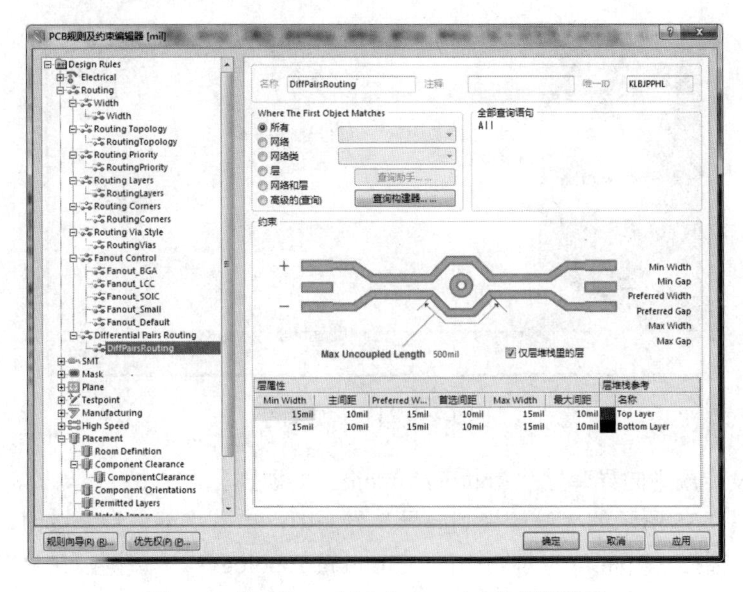

图 9-33　“Differential Pairs Routing”规则设置

在“约束”选项组内，需要对差分对内部的两个网络之间的“Min Gap”（最小间距）、“Max Gap”（最大间距）、“Preferred Gap”（优选间距）及“Max Uncoupled Length”（最大非耦合长度）进行设置，以便在交互式差分对布线器中使用，并在 DRC 校验中进行差分对布线的验证。

选中“约束”选项组中的“仅层堆栈里的层”选项，在“约束”选项组的列表中只显示图层堆栈中定义的工作层。

至此，对于布线过程中涉及的主要规则介绍便告一段落了，其他规则的设置方法与此基本相同。此外，Altium Designer 系统还为设计者提供了建立新规则的简便方法，那就是使用设计规则向导。

9.2.11 设计规则向导

在 PCB 编辑器内，选择菜单命令“设计”→“规则向导”，即可启动设计规则向导，如图 9-34 所示。

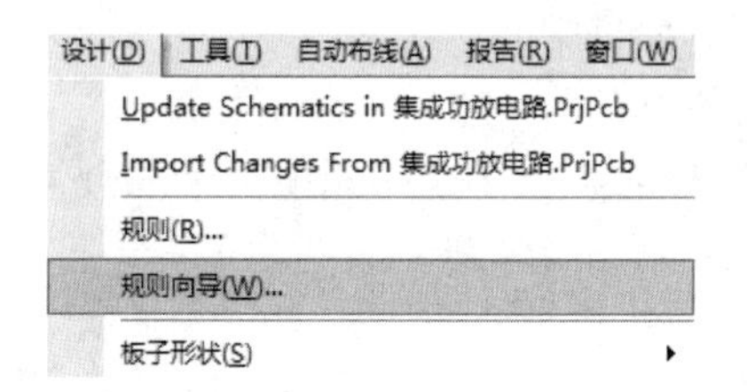

图 9-34 “规则向导”菜单命令

启动后的设计规则向导如图 9-35 所示。

图 9-35 设计规则向导

下面利用设计规则向导建立“Routing Topology”规则。

（1）在如图 9-35 所示的“设计规则向导”界面中，单击“下一步”按钮，进入“选择规则类型”界面。选择“Routing”规则中的“Routing Topology”子规则，在“名称”文本框内输入新规则名称“Topology_1”，如图 9-36 所示。

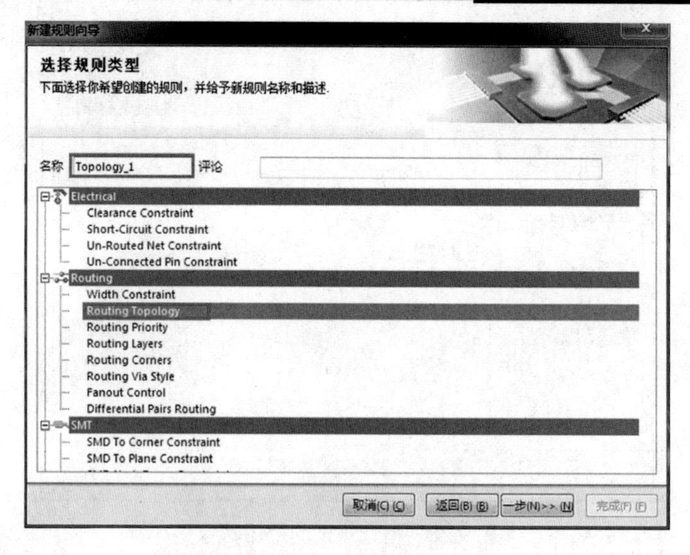

图 9-36 选择规则的类型并命名

（2）单击“下一步”按钮，进入“选择规则范围”界面，选中“1Net”选项，如图 9-37 所示。

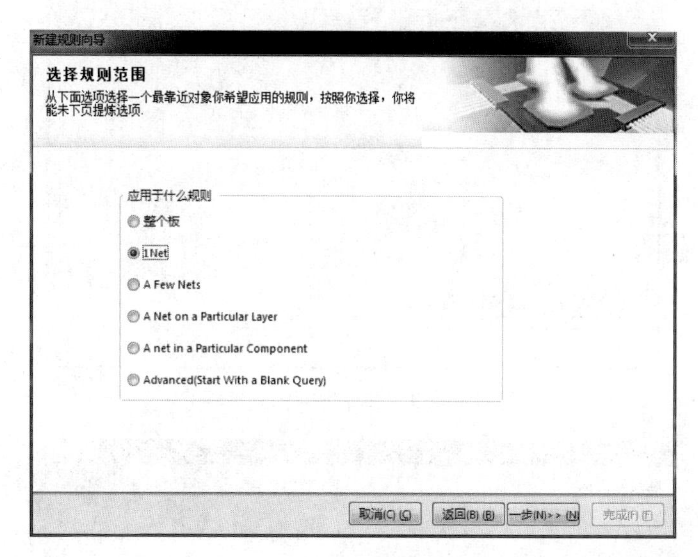

图 9-37 选择规则范围

（3）单击“下一步”按钮，进入“高级规则范围”界面。“条件类型/操作员”栏保持原有规则内容不变，为“Belongs to Net”；在“条件值”下拉列表中选择网络标号“GND”，右侧的“查询预览”栏中显示出了红色的“InNet（‘GND’）”字样，如图 9-38 所示。

（4）单击“下一步”按钮，进入“选择规则优先权”界面。该界面中列出了原有的“RoutingTopology”规则和新建的“Topology_1”规则，用于设置它们的优先级。这里不改变设置，即保持当前新建的规则为最高级，如图 9-39 所示。

（5）单击“下一步”按钮，进入“新规则完成”界面，如图 9-40 所示。

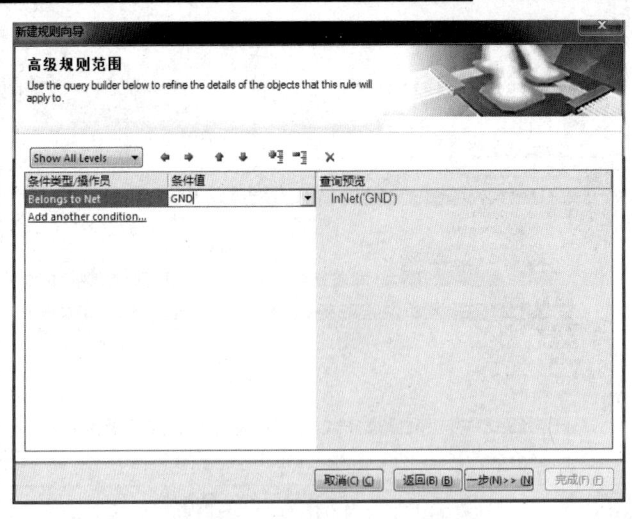

图 9-38　精选规则的适用对象

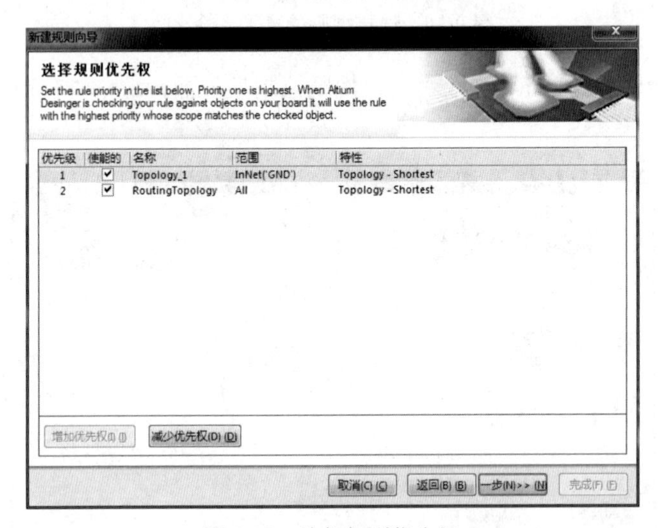

图 9-39　选择规则优先级

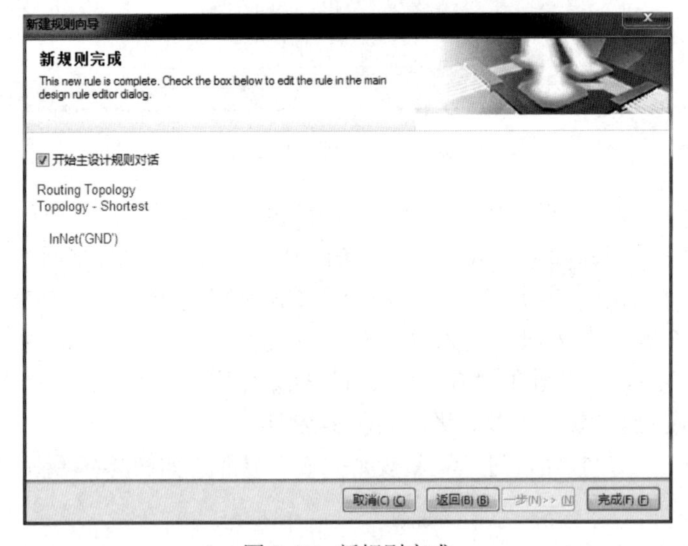

图 9-40　新规则完成

（6）选中“开始主设计规则对话”选项，单击“完成”按钮后，系统将打开“PCB 规则及约束编辑器”对话框，在该对话框中显示了新建的规则，如图 9-41 所示。

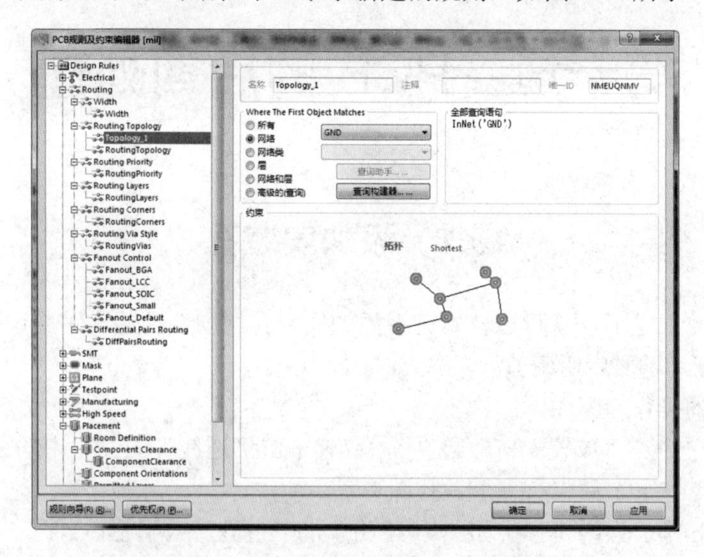

图 9-41　“PCB 规则及约束编辑器”对话框

以上是 PCB 布线之前主要涉及的规则设置，这些规则将运用在 PCB 的 DRC 检测中。若 PCB 布线时违反设定的 DRC 规则，在进行 DRC 检测时将检测出所以违反这些规则的地方。

第十章　PCB 的后期处理

10.1　添加安装孔

电路板布线完成之后，就可以开始着手添加安装孔。安装孔通常采用过孔形式，并和接地网络 GND 连接，以便后期调试。

添加安装孔的操作步骤如下：

（1）选择菜单命令“放置”→“过孔”，或者单击“连线”工具栏中的 按钮，此时鼠标指针变成“十”字形，并带有一个过孔图形。

（2）按下 Tab 键，系统将弹出如图 10-1 所示的“过孔”对话框。

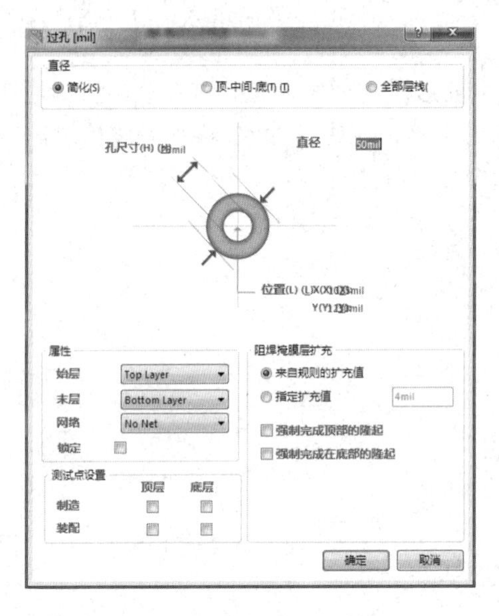

图 10-1　“过孔”对话框

① 孔尺寸：用来设置过孔的内径。

② 直径：用来设置过孔的外径。

③ 位置：用来设置过孔的位置，过孔的位置将根据需要确定。通常，安装孔放置在电路板的 4 个角上。

过孔起始层、网络标号、测试点等可以根据设计要求设置。

（3）设置完毕后，单击“确定”按钮，即放置了 1 个过孔（安装孔）。

（4）此时，系统仍处于放置过孔状态，可以继续放置其他的过孔（安装孔）。

（5）单击鼠标右键或按下 Esc 键，可退出该操作。

如图 10-2 所示为放置完安装孔的电路板。

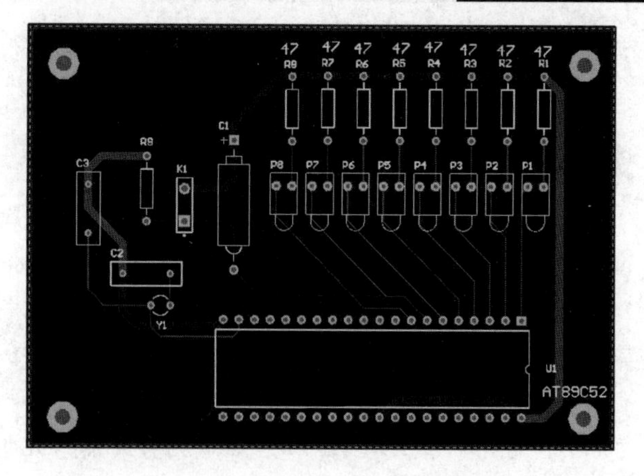

图 10-2　放置完安装孔的电路板

10.2　PCB 的测量

10.2.1　测量工具

Altium Designer 14 提供了 PCB 的测量工具，可以在设计电路时进行测量。测量工具在“报告”菜单中，如图 10-3 所示。

10.2.2　测量距离

1. 测量 PCB 上两点之间的距离

测量 PCB 上任意两点之间的距离，可以利用“测量距离”命令进行，具体操作步骤如下。

（1）选择菜单命令“报告”→“测量距离”，此时鼠标指针变成“十”字形。

（2）移动鼠标指针到某个坐标点上，单击鼠标左键，确定测量起点。如果将鼠标指针移动到了某个对象上，则系统将自动捕捉该对象的中心点。

（3）此时鼠标指针仍为“十”字形，重复步骤（2），确定测量终点。此时将弹出如图 10-4 所示的对话框，在对话框中给出了测量的结果。测量结果包含“Distance”（总距离）、“X Distance”（*X* 方向上的距离）和“Y Distance”（*Y* 方向上的距离）3 项。

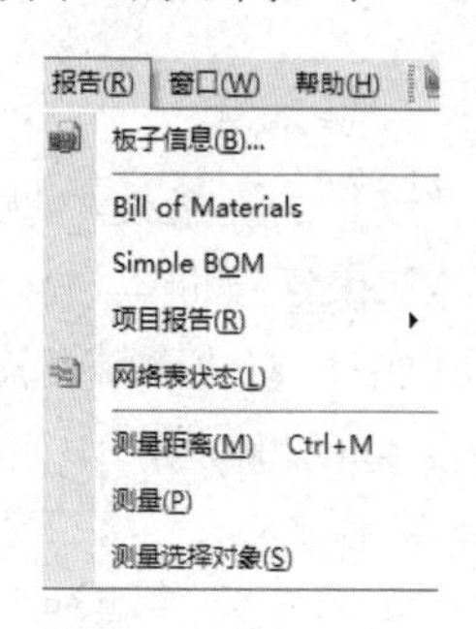

图 10-3 “报告”菜单

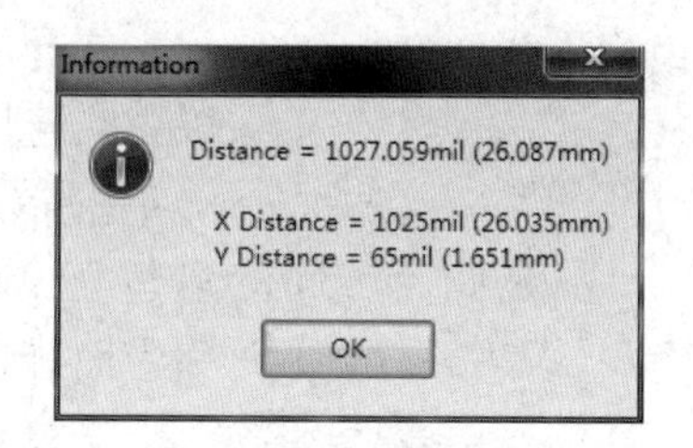

图 10-4　两点之间距离测量结果

（4）此时鼠标仍为“十”字形，重复步骤（2）、步骤（3），可以继续其他测量操作。

（5）测量完成后，单击鼠标右键或按下 Esc 键，可退出该操作。

2. 测量 PCB 上对象之间的距离

测量 PCB 上任意对象之间的距离，可以利用“测量”命令进行。具体操作步骤如下。

（1）选择菜单命令“报告”→“测量”或按下快捷键“R+P”，此时鼠标指针变成“十”字形。

（2）移动指针到某个对象（如焊盘、元件、导线、过孔等）上，单击鼠标左键，确定测量的起点。

（3）此时指针仍为“十”字形，重复步骤（2）确定测量终点。此时将弹出如图 10-5 所示的对话框，该对话框给出了对象的层属性、坐标和整个的测量结果。

（4）此时指针仍为“十”字形，重复步骤（2）、步骤（3），可以继续其他测量操作。

（5）测量完成后，单击鼠标右键或按下 Esc 键，可退出该操作。

10.2.3 测量导线长度

在高速数字电路 PCB 设计中，通常需要测量 PCB 上的导线长度，可以利用“测量选择对象”命令进行。具体操作步骤如下。

（1）在工作窗口中选择想要测量的导线。

（2）选择菜单命令“报告”→“测量选择对象”，即可弹出如图 10-6 所示的对话框，在该对话框中给出了测量结果。

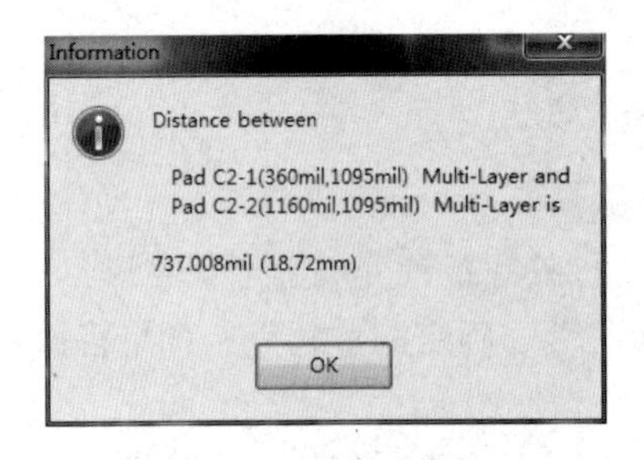

图 10-5 对象之间距离测量结果

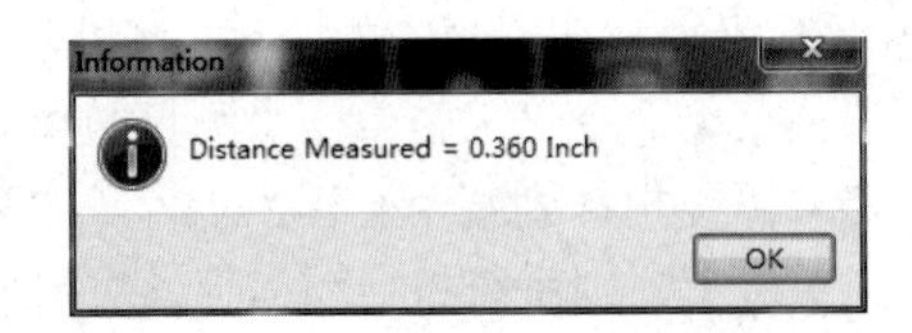

图 10-6 导线长度测量结果

10.3 补泪滴

在导线和焊盘或者过孔的连接处，通常需要补泪滴，以去除连接处的直角，加大连接面。这样做有两个好处：一是在 PCB 的制作过程中，避免因钻孔定位偏差导致焊盘与导线断裂；二是在安装和使用中，可以避免因用力集中而导致连接处断裂。

选择菜单栏中的“工具”→“滴泪”命令，系统弹出“泪滴选项”对话框，如图 10-7 所示。

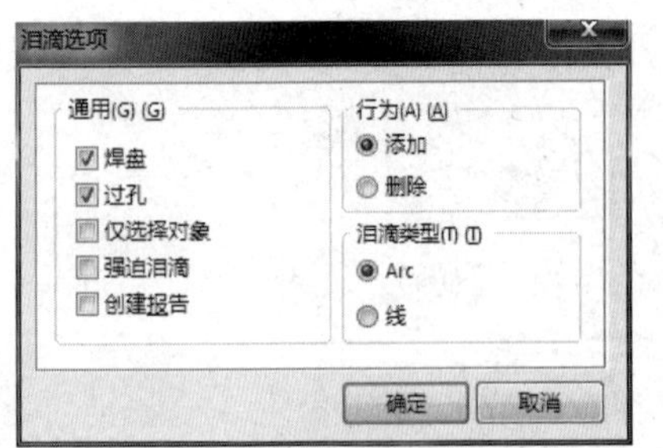

图 10-7 “泪滴选项”对话框

1. “通用”选项组

- “焊盘”：对所有的焊盘添加泪滴。
- “过孔”：对所有的过孔添加泪滴。
- “仅选择对象”：对选中的对象添加泪滴。
- “强迫泪滴”：强制对所有焊盘或过孔添加泪滴，这样可能导致在进行 DRC 检测时出现错误信息。取消对此选项的勾选，则对安全间距太小的焊盘不添加泪滴。
- “创建报告”：进行添加泪滴的操作后将自动生成一个有关添加泪滴操作的报表文件，同时该报表也将在工作窗口中显示出来。

2. “行为”选项组

- “添加”选项：用于添加泪滴。
- “删除”选项：用于删除泪滴。

3. “泪滴类型”选项组

- “Arc”（弧形）选项：用弧线添加泪滴。
- “线”选项：用导线添加泪滴。

设置完毕单击“确定”按钮，完成对象的补泪滴操作。

补泪滴前后焊盘与导线连接的变化如图 10-8 所示。

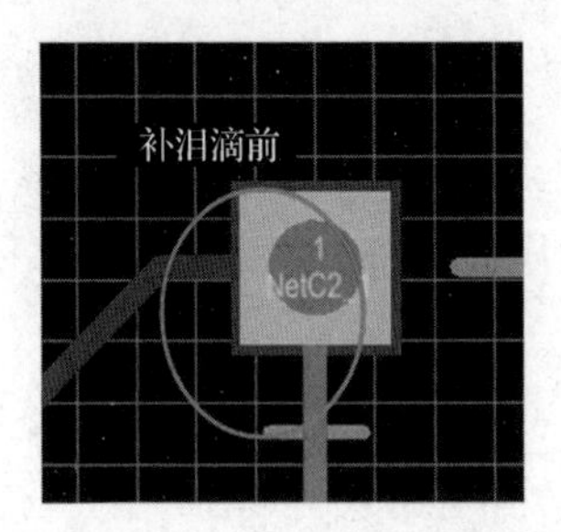

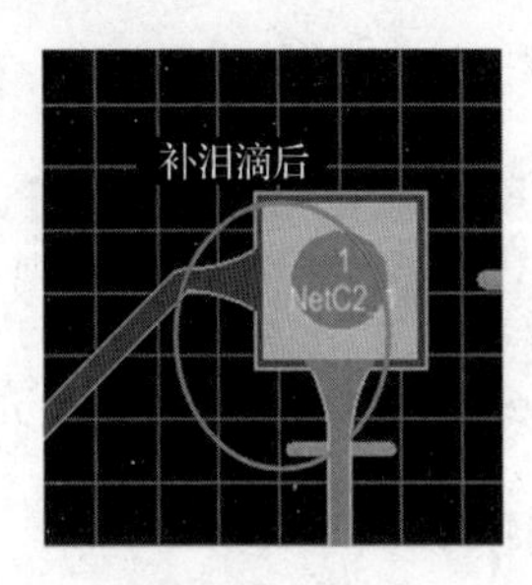

图 10-8　补泪滴前后焊盘与导线连接的变化

按照此种方法，用户还可以对某一个元件的所有焊盘和过孔，或者某一个特定网络的焊盘和过孔进行补泪滴操作。

10.4　敷铜

完成了补泪滴操作后，有时还要对印制电路板进行敷铜操作。所谓敷铜，就是用导线（铜箔）把 PCB 上空余的、没有走线的部分全部铺满。即敷铜是利用由一系列不规则的导线，完成电路板内不规则区域的填充。在大多数情况下，用铜箔铺满的部分区域和电路的 GND 网络相连。在通过低频信号时，利用敷铜接地（特别是单面 PCB）可以提高电路的抗干扰能力。另外，通过大电流的导电通路也可以采用敷铜来提高过电流的能力。通常，敷铜的安全间距应该在一般导线安全距离的 2 倍以上。需要大面积敷铜时，采用实心填充敷铜还是栅格敷铜，需要考虑焊接工艺。采用大面积实心填充敷铜，如果过波峰焊，板子就可能会翘起来，甚至会起泡。在过波峰焊时，采用栅格敷铜的散热性要好些。

选择菜单命令“放置”→“敷铜”，或者单击“连线”工具栏中的按钮，将会弹出“多边形敷铜”对话框，如图 10-9 所示。

图 10-9 “多边形敷铜”对话框

在该对话框中，可以选择 3 种填充模式，分别是“Solid（Copper Regions）”“Hatched（Tracks/Arcs）”“None（Outlines Only）”，最常用的是前两种。

1. Solid（Copper Regions）：实心填充（全铜）模式

该填充模式的具体设置如下：

（1）“孤岛小于...移除”：该选项的功能是删除小于指定面积的填充，可直接输入面积值，选中时有效。

（2）“弧近似”：该选项用于设置弧线的近似值。

（3）“当铜...移除颈部”：该选项的功能是删除小于指定宽度的凹槽，可直接输入宽度值，选中时有效。

（4）“属性”：该选项组用于设置敷铜的属性，包括名称、所在层、是否锁定、是否忽略在线障碍等。

（5）“网络选项”：该选项组用于设置铜连接的网络，并有 3 种敷铜方式可供选择。

① Don't Pour Over Same Net Objects：不覆盖相同网络的对象。

② Pour Over All Same Net Objects：覆盖全部相同网络的对象。

③ Pour Over Same Net Polygons Only：只覆盖相同网络的敷铜。

（6）“死铜移除”：该选项用于设置是否删除死铜。所谓死铜就是不能连接到指定网络上的弧敷铜。

2. Hatched（Tracks/Arcs）：栅格线填充（线条/弧）模式

选择该填充模式，弹出“多边形敷铜”对话框，如图 10-10 所示。

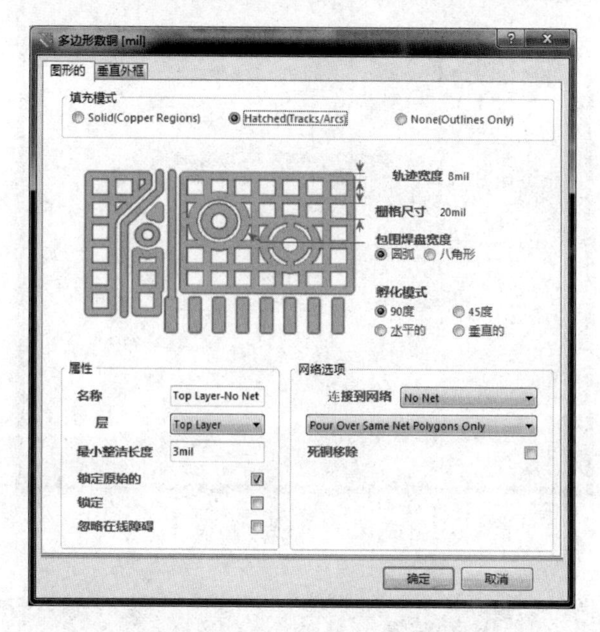

图 10-10 “多边形敷铜”对话框

具体设置如下：

（1）“轨迹宽度”：该选项用来设置敷铜导线的宽度。

（2）“栅格尺寸”：该选项用来设置栅格的宽度。

（3）“包围焊盘宽度”：该选项用来设置包围焊盘的形状，有“圆弧”和“八角形”2 个选项。

（4）“孵化模式”：该选项用来设置网格线的模式，有“90 度”“45 度”“水平的”“垂直的”4 个选项。

其他选项的设置与实心填充模式的相同。

3. None（Outlines Only）：无填充（只有边框）模式

选择该填充模式，弹出“多边形敷铜”对话框，如图 10-11 所示。该模式的敷铜只有边框，内部没有填充，各项设置与栅格线填充模式相同。

按照前面的介绍完成“多边形敷铜”对话框的设置。在本例中，我们将填充模式设置为栅格线填充，填充模式为“45 度”，填充层设置为“Top Layer”，填充网络设置为 GND，选中“死铜移除”选项，其他各项都为默认值。单击“确定”按钮，光标会变成“十”字形，沿印制电路板的 4 个边角选取填充区域，选取完毕右击结束操作，敷铜放置完毕，如图 10-12 所示。

图 10-11　无填充模式

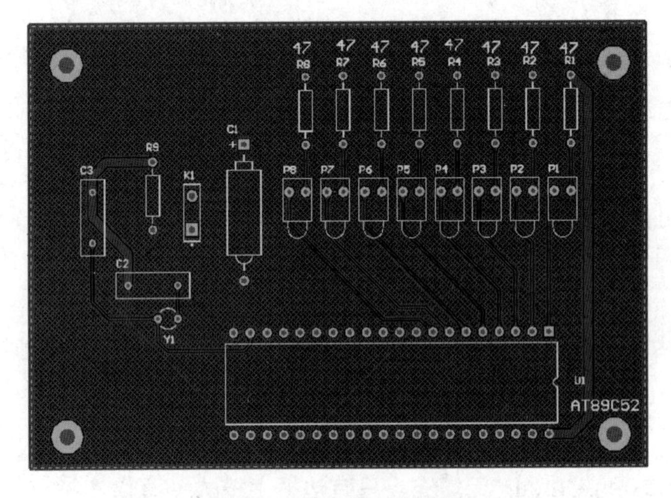

图 10-12 多边形敷铜效果

10.5　DRC 检查

电路板布线完毕，在输出设计文件之前，还要进行一次完整的设计规则检查。设计规则检查是采用 Altium Designer 14 进行 PCB 设计时的重要检查工具。系统会根据设计规则，对 PCB 设计的各个方面进行检查校验，如导线宽度、安全距离、元件间距、过孔类型等。DRC 是 PCB 设计正确性和完整性的重要保证。灵活运用 DRC，可以保障 PCB 设计的顺利进行和最终生成正确的输出文件。

选择菜单命令“工具”→“设计规则检测”，系统将弹出如图 10-13 所示的“设计规则检测”对话框。该对话框的左侧是该检查器的内容列表，右侧是其对应的具体内容。对话框由

两部分内容构成，即 DRC 报表选项和 DRC 规则列表。

1. DRC 报表选项

在“设计规则检测”对话框左侧的列表中单击“Report Options”（报表选项）标签，即显示 DRC 报表选项的具体内容。这里的选项主要用于对 DRC 报表的内容和方式进行设置，通常保持默认设置即可，其中各选项的功能介绍如下：

（1）“创建报告文件”：运行批处理 DRC 后会自动生成报表文件，包含本次 DRC 运行中使用的规则、违例数量和细节描述。

（2）“创建违反事件”：能在违例对象和违例消息之间直接建立链接，使用户可以直接通过“Message”（信息）面板中的违例消息进行错误定位，找到违例对象。

（3）“Sub-Net 默认”（子网络详细描述）：对网络连接关系进行检查并生成报告。

（4）“校验短敷铜”：对敷铜或非网络连接造成的短路进行检查。

2. DRC 规则列表

在“设计规则检测”对话框左侧的列表中单击“Rules To Check”（检查规则）标签，即可显示所有可进行检查的设计规则，包括 PCB 制作中常见的规则，也包括了高速电路板设计规则，如图 10-14 所示。例如，线宽设定、引线间距、过孔大小、网络拓扑结构、元件安全距离、高速电路设计的引线长度、等距引线等，可以根据规则的名称进行具体设置。在“规则”栏中，通过选择“在线”或“批量”选项，用户可以选择在线 DRC 或批处理 DRC。

单击“运行 DRC”（运行设计规则检查）按钮，即运行批处理 DRC。

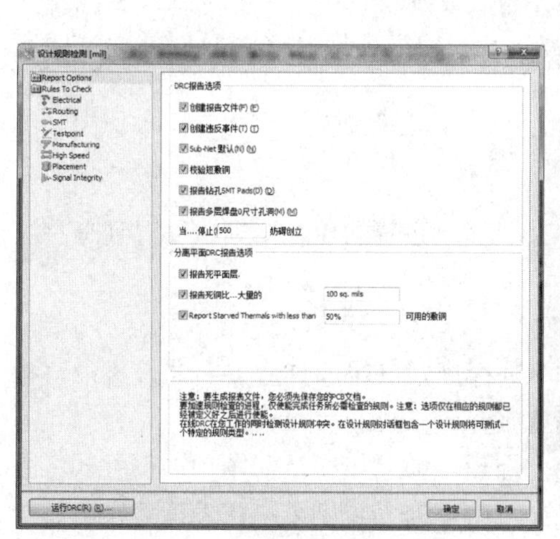

图 10-13　“设计规则检测”对话框

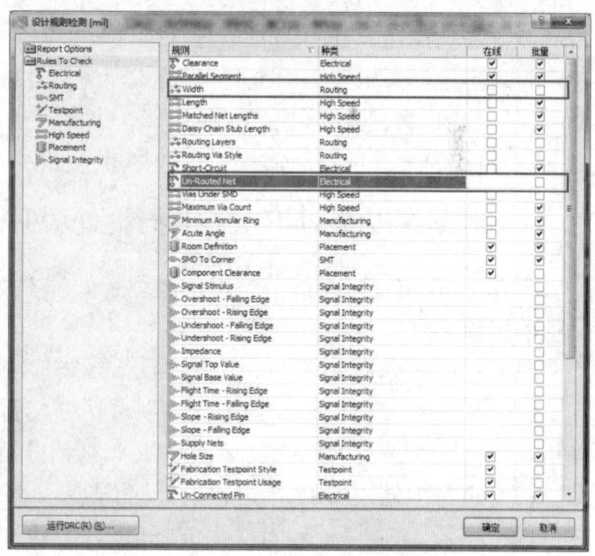

图 10-14　DRC 规则列表

10.5.1　在线 DRC 和批处理 DRC

DRC 分为两种类型，即在线 DRC 和批处理 DRC。

在线 DRC 在后台运行，在设计过程中，系统随时进行规则检查，对违反规则的对象提出警示或自动限制违例操作。在“参数选择”对话框的“PCB Editor”（PCB 编辑器）→“General”（常规）标签中可以设置是否选择在线 DRC，如图 10-15 所示。

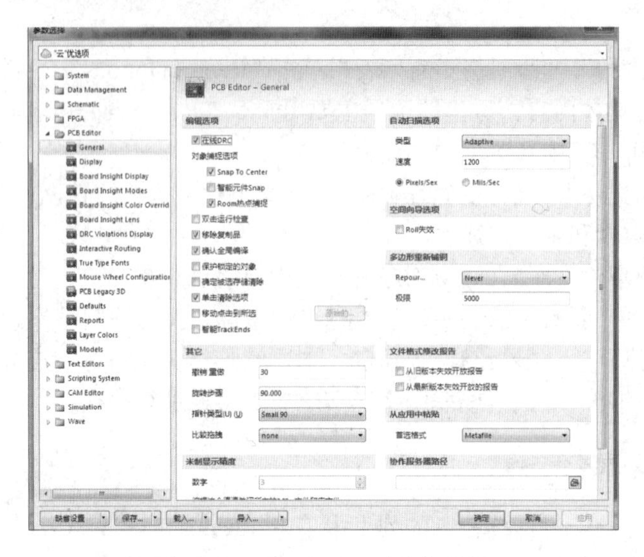

图 10-15 “General”（常规）标签

批处理 DRC，即用户可以在设计过程中的任何时候手动一次运行多项规则检查。在图 10-14 中“Rules To Check”标签所示的列表中我们可以看到，不同的规则适用于不同的 DRC。有的规则适用于不同的 DRC，有的规则只适用于在线 DRC，有的规则只适用于批处理 DRC，但大部分规则可以在两种检查方式下运行。

需要注意的是，在不同阶段运行批处理 DRC，对其规则选项要进行不同的选择。例如，在未布线阶段，如果要运行批处理 DRC，就要将部分布线规则禁止，否则会导致过多的错误提示而使 DRC 失去意义。在 PCB 设计结束时，也要运行一次批处理 DRC，这时就要选中所有 PCB 相关的设计规则，使规则检查尽量全面。

10.5.2 对未布线的 PCB 文件运行批处理 DRC

要在 PCB 文件未布线的情况下运行批处理 DRC，要适当配置 DRC 选项，以得到有参考价值的错误列表。具体的操作步骤如下：

（1）选择菜单命令“工具”→“设计规则检测”。

（2）系统将弹出“设计规则检测”对话框，暂不进行规则启用和禁止方面的设置，直接使用系统的默认设置。单击“运行 DRC”按钮，运行批处理 DRC。

（3）选择批处理 DRC，运行结果在“Messages”面板中显示出来，如图 10-16 所示。系统生成了多项 DRC 警告，其中大部分是未布线警告，这是因为我们未在 DRC 运行之前禁止对该规则的检查。这种 DRC 警告信息对我们并没有帮助，反而使“Messages”面板变得杂乱。

（4）选择菜单命令“工具”→“设计规则检测”，重新配置 DRC 规则。在“设计规则检测”对话框中，单击左侧列表中的“Rules To Check”（检查规则）标签。

（5）在如图 10-14 所示的“Rules To Check”标签所示的规则列表中，禁止其中部分规则的“批量”选项。禁止选项包括“Un-Routed Net”（未布线网络）和“Width”（宽度）。

（6）单击“运行 DRC”按钮，运行批处理 DRC。

（7）选择批处理 DRC，运行结果在“Message”面板中显示出来，如图 10-17 所示。可见重新配置检查规则后，批处理 DRC 检查得到了 0 项 DRC 违例信息。

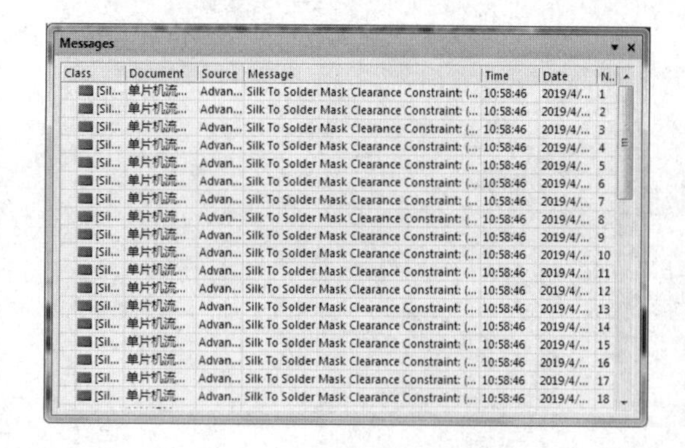

图 10-16 “Messages”面板 1

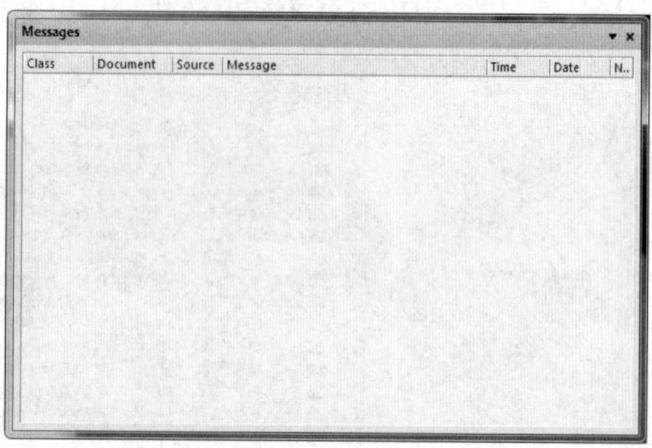

图 10-17 “Messages”面板 2

10.5.3　对已布线完毕的 PCB 文件运行批处理 DRC

对已布线完毕的 PCB 文件“单片机流水灯.PcbDoc”再次运行 DRC，尽量检查所有涉及的设计规则。具体的操作步骤如下：

（1）选择菜单命令“工具”→“设计规则检测”。

（2）系统将弹出“设计规则检测”对话框，如图 10-18 所示。

① 单击“Report Options”（报告选项）标签，设置生成的 DRC 报表的具体内容，由“创建报告文件”“创建违反事件”“Sub-Net 默认”（子网络的细节）及“校验短敷铜”等选项来决定。一般都保持系统的默认设置。

② 单击“Rule To Check”（检查规则）标签，出现所有可进行检查的设计规则，这些设计规则都是在 PCB 设计规则和约束对话框里定义过的设计规则，如图 10-19 所示。

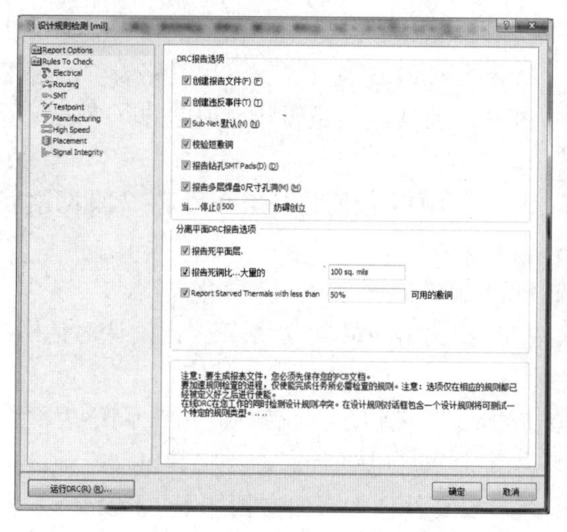

图 10-18 “设计规则检测”对话框

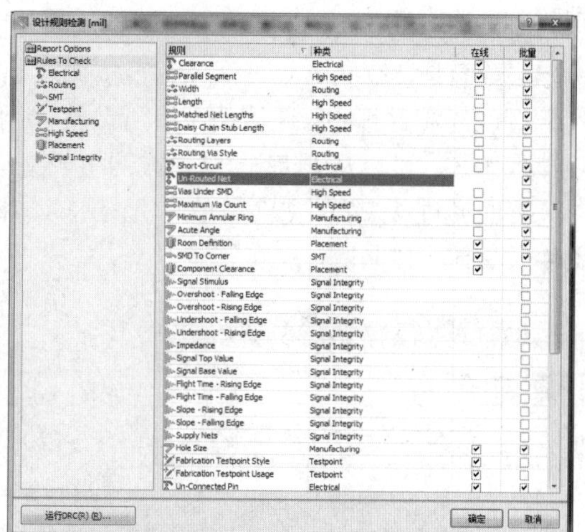

图 10-19　选择设计规则

其中“在线”选项用于设置是否在设计 PCB 的同时进行同步检查，即在线 PCB 检查。

（3）单击“运行 DRC”按钮，运行批处理 DRC。

（4）选择批处理 DRC，运行结果在“Message”面板中显示出来，如图 10-20 所示。对于批处理 DRC 中检查到的违例信息，可以通过错误定位进行修改，这里不再介绍。

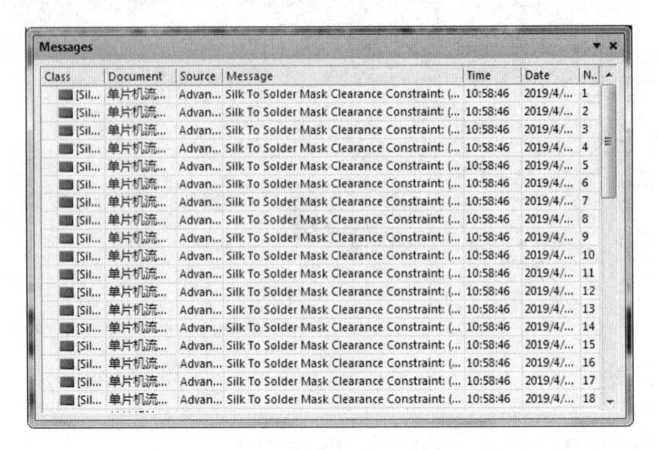

图 10-20 “Messages”面板

10.6　PCB 的报表输出

PCB 绘制完毕，可以利用 Altium Designer 14 提供的丰富的报表功能，生成一系列的报表文件。这些报表文件有着不同的功能和用途，为 PCB 设计的后期制作、元件采购、文件交流等提供了方便。在生成各种报表之前，首先要确保要生成报表的文件已经被打开并置为当前文件。

10.6.1　PCB 图的网络表文件

前面介绍的 PCB 设计，采用的是从原理图生成网络表的方式，这也是大多数 PCB 设计的方法。但是，有些时候，设计者直接调入元件封装绘制 PCB 图，没有采用网络表，或者在 PCB 图的绘制过程中，连接关系有所调整，这时 PCB 的真正网络逻辑和原理图的网络表有所差异。那么，可以从 PCB 图中生成网络表文件。

下面通过从 PCB 文件“单片机流水灯电路.PrjPcb”中生成网络表来介绍 PCB 图网络表文件的具体生成步骤。

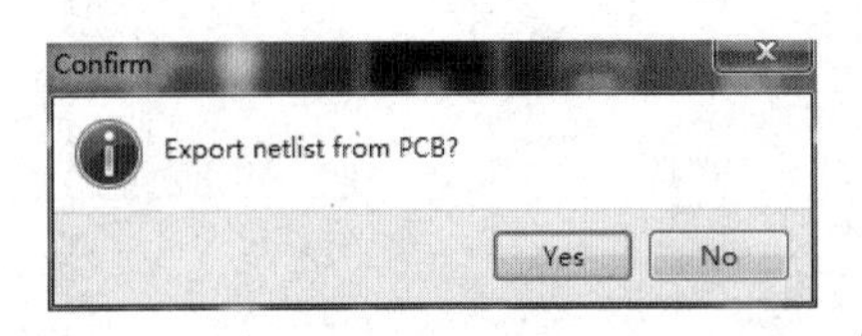

图 10-21　确认对话框

（1）在 PCB 编辑器中选择菜单命令“设计”→“网络表”→“从 PCB 输出网络表”，系统弹出确认对话框，如图 10-21 所示。

（2）单击“Yes”按钮，系统生成 PCB 网络表文件“Exported 单片机流水灯电路.Net”，并将其自动打开。

（3）该网络表文件作为自由文档加入“Projects”面板中，如图 10-22 所示。

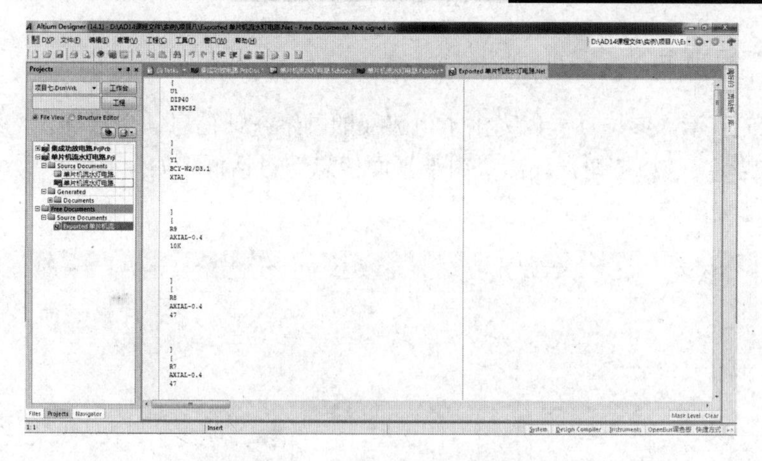

图 10-22　由 PCB 文件生成网络表

另外，还可以根据 PCB 图内的物理连接关系建立网络表。方法是在 PCB 编辑器中选择菜单命令“设计”→“网络表”→“从连接铜皮生成网络表”，系统生成名为“Generated 单片机流水灯电路.Net”的网络表文件。

网络表可以根据需要进行修改，修改后的网络表可再次载入，以验证 PCB 图的正确性。

10.6.2　PCB 信息报表

PCB 信息报表用于对印制电路板的元件网络和一般细节信息进行汇总报告，选择菜单命令“报告”→“板子信息”，弹出“PCB 信息”对话框，该对话框包含 3 个选项卡，分别介绍如下。

1. “通用”选项卡

如图 10-23 所示，该选项卡汇总了 PCB 上的各类图元，如导线、过孔、焊盘等的数量，报告了电路板的尺寸信息和 DRC 违例数量。

2. “器件”选项卡

如图 10-24 所示，该选项卡报告了 PCB 上元件的统计信息，包括元件总数、各层放置数量和元件标号列表。

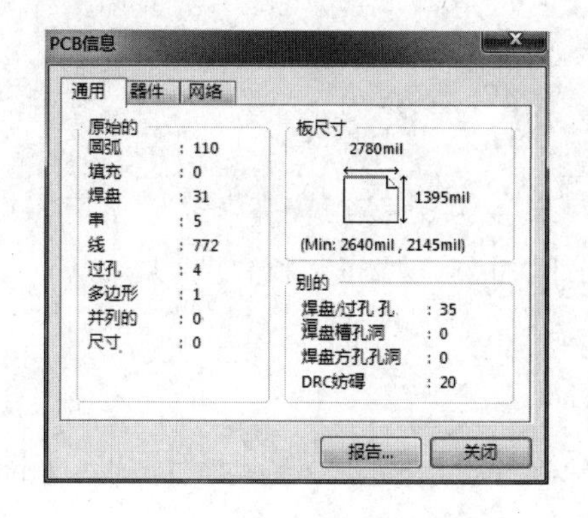

图 10-23　“通用”选项卡

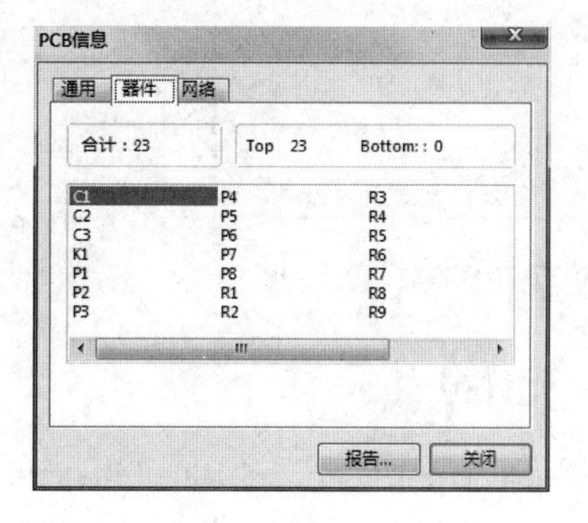

图 10-24　“器件”选项卡

3. “网络”选项卡

如图 10-25 所示，该选项卡内列出了电路板的网络统计信息，包括导入网络总数和网络名称列表。单击 wr/Gnd(P) (P) 按钮，弹出“内部平面信息”对话框，如图 10-26 所示。对于双面板，该信息框是空白的。

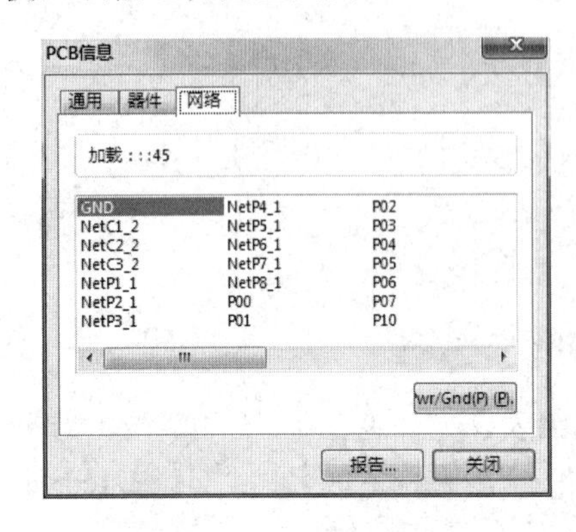

图 10-25 “网络”选项卡

图 10-26 “内部平面信息”对话框

在各个选项卡内单击“报告”按钮，弹出如图 10-27 所示的“板报告”对话框，通过该对话框可以生成印制电路板信息的报告文件。在对话框的列表栏内选择要包含在报告文件中的内容，选择“仅选择对象”选项时，报告中只列出当前电路板中已经处于选择状态下的图元信息，这里选择“Layer Information”。

设置好报告列表选项后，在“板报告”对话框中单击“报告”按钮，系统生成名为“设计名.REP”的报告文件，作为自由文档加入到“Projects”面板中，并自动在工作区内打开，如图 10-28 所示。

图 10-27 “板报告”对话框

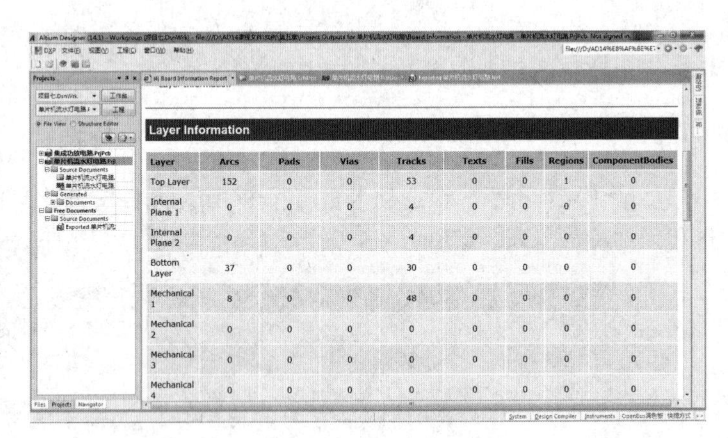

图 10-28 印制电路板信息报告

10.6.3 元件报表

选择菜单命令“报告”→“Bill of Materials”，系统弹出相应的元件报表对话框，如图 10-29 所示。

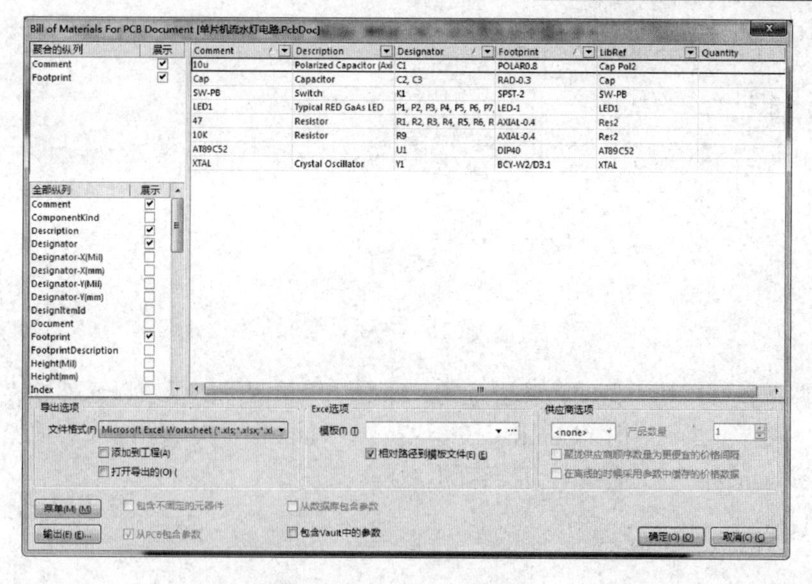

图 10-29　元件报表对话框

在该对话框中，可以对要创建的元件报表进行设置。左边有 2 栏，它们的含义不同。

（1）聚合的纵列：用于设置元件的归类标准。可以将“全部纵列”中的某一属性信息拖到该区域中，则系统将以该属性信息为标准，对元件进行归类，显示在元件清单中。

（2）全部纵列：列出了系统提供的所有元件属性信息，如“Description”（元件描述信息）、“ComponentKind”（元件类型）等。对于需要查看的有用信息，勾选右侧与之对应的选项，即可在元件清单中显示出来。

（3）生成并保存报告文件：单击对话框中的“输出”按钮，弹出“Export For”对话框，选择保存类型和保存路径，进行保存即可。

10.6.4　简单元件报表

选择菜单命令“报告”→“Simple BOM”，系统自动生成两个当前 PCB 文件的元件报表，这两个文件被加入到“Projects”面板内该项目的生成文件夹中，并自动打开，如图 10-30 和图 10-31 所示。

```
Tasks | 单片机流水灯电路.SchDoc | 单片机流水灯电路.PcbDoc | 单片机流水灯电路.BOM | Exported 单片机流水灯电路.Net

Bill of Material for
On 2019/4/13 at 10:45:14

Comment        Pattern       Quantity  Components
----------------------------------------------------------------------
10K            AXIAL-0.4     1         R9                          Resistor
10u            POLAR0.8      1         C1                          Polarized Capacitor (Axial)
47             AXIAL-0.4     8         R1, R2, R3, R4, R5, R6, R7  Resistor
                                       R8
AT89C52        DIP40         1         U1
Cap            RAD-0.3       2         C2, C3                      Capacitor
LED1           LED-1         8         P1, P2, P3, P4, P5, P6, P7  Typical RED GaAs LED
                                       P8
SW-PB          SPST-2        1         K1                          Switch
XTAL           BCY-W2/D3.1   1         Y1                          Crystal Oscillator
```

图 10-30　BOM 文件

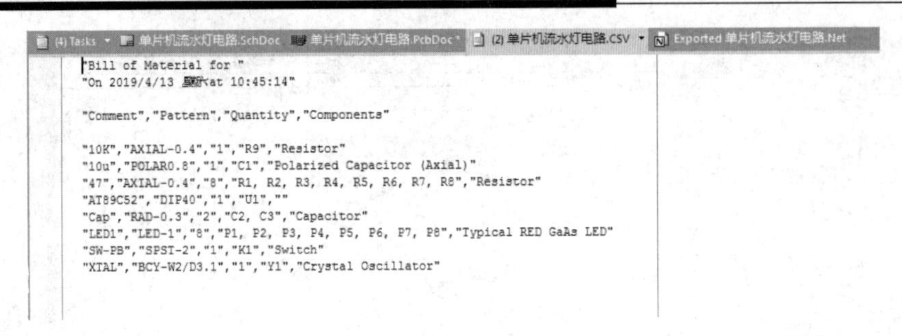


```
"Bill of Material for "
"On 2019/4/13 星期六at 10:45:14"

"Comment","Pattern","Quantity","Components"

"10K","AXIAL-0.4","1","R9","Resistor"
"10u","POLAR0.8","1","C1","Polarized Capacitor (Axial)"
"47","AXIAL-0.4","8","R1, R2, R3, R4, R5, R6, R7, R8","Resistor"
"AT89C52","DIP40","1","U1",""
"Cap","RAD-0.3","2","C2, C3","Capacitor"
"LED1","LED-1","8","P1, P2, P3, P4, P5, P6, P7, P8","Typical RED GaAs LED"
"SW-PB","SPST-2","1","K1","Switch"
"XTAL","BCY-W2/D3.1","1","Y1","Crystal Oscillator"
```

图 10-31　CSV 文件

简单元件报表将同种类型的元件进行统一计数，简单明了。报表以元件的“Comment”为依据将元件进行分组，列出“Comment”(注释)、“Pattern”(Footprint)(样式)、“Quantity”(数量)、“Components”(元件) 等几方面的属性。

10.6.5 网络表状态报表

该报表列出了当前 PCB 文件中所有的网络，并说明了它们所在的层和网络中导线的总长度。选择菜单命令“报告”→“网络表状态”，即生成网络表状态报表，其格式如图 10-32 所示。

Nets	Layer	Length
GND	Signal Layers Only	2066.041mil
NetC1_2	Signal Layers Only	2017.507mil
NetC2_2	Signal Layers Only	771.995mil
NetC3_2	Signal Layers Only	1588.101mil
NetP1_1	Signal Layers Only	280mil
NetP2_1	Signal Layers Only	285mil
NetP3_1	Signal Layers Only	280mil
NetP4_1	Signal Layers Only	280mil
NetP5_1	Signal Layers Only	280mil
NetP6_1	Signal Layers Only	280mil
NetP7_1	Signal Layers Only	280mil
NetP8_1	Signal Layers Only	275mil
P00	Signal Layers Only	0mil
P01	Signal Layers Only	0mil
P02	Signal Layers Only	0mil

图 10-32　网络表状态报表

10.7 PCB 的打印输出

PCB 设计完毕，就可以将其源文件、制作文件和各种报表文件按需要进行存档、打印、输出等。例如，打印 PCB 文件作为焊接装配指导，打印元件报表作为采购清单，生成胶片文件送交加工单位进行 PCB 加工，当然也可直接将 PCB 文件交给加工单位用于加工 PCB。

10.7.1 打印 PCB 文件

利用 PCB 编辑器的文件打印功能，可以将 PCB 文件不同层上的图元按一定比例打印输出，用于校验和存档。

1. 页面设置

在打印 PCB 文件之前，要根据需要进行页面设定，其操作方式与 Word 文档中的页面设置非常相似。

选择菜单命令“文件”→“页面设置”，弹出“Composite Properties”对话框，如图 10-33 所示。

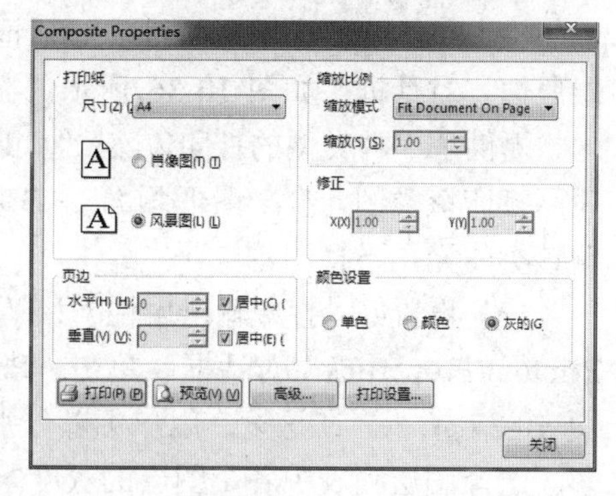

图 10-33　“Composite Properties”对话框

该对话框内各个选项作用如下。

（1）“打印纸”选项组：用于设置打印纸的尺寸和打印方向。

（2）“缩放比例”选项组：用于设定打印内容的缩放模式。系统提供了两种缩放模式，即“Fit Document On Page”（适合文档页面）和“Select Print”（选择打印）。前者将打印内容缩放到适合图纸大小，后者由用户设定打印缩放的比例因子。如果选择了“Select Print”（选择打印）选项，则“缩放”文本框和“修正”选项组都将变为可用，在“缩放”文本框中填写比例因子设定图形的缩放比例，填写“1.0”时，将按实际大小打印 PCB 图形；“修正”选项组可以在缩放比例的基础上进行 *X*、*Y* 方向上的调整。

（3）“页边”选项组：勾选“居中”选项时，打印图形将位于打印纸中心，上、下边距和左、右边距分别相等。取消对“居中”选项的勾选后，在“水平”和“垂直”文本框中可以进行参数设置，改变页边距，即改变图形在图纸上的相对位置。选用不同的比例因子和页边距参数产生的打印效果，可以通过打印预览来观察。

（4）“高级”按钮：单击该按钮，系统将弹出如图 10-34 所示的“PCB Printout Properties”对话框，在该对话框中可设置要打印的工作层及打印方式。

2. 打印输出

（1）在如图 10-34 所示的对话框中，双击“Multilayer Composite Print”（多层复合打印）前的图标，进入“打印输出特性”对话框，如图 10-35 所示。在该对话框的“层”列表中列出的层即为将要打印的层，系统默认列出所有图元的层，通过对话框中的按钮可对要打印的层进行添加、删除操作。

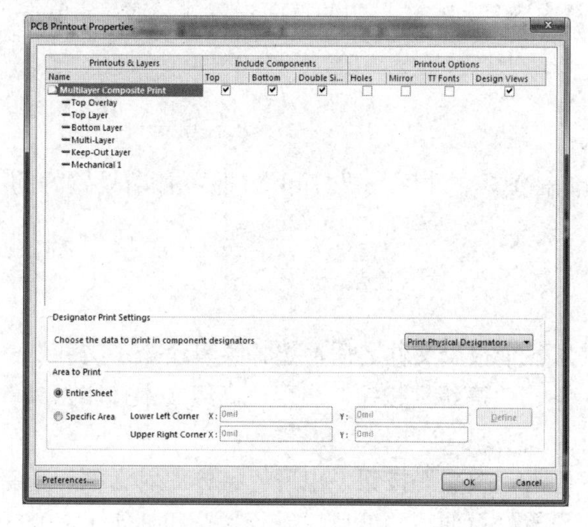

图 10-34　“PCB Printout Properties”对话框

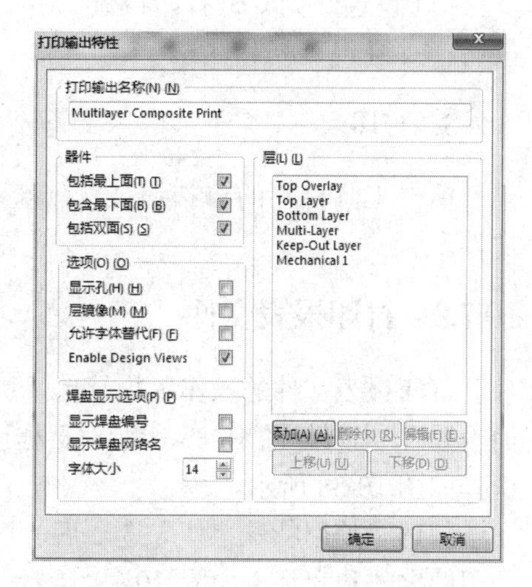

图 10-35　“打印输出特性”对话框

（2）单击“打印输出特性”对话框中的“添加”按钮或“编辑”按钮，系统将弹出“板层属性”对话框，如图 10-36 所示，在对话框中进行图层属性的设置。在各个图元的选择框内，提供了 3 种类型的打印方案：“Full”（全部）、“Draft”（草图）和“Hide”（隐藏）。“Full”表示打印该类图元全部图形画面，“Draft”表示只打印该类图元的外形轮廓，“Hide”表示隐藏该类图元，不打印。

（3）设置好“打印输出属性”和“板层属性”对话框后，单击“确定”按钮，回到“PCB Printout Properties”对话框。单击“Preferences”按钮，进入“PCB 打印设置”对话框，如图 10-37 所示。在这里，用户可以分别设定黑白打印和彩色打印时各个图层的打印灰度和色彩。选择图层列表中各个图层的灰度条或色彩条，即可调整灰度和色彩。

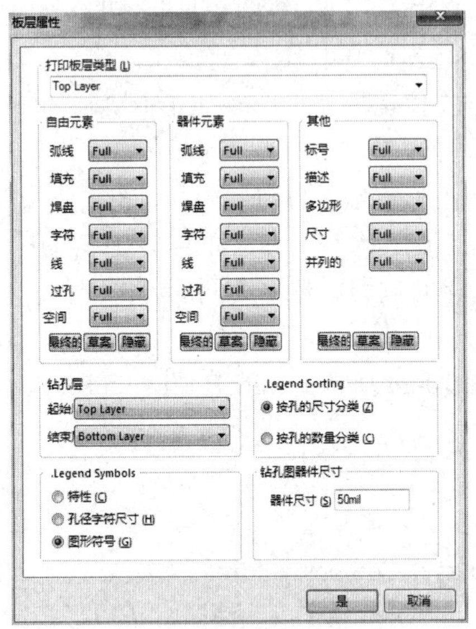

图 10-36 “板层属性”对话框

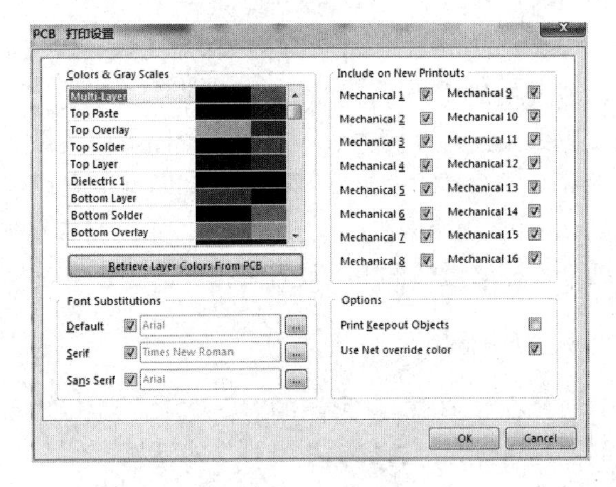

图 10-37 “PCB 打印设置”对话框

（4）设置好“PCB 打印设置”对话框内容后，PCB 打印的页面设置就完成了。单击“OK”按钮，回到 PCB 工作区。

3. 打印

单击工具栏上的按钮或选择菜单命令“文件”→“打印”，即可打印设置好的 PCB 文件。

10.7.2 打印报表文件

打印报表文件的操作更加简单，进入各个报表文件之后，选择菜单命令“文件”→“页面设置”，出现如图 10-33 所示对话框，单击“高级”按钮，出现“高级文本打印工具”对话框，如图 10-38 所示。

勾选“使用特殊字体”选项后，可单击“改变”按钮，出现“字体”对话框，重新设置使用的字体和大小，如图 10-39 所示。设置好页面后，就可以进行预览和打印了。其操作与打印 PCB 文件相同，这里不再介绍。

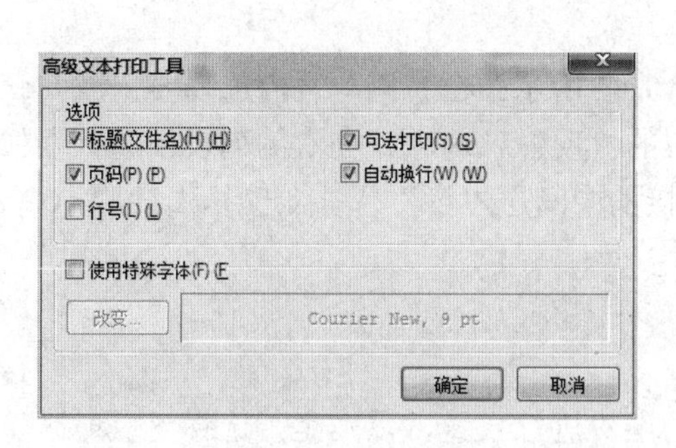

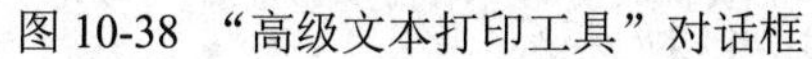

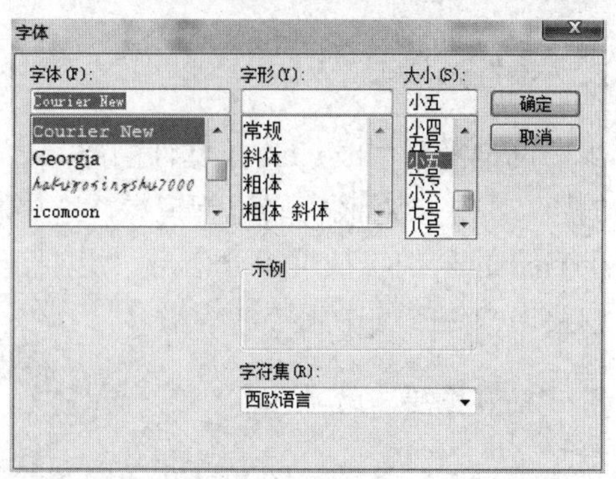

图 10-38 “高级文本打印工具”对话框　　　　图 10-39 重新设置字体

10.7.3 生成 Gerber 文件

Gerber 文件是一种符合 EIA 标准,用来把 PCB 电路图中的布线数据转换为胶片的光绘数据，是一种可以被光绘图机处理的文件格式。PCB 生产厂商用这种文件来进行 PCB 制作。各种 PCB 设计软件都支持生成 Gerber 文件的功能，我们可以把 PCB 文件直接交给 PCB 生产厂商，厂商会将其转换成 Gerber 格式。而有经验的 PCB 设计者通常会将 PCB 文件按自己的要求生成 Gerber 文件，交给 PCB 厂商制作，确保 PCB 制作出来的效果符合个人定制的设计需求。

在 PCB 编辑器中选择菜单命令“文件”→“制造输出”→“Gerber Files”(Gerber 文件)，如图 10-40 所示，出现如图 10-41 所示的对话框，该对话框中包含了如下选项卡。

1. “通用”选项卡

用于指定在输出 Gerber 文件时使用的单位格式。如图 10-41 所示，“格式”栏中的“2:3”“2:4”“2:5”代表了文件中使用的不同数据精度，其中“2:3”表示数据含 2 位整数、3 位小数。相应的，另外两个分别表示数据中含有 4 位和 5 位小数。设计者根据在设计中用到的单位精度进行选择。精度越高，对 PCB 制造设备的要求也就越高。

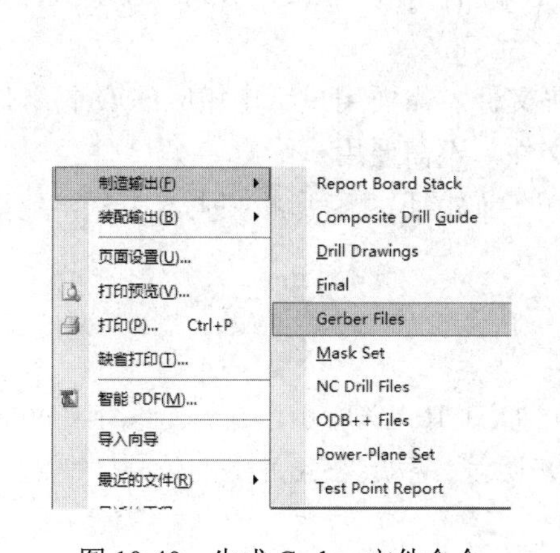

图 10-40 生成 Gerber 文件命令

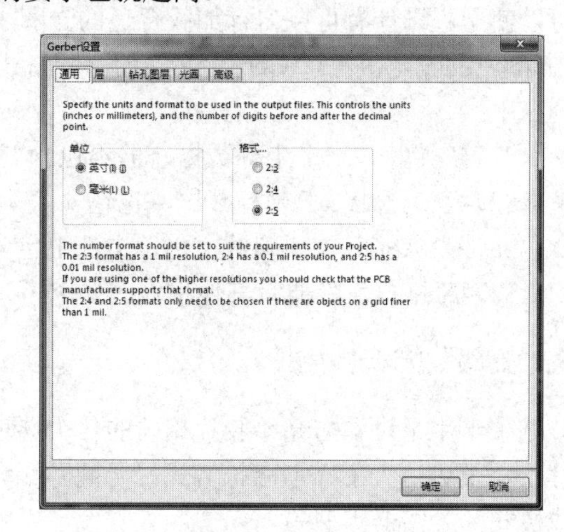

图 10-41 “Gerber 设置”对话框

2. “层”选项卡

用于设定需要生成 Gerber 文件的层，如图 10-42 所示。在左侧列表内选择要生成 Gerber 文件的层，如果要对某一层进行镜像，选中相应的“反射”选项，在右侧列表中选择要加载到各个 Gerber 层的机械层尺寸信息。“包括未连接的中间层焊盘”选项被选中时，则在 Gerber 文件中绘出未连接的中间层的焊盘。

3. “钻孔图层”选项卡

该选项卡对钻孔统计图和钻孔导向图绘制的层对进行设置，以及是否选择“反射区”选项，选择采用的钻孔统计图标注符号的类型，如图 10-43 所示。

图 10-42 “层”选项卡

图 10-43 “钻孔图层”选项卡

4. “光圈”选项卡

该选项卡用于设置生成 Gerber 文件时建立光圈的选项，如图 10-44 所示。系统默认选中“嵌入的孔径”选项，即生成 Gerber 文件时自动建立光圈。如果禁止该选项，则右侧的光圈表将可以使用，设计者可以自行加载合适的光圈表。

“光圈”的设定决定了 Gerber 文件的不同格式，一般有两种：RS274D 和 RS274X，其主要区别在于：

- RS274D 包含 *X*、*Y* 坐标数据，但不包含 D 码文件，需要用户给出相应的 D 码文件。
- RS274X 包含 *X*、*Y* 坐标数据，也包含 D 码文件，不需要用户给出 D 码文件。

D 码文件为 ASCII 文本格式文件，文件中包含了 D 码的尺寸、形状和曝光方式。建议选择使用 RS274X 格式，除非有其他特殊的要求。

5. “高级”选项卡

该选项卡用于设置与光绘胶片相关的各个选项，如图 10-45 所示。在该选项卡中可以设置胶片尺寸及边框大小、零字符格式、光圈匹配允许误差、板层在胶片上的位置、制造文件的生成模式和绘图器类型等。

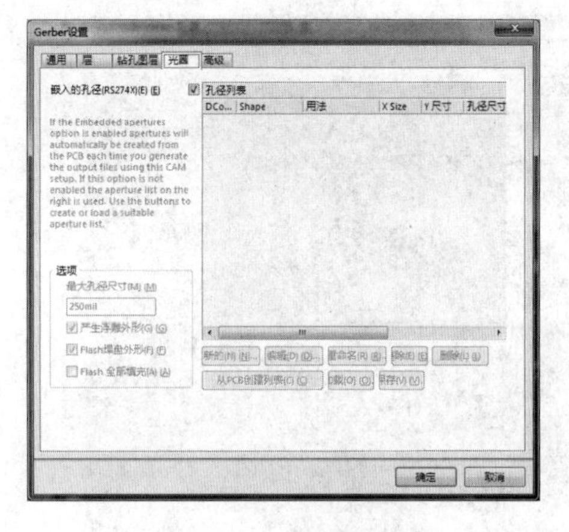

图 10-44 “光圆”选项卡

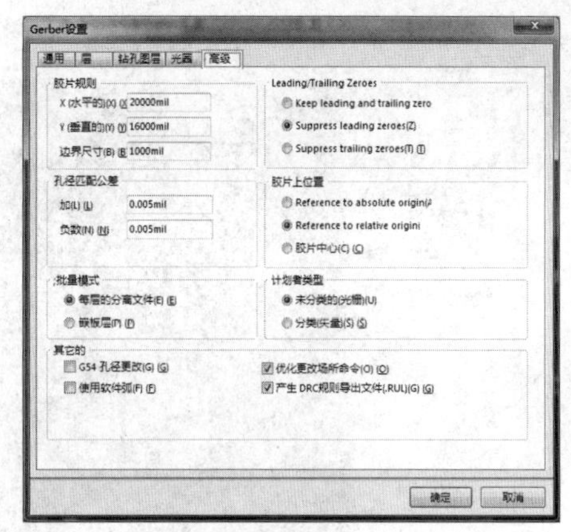

图 10-45 “高级”选项卡

在“Gerber 设置”对话框中设置好各项参数后，单击“确定”按钮，系统将按照设置自动生成各个图层的 Gerber 文件，并加入到“Projects”面板中该项目的生成文件夹中。同时，系统启动 CAMtastic 编辑器，将所有生成的 Gerber 文件集成为“CAMtastic1.CAM”文件，并自动打开。在这里，可以进行 PCB 的校验、修正和编辑等工作。

Altium Designer 14 系统中，不同 PCB 层生成的 Gerber 文件对应着不同的扩展名，如图 10-46 所示。

PCB 层面	Gerber 文件扩展名	PCB 层面	Gerber 文件扩展名
Top Overlay	.GTO	Top Paste Mask	.GTP
Bottom Overlay	.GBO	Bottom Paste Mask	.GBP
Top Layer	.GTL	Drill Drawing	.GDD
Bottom Layer	.GBL	Drill Drawing Top to Mid1，Mid2 to Mid3	.GD1，.GD2
Mid Layer1、2	.G1，.G2	Drill Guide	.GDG
PowerPlane1、2	.GP1，.GP2	Drill Guide Top to Mid1，Mid2 to Mid3	.GG1，.GG2
Mechanical Layer1、2	.GM1，.GM2	Pad Master Top	.GPT
Top Solder Mask	.GTS	Pad Master Bottom	.GPB
Bottom Solder Mask	.GBS	Keep-out Layer	.GKO

图 10-46　Gerber 文件的扩展名

10.8　操作实例——设计集成功放电路

1. 打开工程文件

打开“集成功放电路.PrjDoc”和“集成功放电路.PcbDoc”的电路板设计界面，进行设计，如图 10-47 所示。

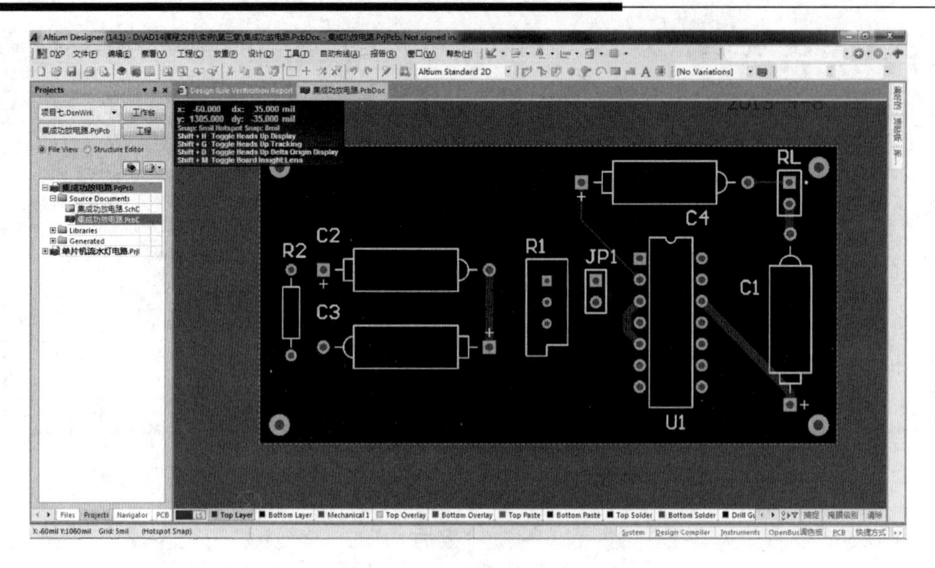

图 10-47　电路板设计界面

2. 建立覆铜

（1）选择菜单命令“放置”→“覆铜”或单击工具栏中的 按钮，在完成布线的集成功放电路中建立覆铜，在覆铜属性设置对话框中，选择“Hatched（Tracks/Arcs）”填充，45°填充模式，“连接到网络”选择“GND”，“层”设置为“Top Layer”（顶层），且选中“死铜移除”选项，其设置如图 10-48 所示。

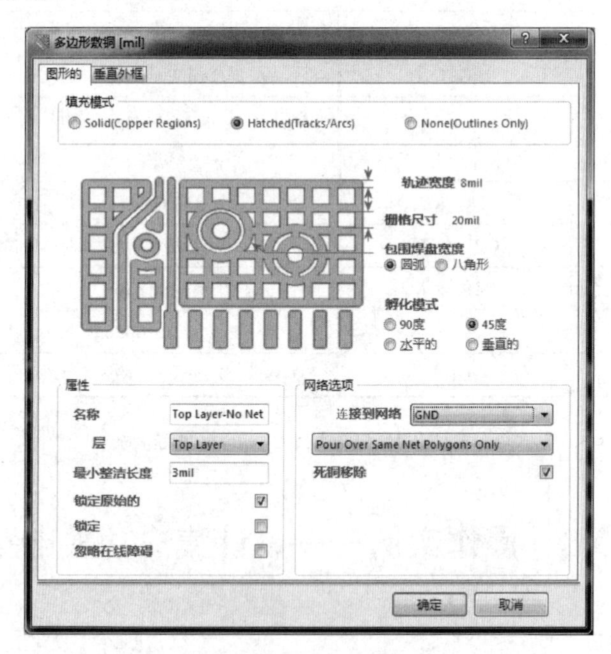

图 10-48　设置参数

（2）设置完成后，单击“确定”按钮，光标变成“十”字形。用光标沿 PCB 的电气边界线绘制出一个封闭的矩形，系统将在矩形框中自动建立顶层的覆铜。采用同样的方式，为 PCB

的“Bottom Layer”（底层）建立覆铜。覆铜后的印制电路板如图 10-49 所示。

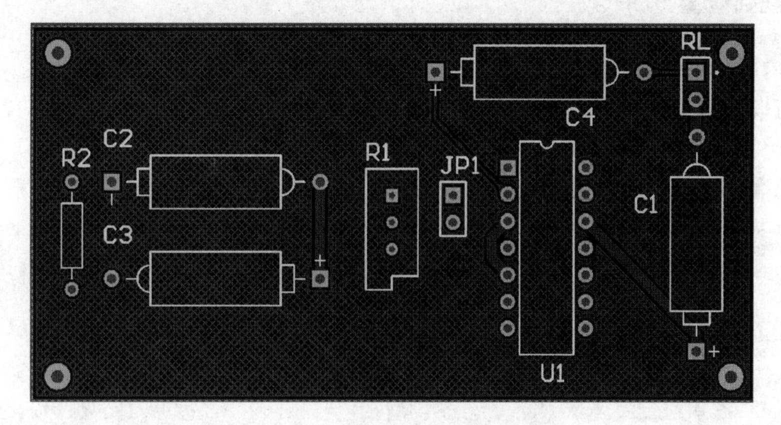

图 10-49 覆铜后的印制电路板

3. 补泪滴

（1）选择菜单命令“工具”→“滴泪”，系统弹出如图 10-50 所示对话框。

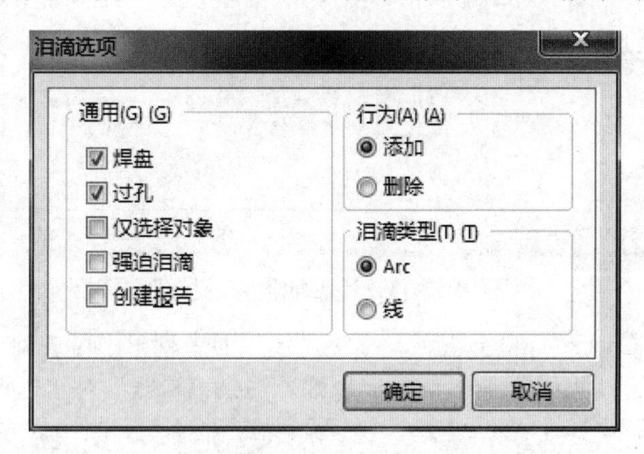

图 10-50 “泪滴选项”对话框

（2）设置完成后，单击“确定”按钮，系统自动按设置放置泪滴。

补泪滴前后对比图如图 10-51 所示。

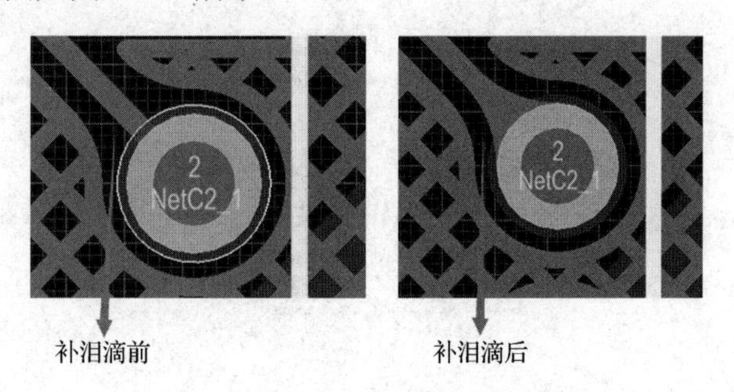

图 10-51 补泪滴前后对比图

4. 设计规则检查（DRC）

电路板设计完成之后，为了保证设计的正确性，还需要检查电路板的布局、布线等是否符合所定义的设计规则，Altium Designet 14 提供了设计规则检查功能，可以对电路板的完整性进行检查。

选择菜单命令“工具”→“设计规则检测”，弹出“设计规则检测”对话框，如图 10-52 所示。

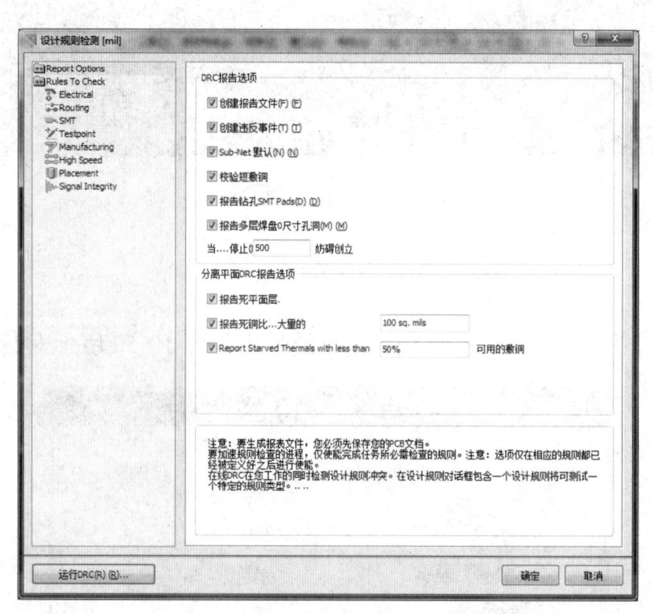

图 10-52 “设计规则检测”对话框

选择“Rules To Check”（检查规则）标签，该界面中列出了可进行检查的设计规则，如图 10-53 所示，这些设计规则都是在“PCB 规则及约束编辑器”对话框里设置过的。

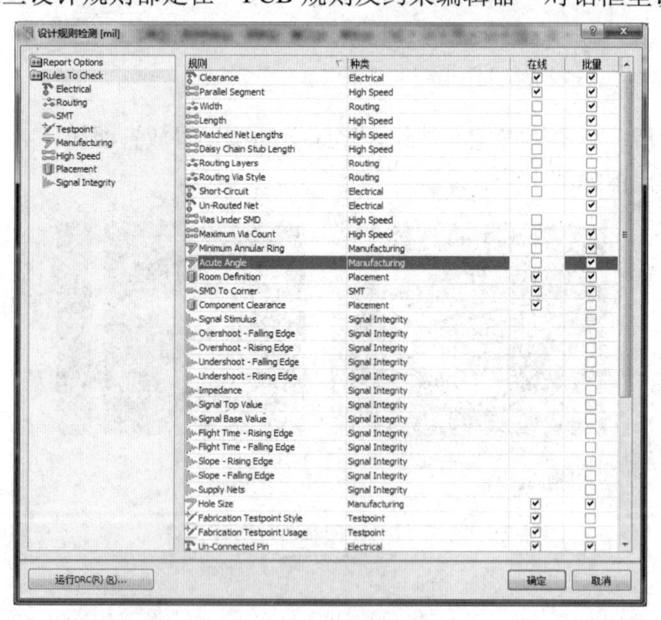

图 10-53 选择设计规则选项

DRC 设计规则检查完成后，系统将生成设计规则检查报告，如图 10-54 所示。

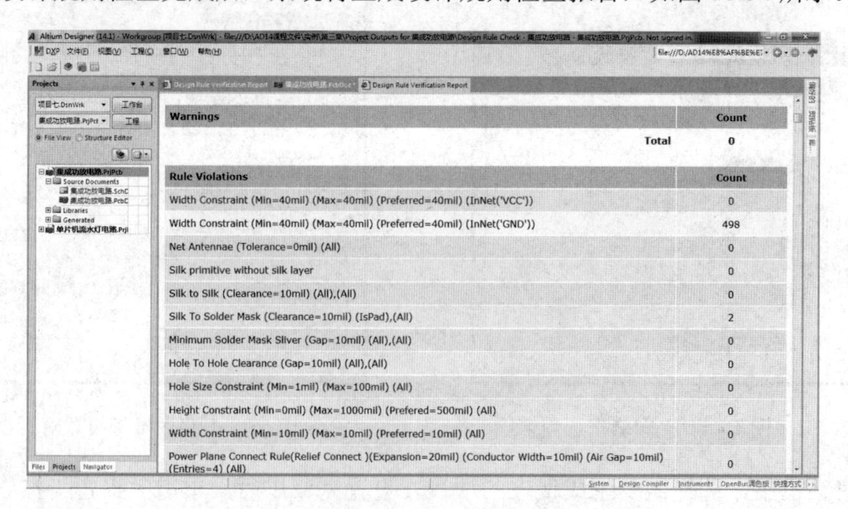

图 10-54 设计规则检查报告

5. 生成印制电路板信息报表

印制电路板信息报表对印制电路板的信息进行汇总报告。其生成方法如下：

选择菜单命令“报告”→“板子信息”，打开“印制电路信息”对话框，如图 10-55 所示。

在该对话框中，有 3 个选项卡。

（1）“通用”选项卡。该选项卡显示了印制电路板上的各类对象，如焊盘、导线和过孔等的总数，以及电路板的尺寸和 DRC 检查违反规则的数量等。

（2）“器件”选项卡。该选项卡中列出了当前印制电路板上元件的信息，包括元件总数、各层放置的数量以及元件序号等，如图 10-56 所示。

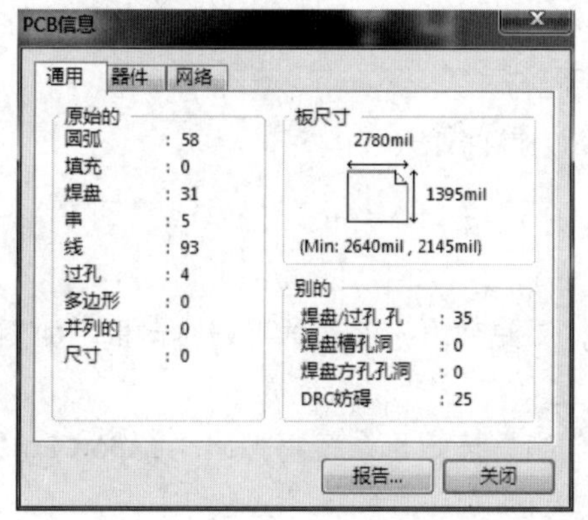

图 10-55 “PCB 信息”对话框

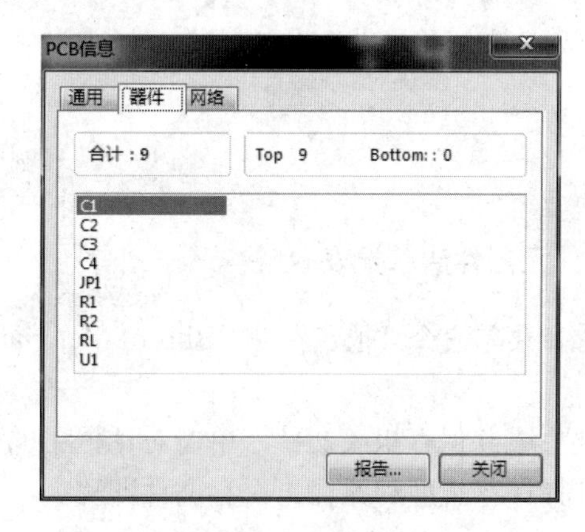

图 10-56 “器件”选项卡

（3）“网络”选项卡。如图 10-57 所示，在该选项卡中单击“报告”按钮，打开电路板报告设置对话框，如图 10-58 所示。

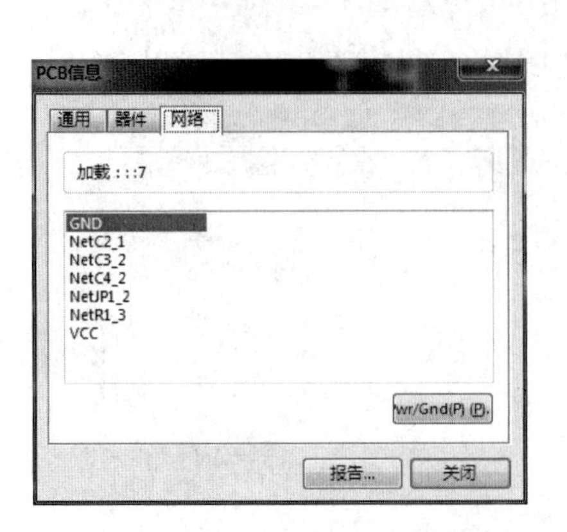

图 10-57 “网络”选项卡

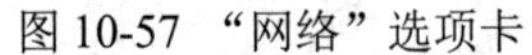

图 10-58 电路板报告设置对话框

在该对话框中，选择需要生成报表的项目。设置完成以后，单击“报告”按钮，系统自动生成印制电路板信息报表，如图 10-59 所示。

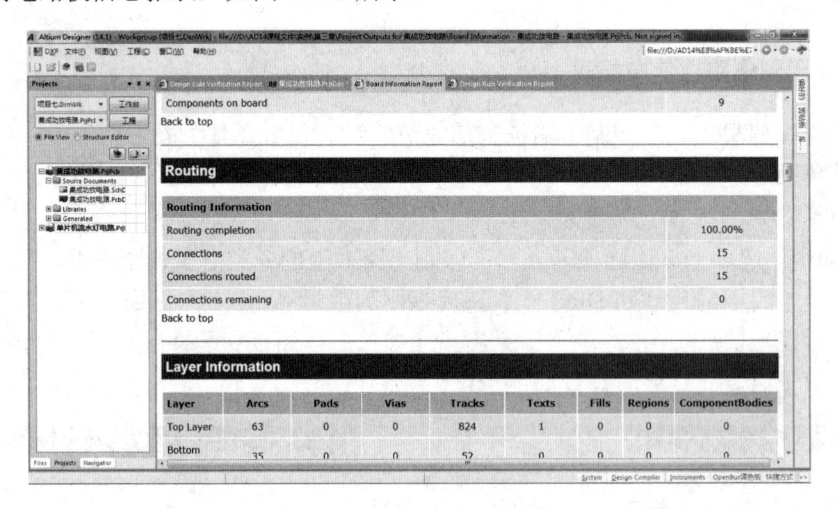

图 10-59 印制电路板信息报表

6. 元器件清单报表

选择菜单命令“报告”→“Bills of Materials”，系统弹出元件清单报表对话框，如图 10-60 所示。

要生成并保存报表文件，单击对话框中的“输出”按钮，系统将弹出“Export For”对话框，选择保存类型和路径，保存文件即可。

7. 网络状态报表

网络状态报表主要用来显示当前 PCB 文件中的所有网络信息，包括网络所在的层面及网络中导线的总长度。

选择菜单命令“报告”→“网络表状态”，系统生成网络状态报表，如图 10-61 所示。

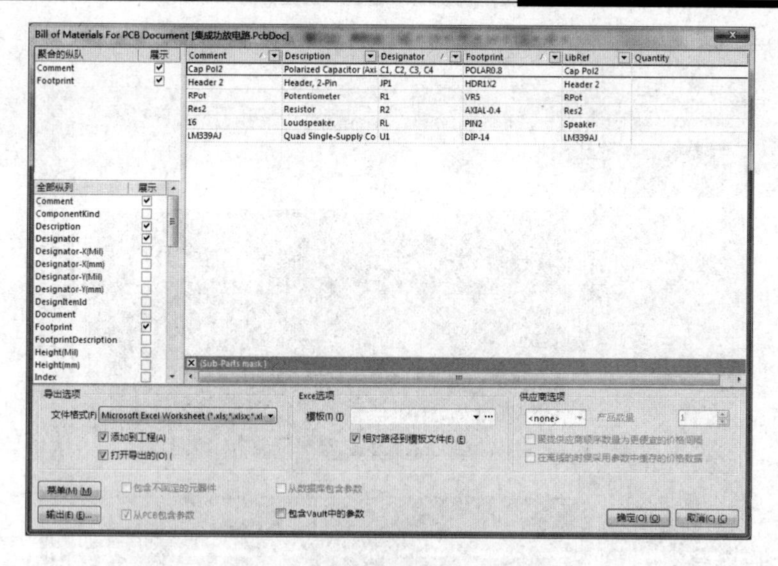

图 10-60　元件清单报表对话框

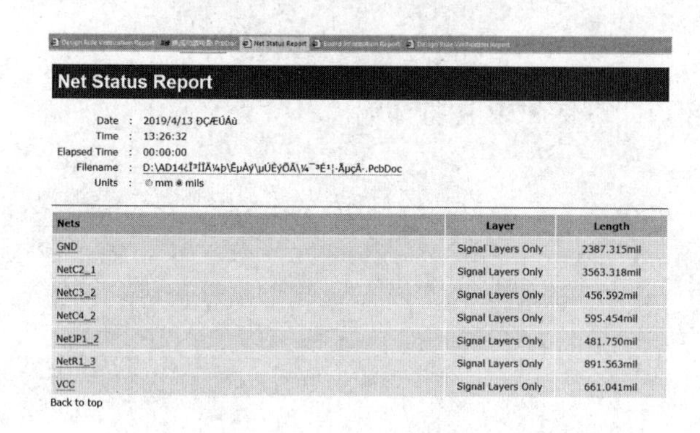

图 10-61　网络状态报表

8. PCB 图及报表的打印输出

PCB 设计完成以后，可以打印输出 PCB 图及相关报表，以便存档和加工制作。在打印之前，首先要进行页面设置，选择菜单命令“文件”→“页面设置”，打开页面设置对话框，如图 10-62 所示。

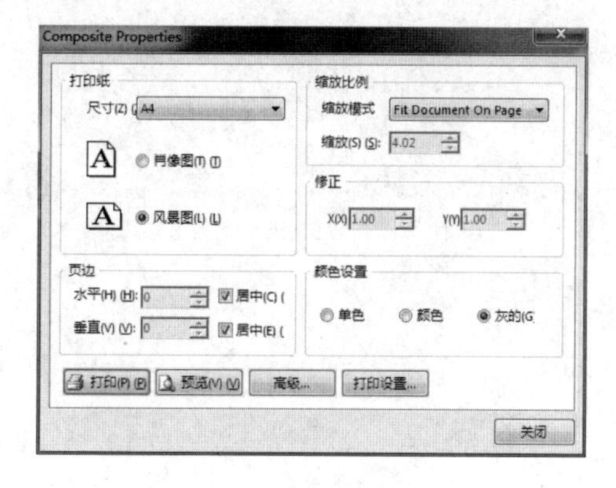

图 10-62　页面设置对话框

设置完成后，单击“预览”按钮，可以预览打印效果，如图 10-63 所示。

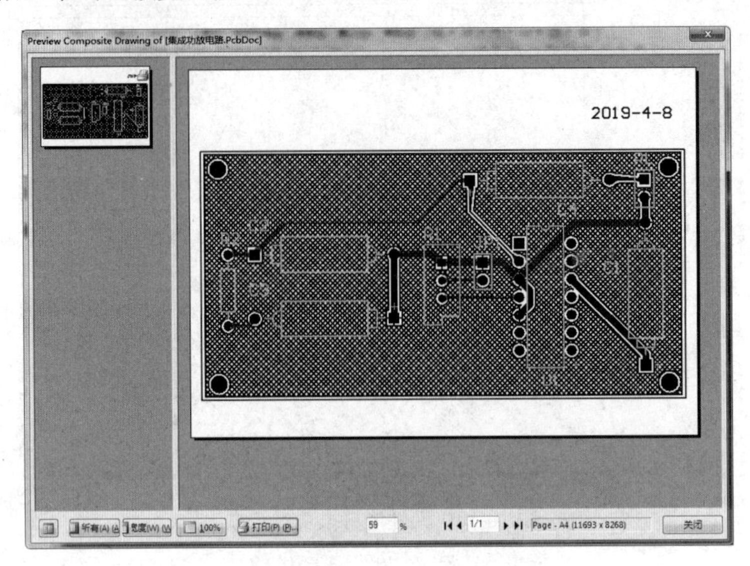

图 10-63　预览打印效果

单击“打印”按钮，即可将 PCB 图打印输出。